超簡單的

Excel
樞紐分析
數據整理快又有效！

感謝您購買旗標書,
記得到旗標網站

www.flag.com.tw

更多的加值內容等著您…

<請下載 QR Code App 來掃描>

1. FB 粉絲團:旗標知識講堂

2. 建議您訂閱「旗標電子報」:精選書摘、實用電腦知識
   搶鮮讀;第一手新書資訊、優惠情報自動報到。

3. 「更正下載」專區:提供書籍的補充資料下載服務,以及
   最新的勘誤資訊。

4. 「旗標購物網」專區:您不用出門就可選購旗標書!

   買書也可以擁有售後服務,您不用道聽塗說,可以直接和
   我們連絡喔!

   我們所提供的售後服務範圍僅限於書籍本身或內容表達
   不清楚的地方,至於軟硬體的問題,請直接連絡廠商。

● 如您對本書內容有不明瞭或建議改進之處,請連上旗標
  網站,點選首頁的 讀者服務 ,然後再按右側 讀者留言版 ,
  依格式留言,我們得到您的資料後,將由專家為您解答。註
  明書名(或書號)及頁次的讀者,我們將優先為您解答。

學生團體	訂購專線:(02)2396-3257 轉 362
	傳真專線:(02)2321-2545
經銷商	服務專線:(02)2396-3257 轉 331
	將派專人拜訪
	傳真專線:(02)2321-2545

國家圖書館出版品預行編目資料

即學即用!超簡單的 Excel 樞紐分析-數據整理快又有效!
Excel 2016/2013/2010/2007 適用 /
きたみあきこ 著;吳嘉芳 譯
臺北市:旗標, 2016.08   面;   公分

ISBN 978-986-312-359-0(平裝附光碟片)

1.EXCEL(電腦程式)

312.49E9   105010099

作   者/きたみ あきこ (Kitami Akiko)

翻譯著作人 /旗標科技股份有限公司

發 行 所/旗標科技股份有限公司

        台北市杭州南路一段 15-1 號 19 樓

電   話/ (02)2396-3257(代表號)

傳   真/ (02)2321-2545

劃撥帳號/ 1332727-9

帳   戶/旗標科技股份有限公司

監   督/楊中雄

執行企劃/林佳怡

執行編輯/林佳怡

美術編輯/薛詩盈 · 陳慧如

封面設計/古鴻杰

校   對/林佳怡

新台幣售價:450 元

西元 2021 年 6 月 初版 6 刷

行政院新聞局核准登記 - 局版台業字第 4512 號

ISBN 978-986-312-359-0

關於光碟

本書書附光碟收錄各章的範例檔案，方便您一邊閱讀、一邊操作練習，讓學習更有效率。使用本書光碟時，請先將光碟放入光碟機中，稍待一會兒就會出現**自動播放**交談窗，按下**開啟資料夾以檢視檔案**項目，就會看到如右的畫面：

請務必將「範例檔案」及「完成結果」資料夾複製一份到硬碟中，並取消檔案及資料夾的「唯讀」屬性，以便對照書中的內容練習。

各章的範例檔案分別存放在「範例檔案」及「完成結果」資料夾中，「範例檔案」裡收錄的是該單元尚未開始操作的原始資料，而該單元執行過的操作其完成結果則存放在「完成結果」資料夾中。

此外，書中的範例檔案含有樞紐分析表，以及部份檔案有與外部資料做連結，所以當您開啟 Excel 檔案時會出現如下的提示訊息，請按下**啟用編輯**鈕，就可開啟檔案做編輯。

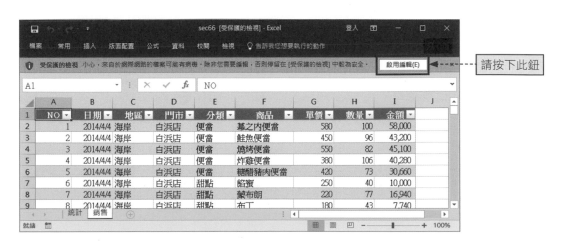

本書的使用方法

- 只要依照書中各單元顯示的畫面操作步驟，就可以瞭解 Excel 樞紐分析表的功能用法。
- 每個操作流程都會加上編號，讓你輕鬆瞭解操作步驟的順序。

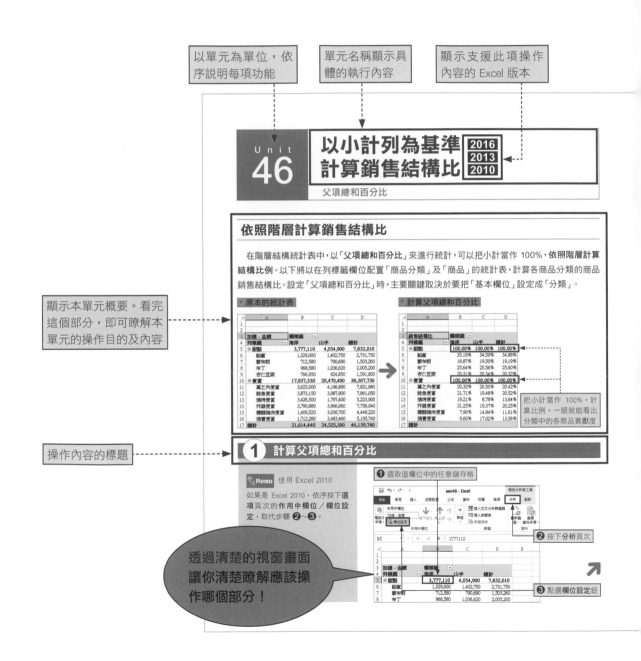

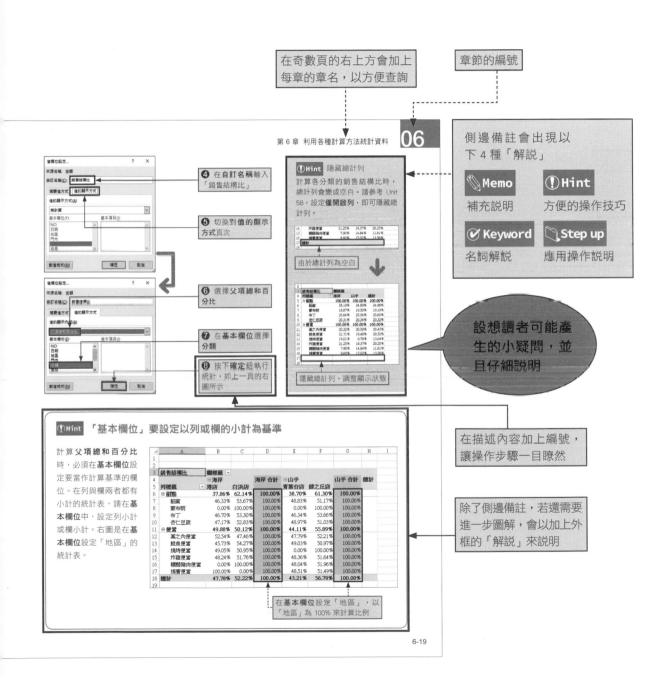

在奇數頁的右上方會加上每章的章名，以方便查詢

章節的編號

側邊備註會出現以下 4 種「解說」

Memo 補充說明
Hint 方便的操作技巧
Keyword 名詞解說
Step up 應用操作說明

設想讀者可能產生的小疑問，並且仔細說明

在描述內容加上編號，讓操作步驟一目暸然

除了側邊備註，若還需要進一步圖解，會加上外框的「解說」來說明

④ 在自訂名稱輸入「銷售結構比」

⑤ 切換到值的顯示方式頁次

⑥ 選擇父項總和百分比

⑦ 在基本欄位選擇分類

⑧ 按下確定鈕執行統計，如上一頁的右圖所示

Hint 隱藏總計列

計算各分類的銷售結構比時，總計列會變成空白。請參考 Unit 58，設定僅開啟列，即可隱藏總計列。

由於總計列為空白

隱藏總計列，調整顯示狀態

Hint 「基本欄位」要設定以列或欄的小計為基準

計算父項總和百分比時，必須在**基本欄位**設定要當作計算基準的欄位。在列與欄兩者都有小計的統計表，請在**基本欄位**中，設定列小計或欄小計。右圖是在**基本欄位**設定「地區」的統計表。

在**基本欄位**設定「地區」，以「地區」為 100% 來計算比例

目錄

基本篇

第 3 章 製作樞紐分析表

應用篇

第 4 章　利用建立群組及排序讓樞紐分析表更清楚易懂

第 5 章　利用篩選找出要分析的資料

第 7 章　讓樞紐分析表變得更一目瞭然

第 8 章　利用樞紐分析圖讓資料視覺化

延伸應用篇

第 9 章　統計結果的應用

第 10 章　整合多個表格統計資料

作者簡介

きたみあきこ (Kitami Akiko)

畢業於御茶水女子大學理學院化學系。因為分析分子結構, 而踏入程式設計的世界。曾任程式設計師、電腦講師, 現在以自由技術作家的身份, 撰寫與電腦相關的雜誌文章與書籍。主要的著作有《Excel はじめてのデータ分析》、《仕事がはかどる! Access 2007 の技 VBA編》、《仕事がはかどる!Excel 2007 の技 VBA編》(以上皆為技術評論社) 等。

作者部落格 http://www.office-Kitami.com

第 1 章

樞紐分析表的特色

什麼是「樞紐分析表」？

樞紐分析表概要

只要透過滑鼠操作就能瞬間統計大量資料！

依照「商品類別」或「門市類別」統計銷售資料，可以瞭解商品的銷售狀況或門市的銷售趨勢，並且發揮在日後的商品開發及銷售活動上。使用 Excel 的「**樞紐分析表**」能立即統計大量資料，而且操作方法也很簡單。若要呈現『列標題為「商品」，欄標題為「地區」，總計為「金額」』的統計結果，**只要動動滑鼠**，設定樞紐分析表的配置項目，就能輕鬆完成。無須使用高難度的函數或複雜的算式，即可瞬間統計大量資料，樞紐分析表就是這種具有魔法的功能。

▼銷售資料庫

	A	B	C	D	E	F	G	H	I	J	K
1	NO	日期	地區	門市	分類	商品	單價	數量	金額		
2	1	2014/4/4	海岸	白浜店	便當	幕之內便當	580	100	58,000		
3	2	2014/4/4	海岸	白浜店	便當	鮭魚便當	450	96	43,200		
4	3	2014/4/4	海岸	白浜店	便當	燒烤便當	550	82	45,100		
5	4	2014/4/4	海岸	白浜店	便當	炸雞便當	380	106	40,280		
6	5	2014/4/4	海岸	白浜店	便當	糖醋豬肉便當	420	73	30,660		
7	6	2014/4/4	海岸	白浜店	甜點	餡蜜	250	40	10,000		
8	7	2014/4/4	海岸	白浜店	甜點	蒙布朗	220	77	16,940		
9	8	2014/4/4	海岸	白浜店	甜點	布丁	180	43	7,740		
10	9	2014/4/4	海岸	白浜店	甜點	杏仁豆腐	150	43	6,450		
11	10	2014/4/4	海岸	港店	便當	幕之內便當	580	41	23,780		
12	11	2014/4/4	海岸	港店	便當	鮭魚便當	450	73	32,850		
13	12	2014/4/4	海岸	港店	便當	燒烤便當	550	75	41,250		
14		2014/4/4	海岸	港店		炸雞便當	380	93	35,340		
1807	1806	2014/9/29	山手	青葉台店	便當	鮭魚便當	450	102	45,900		
1808	1807	2014/9/29	山手	青葉台店	便當	炸雞便當	380	78	29,640		
1809	1808	2014/9/29	山手	青葉台店	便當	糖醋豬肉便當	420	83	34,860		
1810	1809	2014/9/29	山手	青葉台店	便當	燒賣便當	380	75	28,500		
1811	1810	2014/9/29	山手	青葉台店	甜點	餡蜜	250	55	13,750		
1812	1811	2014/9/29	山手	青葉台店	甜點	布丁	180	40	7,200		
1813	1812	2014/9/29	山手	青葉台店	甜點	杏仁豆腐	150	44	6600		
1814											

數百筆、數千筆的銷售資料庫，只要利用滑鼠操作，就能輕鬆設定統計項目

▼樞紐分析表

	A	B	C	D	E
1					
2					
3	加總 - 金額	欄標籤			
4	列標籤	海岸	山手	總計	
5	幕之內便當	3,625,000	4,196,880	7,821,880	
6	鮭魚便當	3,873,150	3,987,900	7,861,050	
7	燒烤便當	3,426,500	1,797,400	5,223,900	
8	炸雞便當	3,790,880	3,966,060	7,756,940	
9	糖醋豬肉便當	1,409,520	3,038,700	4,448,220	
10	燒賣便當	1,712,280	3,483,460	5,195,740	
11	餡蜜	1,329,000	1,402,750	2,731,750	
12	蒙布朗	712,580	790,680	1,503,260	
13	布丁	968,580	1,036,620	2,005,200	
14	杏仁豆腐	766,950	824,850	1,591,800	
15	總計	21,614,440	24,525,300	46,139,740	
16					

瞬間完成統計表

輕鬆更換統計項目

以相同資料庫製作而成的統計表，當統計項目改變之後，分析角度也會出現變化。例如：「商品地區別銷售統計表」可以清楚瞭解「哪種商品在哪個地區比較暢銷」。另外，「商品月別銷售統計表」能掌握「成長」或「衰退」趨勢。**在樞紐分析表中，只要使用滑鼠，就能輕易更換統計表的項目**，有助於以各種觀點來分析資料。

▼ 商品地區別銷售統計表

加總 - 金額	欄標籤		
列標籤	海岸	山手	總計
幕之內便當	3,625,000	4,196,880	7,821,880
鮭魚便當	3,873,150	3,987,900	7,861,050
燒烤便當	3,426,500	1,797,400	5,223,900
炸雞便當	3,790,880	3,966,060	7,756,940
糖醋豬肉便當	1,409,520	3,038,700	4,448,220
燒賣便當	1,712,280	3,483,460	5,195,740
餡蜜	1,329,000	1,402,750	2,731,750
蒙布朗	712,580	790,680	1,503,260
布丁	968,580	1,036,620	2,005,200
杏仁豆腐	766,950	824,850	1,591,800
總計	21,614,440	24,525,300	46,139,740

	地區		
商品			

將欄標題的「地區」改成「季」

▼ 商品季別銷售統計表

加總 - 金額	欄標籤		
列標籤	第二季	第三季	總計
幕之內便當	4,163,820	3,658,060	7,821,880
鮭魚便當	3,933,450	3,927,600	7,861,050
燒烤便當	2,621,850	2,602,050	5,223,900
炸雞便當	3,858,900	3,898,040	7,756,940
糖醋豬肉便當	2,221,800	2,226,420	4,448,220
燒賣便當	2,568,420	2,627,320	5,195,740
餡蜜	1,373,000	1,358,750	2,731,750
蒙布朗	779,460	723,800	1,503,260
布丁	1,017,000	988,200	2,005,200
杏仁豆腐	781,050	810,750	1,591,800
總計	23,318,750	22,820,990	46,139,740

	季		
商品			

將列標題的「商品」改成「門市」

▼ 門市季別銷售統計表

加總 - 金額	欄標籤		
列標籤	第二季	第三季	總計
港店	5,137,770	5,189,680	10,327,450
青葉台店	5,328,860	5,269,040	10,597,900
白浜店	5,851,370	5,435,620	11,286,990
綠之丘店	7,000,750	6,926,650	13,927,400
總計	23,318,750	22,820,990	46,139,740

	季		
門市			

從各種觀點統計資料

樞紐分析表的功用

樞紐分析表的功能

執行各種形式的統計工作

使用樞紐分析表可以製作出種類豐富的統計表。例如,若要統計 2 個項目,可以製作成 2 個項目都垂直並列的 2 階層統計表,或者其中一項為垂直,另一項為水平的 2 維交叉統計表。另外,還可以在交叉統計表中,加上第 3 個項目,執行 3 維統計。因為**樞紐分析表可以配合目的,靈活地執行統計工作**。

▼1 維統計表 (第 3 章)

這是只在列標題顯示「商品」的 1 維統計表

▼2 階層統計表 (第 3 章)

這是在列標題顯示「分類」及「商品」的 2 階層統計表

▼2 維統計表 (第 3 章)

這是在列標題顯示「商品」,欄標題顯示「地區」的 2 維交叉統計表

▼3 維統計表 (第 5 章)

這是依照「月份」切換交叉統計表的 3 維統計表

利用各種功能進行分析

　　樞紐分析表能做的不光是統計而已，還可以針對統計表的項目，執行篩選、排序、建立群組，輕鬆顯示必要的資料。除了「**加總**」之外，還有「**計數**」、「**平均值**」等計算方法，種類豐富。不僅如此，樞紐分析表也具備調整外觀、將數值視覺化的圖表等功能。只要善用這些功能，就能依照期望統計及分析資料。

▼將項目建立群組 (第 4 章)

	A	B	C	D	E
1					
2					
3	加總 - 金額	欄標籤 ▼			
4	列標籤 ▼	海岸	山手	總計	
5	100-199	1,735,530	1,861,470	3,597,000	
6	200-299	2,041,580	2,193,430	4,235,010	
7	300-399	5,503,160	7,449,520	12,952,680	
8	400-499	5,282,670	7,026,600	12,309,270	
9	500-599	7,051,500	5,994,280	13,045,780	
10	總計	21,614,440	24,525,300	46,139,740	
11					

可以將項目建立群組再執行統計。例如，以 100 元為單位，整理「單價」資料

▼篩選項目 (第 5 章)

	A	B	C	D	E
1					
2					
3	加總 - 金額	欄標籤 ▼			
4	列標籤 ▼	海岸	山手	總計	
5	幕之內便當	3,625,000	4,196,880	7,821,880	
6	鮭魚便當	3,873,150	3,987,900	7,861,050	
7	燒烤便當	3,426,500	1,797,400	5,223,900	
8	炸雞便當	3,790,880	3,966,060	7,756,940	
9	糖醋豬肉便當	1,409,520	3,038,700	4,448,220	
10	燒賣便當	1,712,280	3,483,460	5,195,740	
11	總計	17,837,330	20,470,400	38,307,730	

可以只顯示「便當」等，篩選統計項目

▼設定統計方法 (第 6 章)

	A	B	C	D	E
1					
2					
3	加總 - 金額	欄標籤 ▼			
4	列標籤 ▼	海岸	山手	總計	
5	幕之內便當	16.77%	17.11%	16.95%	
6	鮭魚便當	17.92%	16.26%	17.04%	
7	燒烤便當	15.85%	7.33%	11.32%	
8	炸雞便當	17.54%	16.17%	16.81%	
9	糖醋豬肉便當	6.52%	12.39%	9.64%	
10	燒賣便當	7.92%	14.20%	11.26%	
11	餡蜜	6.15%	5.72%	5.92%	
12	蒙布朗	3.30%	3.22%	3.26%	
13	布丁	4.48%	4.23%	4.35%	
14	杏仁豆腐	3.55%	3.36%	3.45%	
15	總計	100.00%	100.00%	100.00%	
16					

可以設定「資料的個數」、「平均值」、「乘積」等統計方法

▼以圖表顯示統計結果 (第 8 章)

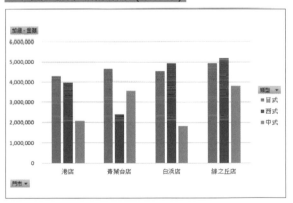

將統計結果製作成圖表，以視覺化方式顯示數值

Unit 03 樞紐分析表的構成元素

確認各個部分的名稱

樞紐分析表的畫面結構

　　插入樞紐分析表後，在工作表中會顯示代表樞紐分析表的區域範圍。另外，功能區會顯示「樞紐分析表工具」頁次，畫面右邊則會顯示「樞紐分析表欄位」工作窗格。「樞紐分析表欄位」工作窗格是由「欄位區域」及「版面配置區域」等 2 個區域構成。

名稱	功能
❶ 樞紐分析表工具	整合了操作樞紐分析表的頁次，選取樞紐分析表內的儲存格，就會顯示 (請參考 Unit 04)。
❷ 樞紐分析表	這是主要的統計表。
❸ 樞紐分析表欄位	這是用來設定樞紐分析表相關統計項目的視窗。
❹ 欄位區域	顯示樞紐分析表原始資料中的項目清單。
❺ 版面配置區域	這個區域是用來設定哪個項目要放在統計表的什麼位置。共包括「篩選」、「列」、「欄」、「值」等 4 個區域。

樞紐分析表的構成元素

在樞紐分析表中，顯示資料的範圍分成**報表篩選欄位**、**列標籤欄位**、**欄標籤欄位**、**值欄位**等 4 種。在「樞紐分析表欄位」的「版面配置區域」中，可以設定原始統計表中的哪些資料要分配至樞紐分析表的哪個範圍。在「版面配置區域」中，分成「**篩選**」、「**列**」、「**欄**」、「**值**」等 4 個區域。在這裡安排統計項目，可以在對應的樞紐分析表範圍內，置入資料並且進行統計。

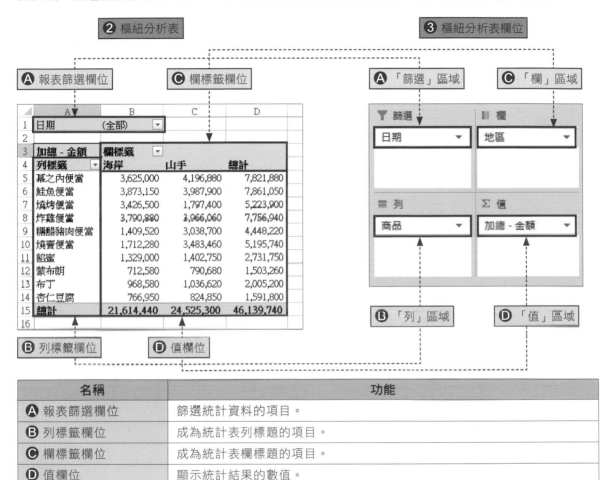

名稱	功能
Ⓐ 報表篩選欄位	篩選統計資料的項目。
Ⓑ 列標籤欄位	成為統計表列標題的項目。
Ⓒ 欄標籤欄位	成為統計表欄標題的項目。
Ⓓ 值欄位	顯示統計結果的數值。

✎**Memo** Excel 2010／2007 的區域名稱不同

在 Excel 2010／2007 的「樞紐分析表欄位」，於「版面配置區域」中的 4 個區域名稱分別是「報表篩選」、「列標籤」、「欄標籤」、「Σ 值」。

樞紐分析表工具的功能

確認功能區的結構

樞紐分析表工具的結構

選取樞紐分析表內的儲存格,會在功能區新增**樞紐分析表工具**頁次,並且顯示**分析**頁次 (Excel 2010／2007 是**選項**頁次) 及**設計**頁次。所有操作樞紐分析表的功能,都分配在這些頁次中。

編輯資料常用的分析 (選項) 頁次

分析頁次內,主要整合了編輯樞紐分析表資料用的按鈕。按鈕的配置或結構會隨著 Excel 版本而異。以下將說明 Excel 2010／2007 與 Excel 2016／2013 的差別。

▼Excel 2016／2013 的分析頁次

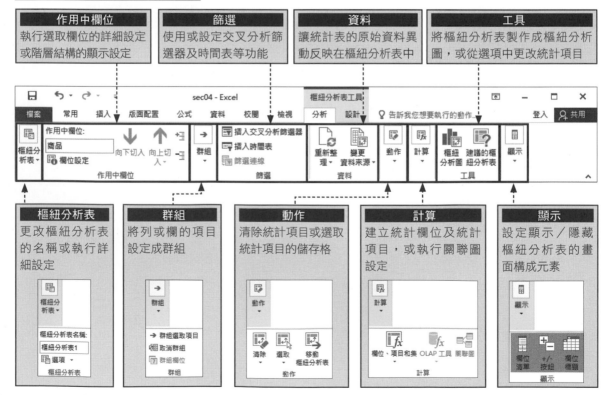

作用中欄位	篩選	資料	工具
執行選取欄位的詳細設定或階層結構的顯示設定	使用或設定交叉分析篩選器及時間表等功能	讓統計表的原始資料異動反映在樞紐分析表中	將樞紐分析表製作成樞紐分析圖,或從選項中更改統計項目

樞紐分析表	群組	動作	計算	顯示
更改樞紐分析表的名稱或執行詳細設定	將列或欄的項目設定成群組	清除統計項目或選取統計項目的儲存格	建立統計欄位及統計項目,或執行關聯圖設定	設定顯示／隱藏樞紐分析表的畫面構成元素

▼Excel 2010 的選項頁次

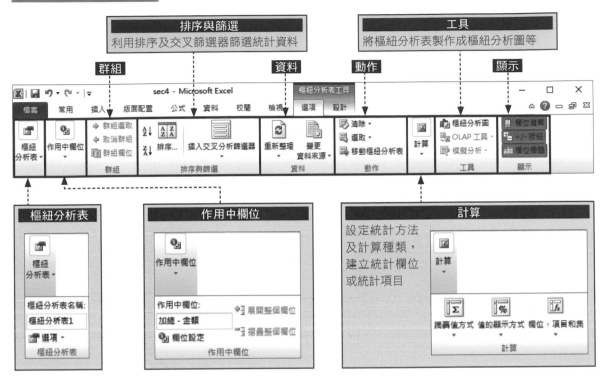

▼Excel 2007 的選項頁次

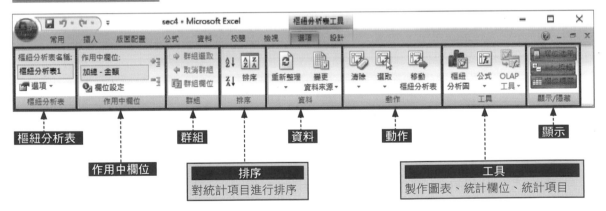

✎Memo 只有選取樞紐分析表內的儲存格時才會顯示「樞紐分析表工具」

選取樞紐分析表內的儲存格後，功能區才會顯示**樞紐分析表工具**。選取其他儲存格，將隱藏**樞紐分析表工具**。

唯有選取樞紐分析表內的儲存格，才會顯示樞紐分析表工具

「設計」頁次可以編輯樞紐分析表的外觀

在設計頁次中，整合了編輯樞紐分析表設計的按鈕。下圖是 Excel 2016 / 2013 的設計頁次，Excel 2010 / 2007 的結構也大同小異。

▼設計頁次

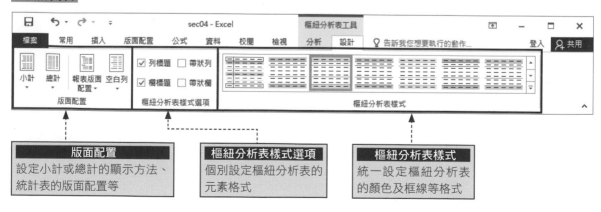

版面配置
設定小計或總計的顯示方法、統計表的版面配置等

樞紐分析表樣式選項
個別設定樞紐分析表的元素格式

樞紐分析表樣式
統一設定樞紐分析表的顏色及框線等格式

Memo 在功能區中，各頁次群組區的按鈕配置會隨著 Excel 的視窗大小而變化

下圖是在解析度「1280×1024」的螢幕及「1024×768」的螢幕中，將 Excel 最大化後，功能區的顯示狀態。解析度是指螢幕的顯示尺寸。縮小 Excel 視窗，群組上的按鈕會整合成一個，按下該按鈕，才會顯示群組內的所有按鈕。本書是在「1024×768」的螢幕上，顯示功能區的狀態下執行操作。

▼解析度為「1280×1024」

▼解析度為「1024×768」

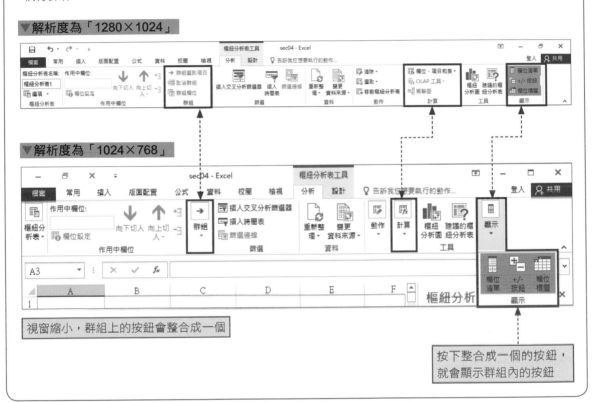

視窗縮小，群組上的按鈕會整合成一個

按下整合成一個的按鈕，就會顯示群組內的按鈕

MEMO

第 **2** 章

準備製作「樞紐分析表」

資料庫的製作概要

原始資料表的準備工作

可以使用新建立或以其他軟體匯入的資料表

　　製作樞紐分析表時，必須準備當作資料來源的資料表。假如要分析手寫單據上的資料，請先用 Excel 製作資料表，再輸入資料 (請參考 Unit 06)。假如已經用其他軟體管理資料，請將該份資料匯入 Excel 中。即使其他軟體沒有將資料儲存成 Excel 格式，只要以文字檔案格式存檔，就能匯入 Excel 中 (請參考 Unit 08)。匯入 Excel 的資料可以直接用樞紐分析表統計，或新增至原本的資料庫中，再一併統計 (請參考 Unit 09)。

▼ 使用 Excel 製作表格

	A	B	C	D	E	F	G	H	I	J
1	NO	日期	地區	門市	分類	商品	單價	數量	金額	
2	1	2014/4/4	海岸	白浜店	便當	幕之內便當	580	2	1,160	
3	2	2014/4/4	海岸	白浜店	便當	鮭魚便當	450	96	43,200	
4	3	2014/4/4	海岸	白浜店	便當	燒烤便當	550	82	45,100	
5	4	2014/4/4	海岸	白浜店	便當	炸雞便當	380	106	40,280	
6	5	2014/4/4	海岸	白浜店	便當	糖醋豬肉便當	420	73	30,660	
7	6	2014/4/4	海岸	白浜店	甜點	餡蜜	250	40	10,000	
8	7	2014/4/4	海岸	白浜店	甜點	蒙布朗	220	77	16,940	
9	8	2014/4/4	海岸	白浜店	甜點	布丁	180	43	7,740	
10	9	2014/4/4	海岸	白浜店	甜點	杏仁豆腐	150	43	6,450	
11	10	2014/4/4	海岸	港店	便當	幕之內便當	580	41	23,780	
12	11	2014/4/4	海岸	港店	便當	鮭魚便當	450	73	32,850	
13	12	2014/4/4	海岸	港店	便當	燒烤便當	550	75	41,250	
14	13	2014/4/4	海岸	港店	便當	炸雞便當	380	93	35,340	
15	14	2014/4/4	海岸	港店	便當	燒賣便當	380	84	31,920	
16	15	2014/4/4	海岸	港店	甜點	餡蜜	250	40	10,000	
17	16	2014/4/4	海岸	港店	甜點	布丁	180	60	10,800	
18	17	2014/4/4	海岸	港店	甜點	杏仁豆腐	150	47	7,050	
19	18	2014/4/4	山手	綠之丘店	便當	幕之內便當	580	100	58,000	
20	19	2014/4/4	山手	綠之丘店	便當	鮭魚便當	450	91	40,950	

銷售

> 先以 Excel 製作資料庫格式的表格 (請參考 Unit 06)

▼ 匯入文字檔案

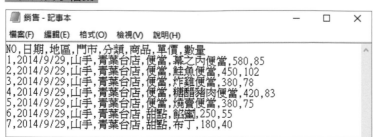

```
NO,日期,地區,門市,分類,商品,單價,數量
1,2014/9/29,山手,青葉台店,便當,幕之內便當,580,85
2,2014/9/29,山手,青葉台店,便當,鮭魚便當,450,102
3,2014/9/29,山手,青葉台店,便當,炸雞便當,380,78
4,2014/9/29,山手,青葉台店,便當,糖醋豬肉便當,420,83
5,2014/9/29,山手,青葉台店,便當,燒賣便當,380,75
6,2014/9/29,山手,青葉台店,甜點,餡蜜,250,55
7,2014/9/29,山手,青葉台店,甜點,布丁,180,40
```

> 以其他軟體輸入完成的資料為基礎，在 Excel 製作表格 (請參考 Unit 08)

資料庫型態分成「一般資料表」及「表格」兩種

建立樞紐分析表的資料型態包括一般資料表及**表格**等兩種。不論哪一種，製作樞紐分析表或樞紐分析圖的步驟都是一樣的。只不過，建立樞紐分析表後，要讓原始資料新增的部分反應在樞紐分析表上，操作步驟有些差異。利用「表格」較能輕易反應變更後的結果。

▼一般的資料表

	A	B	C	D	E	F	G	H	I	J
1	NO	日期	地區	門市	分類	商品	單價	數量	金額	
2	1	2014/4/4	海岸	白浜店	便當	幕之內便當	580	2	1,160	
3	2	2014/4/4	海岸	白浜店	便當	鮭魚便當	450	96	43,200	
4	3	2014/4/4	海岸	白浜店	便當	燒烤便當	550	82	45,100	
5	4	2014/4/4	海岸	白浜店	便當	炸雞便當	380	106	40,280	
6	5	2014/4/4	海岸	白浜店	便當	糖醋豬肉便當	420	73	30,660	
7	6	2014/4/4	海岸	白浜店	甜點	餡蜜	250	40	10,000	
8	7	2014/4/4	海岸	白浜店	甜點	蒙布朗	220	77	16,940	
9	8	2014/4/4	海岸	白浜店	甜點	布丁	180	43	7,740	
10	9	2014/4/4	海岸	白浜店	甜點	杏仁豆腐	150	43	6,450	
11	10	2014/4/4	海岸	港店	便當	幕之內便當	580	41	23,780	
12	11	2014/4/4	海岸	港店	便當	鮭魚便當	450	73	32,850	
13	12	2014/4/4	海岸	港店	便當	燒烤便當	550	75	41,250	

> 利用一般資料表也能建立樞紐分析表

▼表格

	A	B	C	D	E	F	G	H	I	J
1	NO	日期	地區	門市	分類	商品	單價	數量	金額	
2	1	2014/4/4	海岸	白浜店	便當	幕之內便當	580	2	1,160	
3	2	2014/4/4	海岸	白浜店	便當	鮭魚便當	450	96	43,200	
4	3	2014/4/4	海岸	白浜店	便當	燒烤便當	550	82	45,100	
5	4	2014/4/4	海岸	白浜店	便當	炸雞便當	380	106	40,280	
6	5	2014/4/4	海岸	白浜店	便當	糖醋豬肉便當	420	73	30,660	
7	6	2014/4/4	海岸	白浜店	甜點	餡蜜	250	40	10,000	
8	7	2014/4/4	海岸	白浜店	甜點	蒙布朗	220	77	16,940	
9	8	2014/4/4	海岸	白浜店	甜點	布丁	180	43	7,740	
10	9	2014/4/4	海岸	白浜店	甜點	杏仁豆腐	150	43	6,450	
11	10	2014/4/4	海岸	港店	便當	幕之內便當	580	41	23,780	
12	11	2014/4/4	海岸	港店	便當	鮭魚便當	450	73	32,850	
13	12	2014/4/4	海岸	港店	便當	燒烤便當	550	75	41,250	

> 但是利用「表格」製作樞紐分析表，後續操作比較簡單方便（請參考 Unit 07）

必須統一資料

當原始資料的描述不一致時，樞紐分析表無法執行正確的統計結果。例如，「炸雞便當」與「炸雞肉便當」，將會當成不同資料來統計。製作樞紐分析表之前，必須先統一表格內資料的一致性。

> **Memo** 顯示方式不一致，將無法正確統計，必須先統一資料（請參考 Unit 10）。

建立新資料庫

建立資料庫的原則

建立符合「資料庫格式」的資料表

　　樞紐分析表是由符合「**資料庫格式**」的資料表製作而成。「資料庫」是指，可以有效管理大量資料的方式。符合資料庫格式的資料表以一列輸入一筆資料為原則。另外，「日期」、「地區」、「門市」等相同資料輸入同一欄。一筆資料 (一列資料) 稱作「**記錄（record）**」，同種類的資料集合 (一欄資料) 稱作「**欄位（field）**」，用來辨別欄位的名稱，稱作「**欄名**」(或「欄標題」)。假如要把 Excel 的資料表當作資料庫來處理，請按照以下原則來製作。

▼ 資料庫形式的表格

	A	B	C	D	E	F	G	H	I	J
1	NO	日期	地區	門市	分類	商品	單價	數量	金額	
2	1	2014/4/4	海岸	白浜店	便當	幕之內便當	580	2	1,160	
3	2	2014/4/4	海岸	白浜店	便當	鮭魚便當	450	96	43,200	
4	3	2014/4/4	海岸	白浜店	便當	燒烤便當	550	82	45,100	
5	4	2014/4/4	海岸	白浜店	便當	炸雞便當	380	106	40,280	
6	5	2014/4/4	海岸	白浜店	便當	糖醋豬肉便當	420	73	30,660	
7	6	2014/4/4	海岸	白浜店	甜點	餡蜜	250	40	10,000	
8	7	2014/4/4	海岸	白浜店	甜點	蒙布朗	220	77	16,940	
9	8	2014/4/4	海岸	白浜店	甜點	布丁	180	43	7,740	
10	9	2014/4/4	海岸	白浜店	甜點	杏仁豆腐	150	43	6,450	
11	10	2014/4/4	海岸	港店	便當	幕之內便當	580	41	23,780	
12	11	2014/4/4	海岸	港店	便當	鮭魚便當	450	73	32,850	
13	12	2014/4/4	海岸	港店	便當	燒烤便當	550	75	41,250	
14	13	2014/4/4	海岸	港店	便當	炸雞便當	380	93	35,340	
15	14	2014/4/4	海岸	港店	便當	燒賣便當	380	84	31,920	
16	15	2014/4/4	海岸	港店	甜點	餡蜜	250	40	10,000	
17	16	2014/4/4	海岸	港店	甜點	布丁	180	60	10,800	
18	17	2014/4/4	海岸	港店	甜點	杏仁豆腐	150	47	7,050	
19	18	2014/4/4	山手	綠之丘店	便當	幕之內便當	580	100	58,000	
20	19	2014/4/4	山手	綠之丘店	便當	鮭魚便當	450	91	40,950	

欄標題 (辨別欄位的名稱)

欄位 (相同種類的資料)

記錄 (一筆資料)

● 建立資料庫的原則

- 首列輸入欄名，欄名要依照各個欄位命名成不同的名稱。
- 欄名要設定成粗體、置中等與資料不同的格式。
- 一列輸入一筆資料。
- 同欄輸入相同種類的資料。
- 資料庫內相鄰的儲存格請勿輸入其他資料。
- 資料庫中請勿插入空白列或空白欄。

✎Memo 這種表格無法正確統計資料

如果要利用樞紐分析表來正確統計資料，必須依照上一頁「建立資料庫的原則」製作表格。不可將欄名分成兩列，或合併欄名的儲存格。即使資料和上面一樣，上下儲存格也不可合併。另外，被空白列或空白欄包圍的長方形儲存格，將不會當成資料庫的範圍，所以全部的列欄都不能有空白。不過資料庫內若有空白儲存格（未輸入資料的儲存格）則沒有關係。

不要合併儲存格

	NO	日期	地區	門市	分類	商品	銷售資料		
							單價	數量	金額
3	1	2014/4/4	海岸		便當	幕之內便當	580	2	1,160
4	2	2014/4/4	海岸		便當	鮭魚便當	450	96	43,200
5	3	2014/4/4	海岸		便當	燒烤便當	550	82	45,100
6	4	2014/4/4	海岸		便當	炸雞便當	380		0
7	5	2014/4/4	海岸	白浜店	便當	糖醋豬肉便當	420	73	30,660
8	6	2014/4/4	海岸		甜點	餡蜜	250	40	10,000
9	7	2014/4/4	海岸		甜點	蒙布朗	220	77	16,940
10	8	2014/4/4	海岸		甜點	布丁	180	43	7,740
11	9	2014/4/4	海岸		甜點	杏仁豆腐	150	43	6,450
12									
13	10	2014/4/4	海岸	港店	便當	幕之內便當	580	41	23,780
14	11	2014/4/4	海岸	港店	便當	鮭魚便當	450	73	32,850
15	12	2014/4/4	海岸	港店	便當	燒烤便當	550	75	41,250
16	13	2014/4/4	海岸	港店	便當	炸雞便當	380	93	35,340
17	14	2014/4/4	海岸	港店	便當	燒賣便當	380	84	31,920
18	15	2014/4/4	海岸	港店	甜點	餡蜜	250	40	10,000
19	16	2014/4/4	海岸	港店	甜點	布丁	180	60	10,800
20	17	2014/4/4	海岸	港店	甜點	杏仁豆腐	150	47	7,050

允許列內有空白儲存格

不要插入空白列或空白欄

✎Memo 可以顯示在統計表中的是第 2 列之後的資料

樞紐分析表中，可以當作列標題或欄標題顯示的是，資料表第 2 列之後輸入的資料。如左下圖所示，如果要以「2 年 A 班」、「2 年 B 班」、「國語」、「數學」等標題來統計資料，必須將這些標題輸入在資料表的第 2 列。首列的欄標題一般無法當作統計表的標題，請注意這一點。

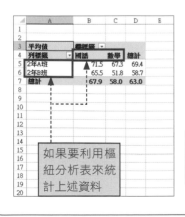

如果要利用樞紐分析表來統計上述資料

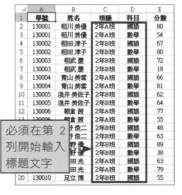

必須在第 2 列開始輸入標題文字

	A	B	C	D	E
1	學號	姓名	班級	國語	數學
2	130001	相川 美優	2年A班	80	54
3	130002	相田 津子	2年B班	67	80
4	130003	相武 慶	2年B班	72	18
5	130004	青山 美雪	2年A班	66	81
6	130005	淺井 美佐子	2年B班	62	64
7	130006	朝倉 茜	2年A班	77	55
8	130007	淺野 俊二	2年B班	48	63
9	130008	淺野 優	2年B班	89	38
10	130009	蘆田 光	2年A班	63	79
11	130010	足立 博	2年B班	55	48
12					

欄名無法成為樞紐分析表的標題

① 輸入欄標題

📝 Memo 加上一目瞭然的簡潔欄標題

樞紐分析表會沿用資料庫內的欄標題。請加上可以代表欄位中的資料內容、簡單明瞭的名稱。

📝 Memo 若要轉換成表格，就不用設定顏色

資料庫的資料表可以直接用樞紐分析表來統計，即使轉換成表格，也可以正常執行加總計算。當資料表轉換成表格時，會自動套用顏色，所以轉換之前，不用設定色彩。假如不要轉換成表格，為了容易辨識，請在欄標題套用色彩。

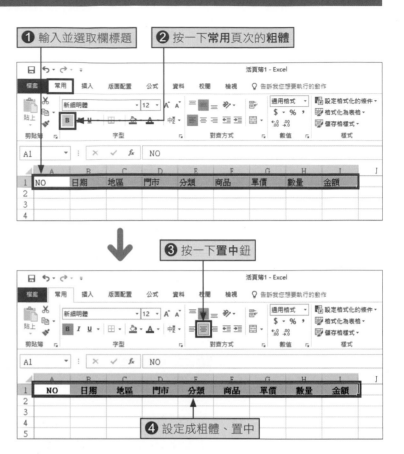

❶ 輸入並選取欄標題

❷ 按一下**常用**頁次的**粗體**

❸ 按一下置中鈕

❹ 設定成粗體、置中

② 輸入記錄

❗Hint 調整欄寬

將游標移動到欄編號右邊的邊線上，往左或往右拖曳，即可調整欄寬。

當游標變成這種形狀後再拖曳

	A	B	C	D	E	F	G	H	I
1	NO	日期	地區	門市	分類	商品	單價	數量	金額
2	1	2014/4/4	海岸	白浜店	便當	幕之內便當	580	2	
3	2	2014/4/4	海岸	白浜店	便當	鮭魚便當	450	96	
4	3	2014/4/4	海岸	白浜店	便當	燒烤便當	550	82	
5	4	2014/4/4	海岸	白浜店	便當	炸雞便當	380	106	
6	5	2014/4/4	海岸	白浜店	便當	糖醋豬肉便當	420	73	
7	6	2014/4/4	海岸	白浜店	甜點	餡蜜	250	40	
8	7	2014/4/4	海岸	白浜店	甜點	蒙布朗	220	77	
9	8	2014/4/4	海岸	白浜店	甜點	布丁	180	43	
10									
11									

❷ 再輸入資料

❶ 先調整欄寬

❸ 在 I2 儲存格輸入「=G2*H2」並按下 Enter 鍵

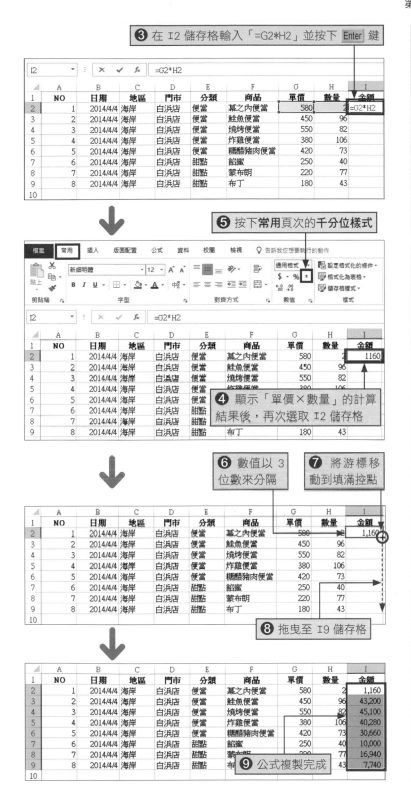

❺ 按下常用頁次的千分位樣式

❹ 顯示「單價×數量」的計算結果後，再次選取 I2 儲存格

❻ 數值以 3 位數來分隔

❼ 將游標移動到填滿控點

❽ 拖曳至 I9 儲存格

❾ 公式複製完成

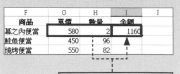

①Hint 算式的意義

「=G2*H2」是代表「G2 儲存格的單價乘上 H2 儲存格的數值」之算式。選取儲存格，輸入「=」之後，按一下 G2 儲存格，輸入「*」，再按一下 H2 儲存格，即可輸入「= G2*H2」。

計算「單價×數量」

✔Keyword 填滿控點

選取後的儲存格右下角，會顯示小四角形，這個部分稱作**填滿控點**。將滑鼠游標移到**填滿控點**上，會變成 ╋ 狀，往下拉曳即可複製儲存格內容。

填滿控點

①Hint 將算式複製到其他列，算出結果

在 I2 儲存格輸入算式「= G2*H2」，使用**填滿控點**複製至下一個儲存格 I3，算式中的「2」會變成「3」，在 I3 儲存格內輸入「= G3*H3」。這種方法會配合複製對象列，自動調整列號，而能正確計算出各列的「單價×數量」。

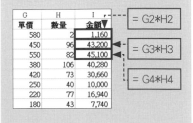

= G2*H2

= G3*H3

= G4*H4

將資料表轉換成「表格」

方便的「表格」功能

轉換成表格能使後續的操作變輕鬆

Excel 為了方便新增或管理資料，提供了將資料表設定成「表格」的功能。與其利用資料表來製作樞紐分析表，**倒不如轉換成表格來統計資料，後續增加新記錄時，操作起來會比較輕鬆**。若在一般資料表中新增記錄，必須在樞紐分析表中，重新設定成為統計對象的儲存格範圍。相對來說，在表格內新增資料時，會自動擴充表格的儲存格範圍，不用重新設定，即可完成統計。因此，以下要介紹將資料表轉換成表格的方法。

▼資料庫格式的資料表

與其利用一般的資料表建立樞紐分析表

▼表格

倒不如轉換成表格，比較容易操作樞紐分析表

① 將資料表轉換成表格

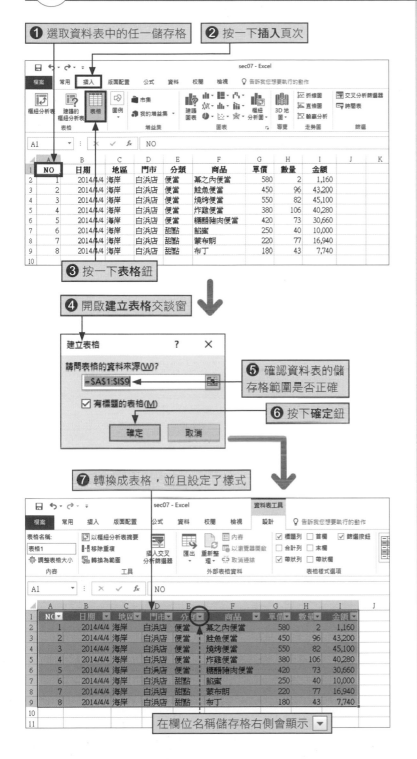

❶ 選取資料表中的任一儲存格
❷ 按一下插入頁次
❸ 按一下表格鈕
❹ 開啟建立表格交談窗
❺ 確認資料表的儲存格範圍是否正確
❻ 按下確定鈕
❼ 轉換成表格，並且設定了樣式
在欄位名稱儲存格右側會顯示 ▼

Keyword 表格

「表格」是指，能把資料表當作資料庫處理的功能。輸入新資料時，就會自動擴充表格，在新的一列套用表格的格式及算式。

Hint 先選取資料表內的任一個儲存格

要將資料表轉換成表格時，請先選取資料表內的儲存格。若先前已經依照資料庫原則製作資料表 (Unit 06)，就能自動辨識整個資料表的儲存格範圍，省去在建立表格交談窗內，設定儲存格範圍的步驟。

Memo 自動設定表格名稱

當資料表轉換成表格後，會自動將表格的儲存格範圍，命名為「表格1」。要確認表格名稱，可以按一下表格內的儲存格，在設計頁次的內容區中查看。

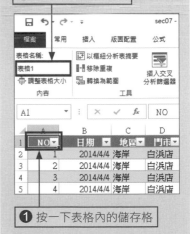

❷ 可以確認表格名稱
❶ 按一下表格內的儲存格

2-9

2 在表格內輸入新記錄

✎Memo 新增資料後就會擴充表格

在緊鄰表格下面的列輸入資料，就會自動擴充表格範圍。按一下選取新列的任一儲存格，在**設計**頁次的**內容**區中，**表格名稱**內會顯示表格名稱，即可確認表格已經自動擴充。

② 顯示表格名稱

① 按一下新增列的儲存格

✎Memo 格式與算式都能擴充

在表格中，除了填滿顏色等格式之外，連算式也能自動擴充。在新增列只要填入「單價」及「數量」，會立即顯示「金額」。

① 在緊鄰表格的下一列輸入資料　**②** 按下 Enter 鍵

③ 自動擴充表格的範圍，並且在新增列完成延續表格樣式的顏色

④ 選取新增列的「金額」儲存格

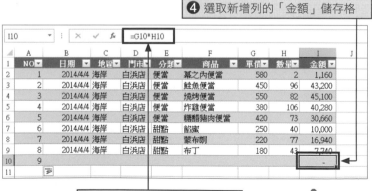

⑤ 即可看到已經自動輸入算式

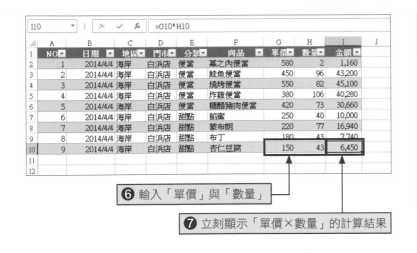

❻ 輸入「單價」與「數量」

❼ 立刻顯示「單價×數量」的計算結果

按一下**檔案**頁次的**選項**（Excel 2007 是 **Office 按鈕 / 選項**），開啟**選項**交談窗，按一下**校訂/自動校正選項**鈕，開啟**自動校正**交談窗，在**輸入時自動套用格式**頁次內，勾選**在表格中包括新的列與欄**，在新增列輸入資料時，表格就會自動擴充。

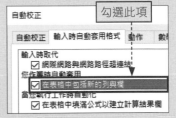

勾選此項

Step up 更改表格名稱

製作表格時，會自動設定「表格 1」或「表格 2」等表格名稱，但是你也可以自由更改。當活頁簿中建立了多個表格時，最好命名為可以代表表格內容、一目瞭然的名稱。選取表格內的儲存格，顯示**資料表工具**的**設計**頁次，在**內容**區中的**表格名稱**內，即可更改表格名稱。

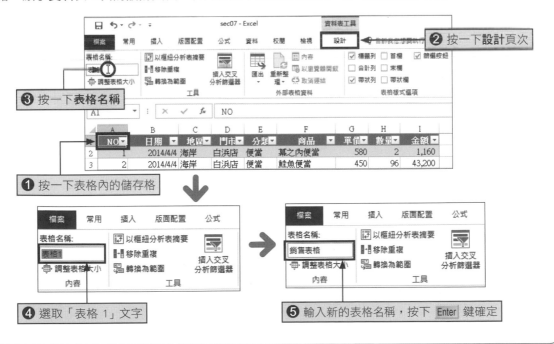

❷ 按一下**設計**頁次

❸ 按一下**表格名稱**

❶ 按一下表格內的儲存格

❹ 選取「表格 1」文字

❺ 輸入新的表格名稱，按下 Enter 鍵確定

用 Excel 開啟文字檔案

經由文字檔案將外部資料匯入 Excel

　　Unit 06～07 介紹了製作新資料庫，再轉換成表格的方法。若已經使用其他軟體建立資料庫，可以善用該檔案來製作報表。**把資料匯出成文字檔案，再使用 Excel 開啟**，就能用 Excel 樞紐分析表完成統計。儘管文字檔案的儲存格式有許多種類，不過只要運用 Excel 的**匯入字串精靈**功能，即可根據資料的儲存格式，開啟文字檔案。

1　確認文字檔案的內容

📝 **Memo**　善用已經完成輸入的資料

如果輸入統計資料的軟體具有將資料儲存成 Excel 格式的功能，可以直接用 Excel 執行統計步驟。假如沒有這種功能，只要儲存成文字檔案格式，現有的資料一樣可以匯入 Excel 中。

✔ **Keyword**　文字檔案

文字檔案是指，純粹以文字構成的檔案。大部分的軟體都可以讀取或儲存，所以常運用在軟體之間匯入/匯出資料的時候。

📝 **Memo**　先確認文字檔的結構

文字檔案會根據各欄的分隔方法，分成「分欄字元」及「欄位固定」格式（請參考 2-17 頁的 Hint）。在 Excel 開啟文字檔案時，必須設定各欄的分隔方法，所以請先確認文字檔案的結構。這個範例使用的是以逗點「,」分隔各欄的「分欄字元」格式。

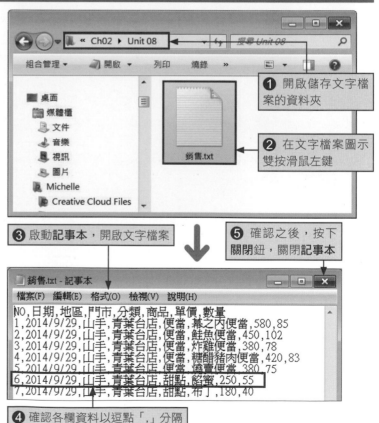

❶ 開啟儲存文字檔案的資料夾

❷ 在文字檔案圖示雙按滑鼠左鍵

❸ 啟動**記事本**，開啟文字檔案

❺ 確認之後，按下**關閉**鈕，關閉**記事本**

銷售.txt - 記事本

檔案(F)　編輯(E)　格式(O)　檢視(V)　說明(H)

NO,日期,地區,門市,分類,商品,單價,數量
1,2014/9/29,山手,青葉台店,便當,幕之內便當,580,85
2,2014/9/29,山手,青葉台店,便當,鮭魚便當,450,102
3,2014/9/29,山手,青葉台店,便當,炸雞便當,380,78
4,2014/9/29,山手,青葉台店,便當,糖醋豬肉便當,420,83
5,2014/9/29,山手,青葉台店,便當,燒賣便當,380,75
6,2014/9/29,山手,青葉台店,甜點,餡蜜,250,55
7,2014/9/29,山手,青葉台店,甜點,布丁,180,40

❹ 確認各欄資料以逗點「,」分隔

② 指定要開啟的文字檔案

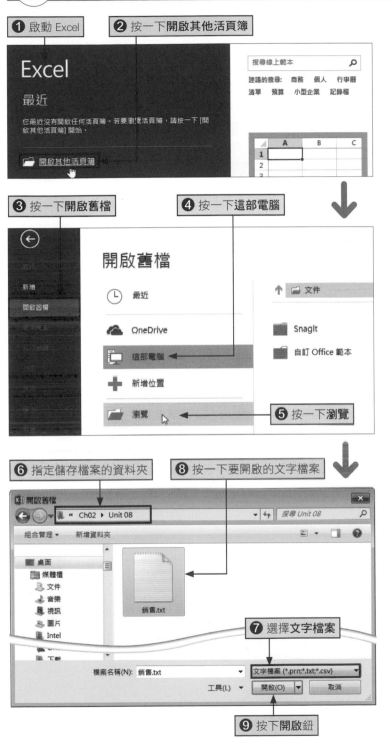

❶ 啟動 Excel

❷ 按一下開啟其他活頁簿

❸ 按一下開啟舊檔

❹ 按一下這部電腦

❺ 按一下瀏覽

❻ 指定儲存檔案的資料夾

❼ 選擇文字檔案

❽ 按一下要開啟的文字檔案

❾ 按下開啟鈕

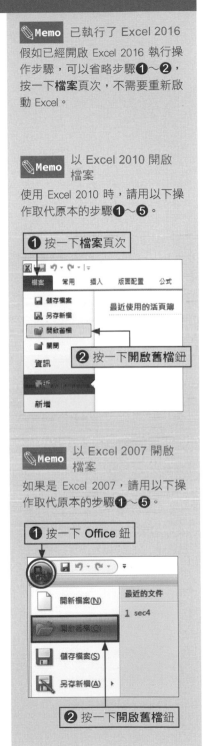

📝**Memo** 已執行了 Excel 2016

假如已經開啟 Excel 2016 執行操作步驟，可以省略步驟❶～❷，按一下**檔案**頁次，不需要重新啟動 Excel。

📝**Memo** 以 Excel 2010 開啟檔案

使用 Excel 2010 時，請用以下操作取代原本的步驟❶～❺。

❶ 按一下**檔案**頁次

❷ 按一下**開啟舊檔**鈕

📝**Memo** 以 Excel 2007 開啟檔案

如果是 Excel 2007，請用以下操作取代原本的步驟❶～❺。

❶ 按一下 Office 鈕

❷ 按一下**開啟舊檔**鈕

③ 設定文字檔案的資料格式後開啟檔案

❶Hint 排除首列的標題

若匯入文字檔案後，要將資料複製至其他資料表的末尾，可以在匯入檔案時，先將首列的標題排除。在**匯入字串精靈**的起始畫面，請將**起始列號**設定為「2」。

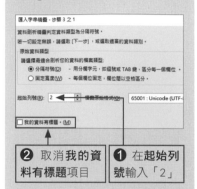

❷ 取消**我的資料有標題**項目　❶ 在起始列號輸入「2」

Step up 設定資料格式後，再開啟

如果文字檔案的開頭是數字，如「0123」的「0」，用 Excel 開啟檔案時，開頭的「0」會消失，變成「123」。遇到分機號碼或郵遞區號等前面有「0」的資料時，請在**匯入字串精靈**的第 3 個畫面中，將欄位的**資料格式**設定為**文字**。

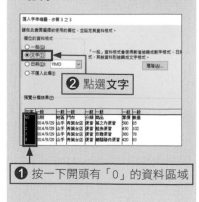

❷ 點選**文字**

❶ 按一下開頭有「0」的資料區域

❶ 開啟匯入字串精靈

❷ 選擇分隔符號 - 用分欄字元，如逗號或 TAB 鍵，區分每一個欄位

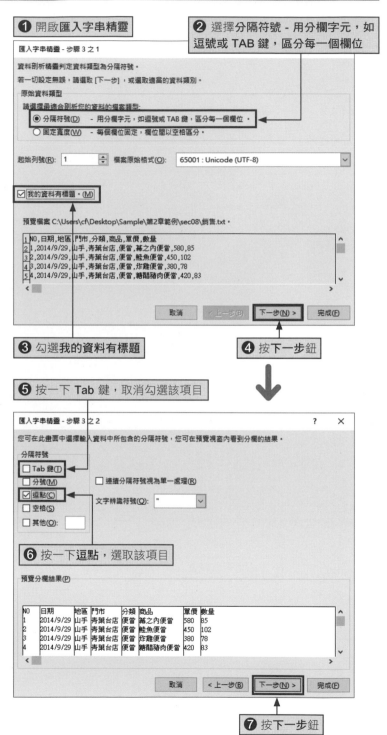

❸ 勾選**我的資料有標題**

❹ 按**下一步**鈕

❺ 按一下 **Tab** 鍵，取消勾選該項目

❻ 按一下**逗點**，選取該項目

❼ 按下一步鈕

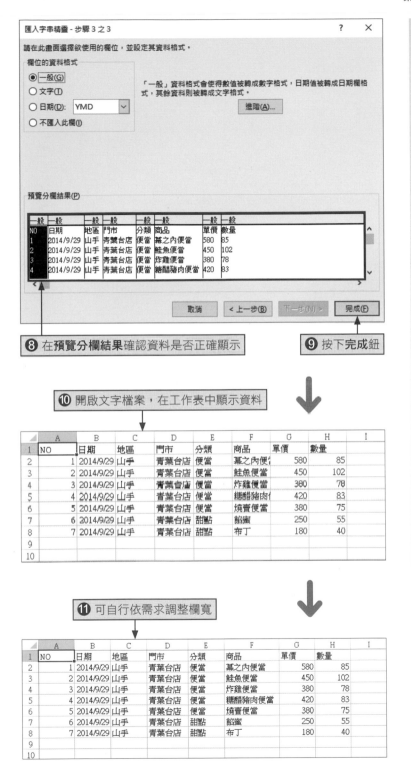

⑧ 在**預覽分欄結果**確認資料是否正確顯示

⑨ 按下**完成**鈕

⑩ 開啟文字檔案，在工作表中顯示資料

	A	B	C	D	E	F	G	H	I
1	NO	日期	地區	門市	分類	商品	單價	數量	
2	1	2014/9/29	山手	青葉台店	便當	幕之內便當	580	85	
3	2	2014/9/29	山手	青葉台店	便當	鮭魚便當	450	102	
4	3	2014/9/29	山手	青葉台店	便當	炸雞便當	380	78	
5	4	2014/9/29	山手	青葉台店	便當	糖醋豬肉便	420	83	
6	5	2014/9/29	山手	青葉台店	便當	燒賣便當	380	75	
7	6	2014/9/29	山手	青葉台店	甜點	餡蜜	250	55	
8	7	2014/9/29	山手	青葉台店	甜點	布丁	180	40	
9									
10									

⑪ 可自行依需求調整欄寬

	A	B	C	D	E	F	G	H	I
1	NO	日期	地區	門市	分類	商品	單價	數量	
2	1	2014/9/29	山手	青葉台店	便當	幕之內便當	580	85	
3	2	2014/9/29	山手	青葉台店	便當	鮭魚便當	450	102	
4	3	2014/9/29	山手	青葉台店	便當	炸雞便當	380	78	
5	4	2014/9/29	山手	青葉台店	便當	糖醋豬肉便當	420	83	
6	5	2014/9/29	山手	青葉台店	便當	燒賣便當	380	75	
7	6	2014/9/29	山手	青葉台店	甜點	餡蜜	250	55	
8	7	2014/9/29	山手	青葉台店	甜點	布丁	180	40	
9									
10									

Step up 排除不要的欄位再開啟文字檔案

若想把不需要匯入的欄位排除在外，請在**匯入字串精靈**第 3 畫面的**預覽分欄結果**中，按一下選取要刪除的區域，然後按下**欄位的資料格式**中的**不匯入此欄**。

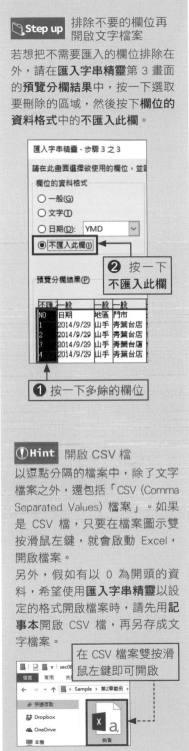

② 按一下**不匯入此欄**

❶ 按一下多餘的欄位

Hint 開啟 CSV 檔

以逗點分隔的檔案中，除了文字檔案之外，還包括「CSV (Comma Separated Values) 檔案」。如果是 CSV 檔，只要在檔案圖示雙按滑鼠左鍵，就會啟動 Excel，開啟檔案。

另外，假如有以 0 為開頭的資料，希望使用**匯入字串精靈**以設定的格式開啟檔案時，請先用**記事本**開啟 CSV 檔，再另存成文字檔案。

在 CSV 檔案雙按滑鼠左鍵即可開啟

4 儲存成 Excel 格式

📝 Memo 以 Excel 2010 儲存檔案

如果使用的是 Excel 2010，請執行『**檔案/另存新檔**』命令。

① 按一下檔案頁次

② 再按一下另存新檔

📝 Memo 以 Excel 2007 儲存檔案

如果使用的是 Excel 2007，請執行『**Office/另存新檔**』命令。

① 按一下 Office 按鈕

② 按一下另存新檔

📝 Memo 一定要以 Excel 格式儲存檔案

文字檔案只能儲存文字資料。如果要儲存已經設定好的格式或算式，請在**另存新檔**交談窗內的**存檔類型**選擇 **Excel 活頁簿**，儲存成 Excel 格式。

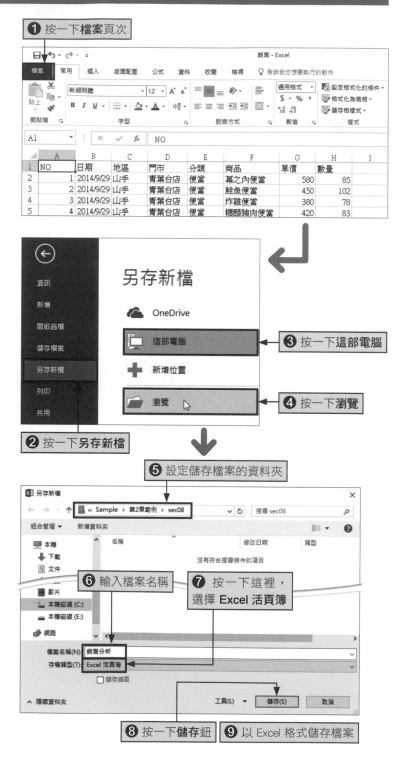

① 按一下檔案頁次

② 按一下另存新檔

③ 按一下這部電腦

④ 按一下瀏覽

⑤ 設定儲存檔案的資料夾

⑥ 輸入檔案名稱

⑦ 按一下這裡，選擇 Excel 活頁簿

⑧ 按一下儲存鈕　**⑨ 以 Excel 格式儲存檔案**

ⓘHint 將匯入的資料直接製作成樞紐分析表

Unit 09 要介紹從文字檔案匯入資料，直接新增至現有資料庫的方法。假如只要統計文字檔案匯入的資料，在製作樞紐分析表之前，請參考 Unit 06，在首列設定格式，增加必要區域，輸入算式。另外，請參考 Unit 07，根據實際狀況，將資料轉換成表格。

ⓘHint 開啟欄位固定的文字檔案

「欄位固定」的文字檔案中，各欄的字元數量是固定的。假如資料的長度比固定的字元數量短，會自動填上空格。開啟欄位固定的文字檔案時，請選擇**固定寬度 - 每個欄位固定，欄位間以空格區分**，並且在下一個畫面中指定區域的分隔位置。

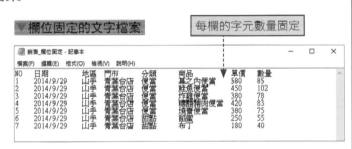

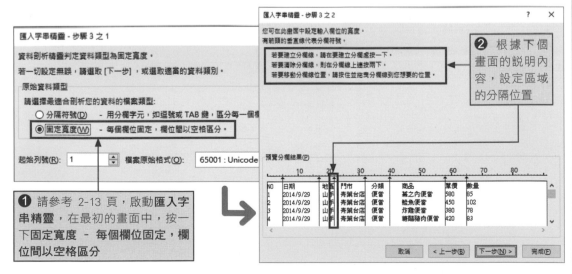

❶ 請參考 2-13 頁，啟動**匯入字串精靈**，在最初的畫面中，按一下固定寬度 - 每個欄位固定，欄位間以空格區分

❷ 根據下個畫面的說明內容，設定區域的分隔位置

整合多個資料表

複製不同檔案內的資料表

統計之前請先合併資料表

　　將門市傳來的最新銷售資料加入現有資料表中，或依照月份把銷售資料輸入在不同工作表時，可能需要把多個資料表合而為一。一邊切換檔案或工作表，一邊執行**複製／貼上**，就能將資料合併成一張資料表。以下將以門市傳來的最新銷售資料加入現有表格為例，說明操作步驟。這些資料分別儲存在不同檔案中。

▼要新增的資料

	A	B	C	D	E	F	G	H	I
1	NO	日期	地區	門市	分類	商品	單價	數量	
2	1	2014/9/29	山手	青葉台店	便當	幕之內便當	580	85	
3	2	2014/9/29	山手	青葉台店	便當	鮭魚便當	450	102	
4	3	2014/9/29	山手	青葉台店	便當	炸雞便當	380	78	
5	4	2014/9/29	山手	青葉台店	便當	糖醋豬肉便當	420	83	
6	5	2014/9/29	山手	青葉台店	便當	燒賣便當	380	75	
7	6	2014/9/29	山手	青葉台店	甜點	餡蜜	250	55	
8	7	2014/9/29	山手	青葉台店	甜點	布丁	180	40	
9									

門市傳來的資料

▼表格

	A	B	C	D	E	F	G	H	I	J
1	NO	日期	地區	門市	分類	商品	單價	數量	金額	
2	1	2014/4/4	海岸	白浜店	便當	幕之內便當	580	2	1,160	
3	2	2014/4/4	海岸	白浜店	便當	鮭魚便當	450	96	43,200	
4	3	2014/4/4	海岸	白浜店	便當	燒烤便當	550	82	45,100	
5	4	2014/4/4	海岸	白浜店	便當	炸雞便當	380	106	40,280	
6			白浜店		便當	糖醋豬肉便當	420	73	30,660	
1797	1796	2014/9/29	山手	綠之丘店	便當	鮭魚便當			27,450	
1798	1797	2014/9/29	山手	綠之丘店	便當	燒烤便當	550	49	26,950	
1799	1798	2014/9/29	山手	綠之丘店	便當	炸雞便當	380	106	40,280	
1800	1799	2014/9/29	山手	綠之丘店	便當	糖醋豬肉便當	420	87	36,540	
1801	1800	2014/9/29	山手	綠之丘店	便當	燒賣便當	380	99	37,620	
1802	1801	2014/9/29	山手	綠之丘店	甜點	餡蜜	250	47	11,750	
1803	1802	2014/9/29	山手	綠之丘店	甜點	蒙布朗	220	48	10,560	
1804	1803	2014/9/29	山手	綠之丘店	甜點	布丁	180	59	10,620	
1805	1804	2014/9/29	山手	綠之丘店	甜點	杏仁豆腐	150	68	10,200	
1806										

加在表格的新增列中

1 確認兩張資料表的欄位結構

❶ 開啟已經輸入資料的檔案 (sec09_1.xlsx)

	A	B	C	D	E	F	G	H	I	J
1	NO	日期	地區	門市	分類	商品	單價	數量	金額	
2	1	2014/4/4	海岸	白浜店	便當	幕之內便當	580	2	1,160	
3	2	2014/4/4	海岸	白浜店	便當	鮭魚便當	450	96	43,200	
4	3	2014/4/4	海岸	白浜店	便當	燒烤便當	550	82	45,100	
5	4	2014/4/4	海岸	白浜店	便當	炸雞便當	380	106	40,280	
6	5	2014/4/4	海岸	白浜店	便當	糖醋豬肉便當	420	73	30,660	
7	6	2014/4/4	海岸	白浜店	甜點	餡蜜	250	40	10,000	
8	7	2014/4/4	海岸	白浜店	甜點	蒙布朗	220	77	16,940	
9	8	2014/4/4	海岸	白浜店	甜點	布丁	180	43	7,740	
10	9	2014/4/4	海岸	白浜店	甜點	杏仁豆腐	150	43	6,450	
11	10	2014/4/4	海岸	港店	便當	幕之內便當	580	41	23,780	
12	11	2014/4/4	海岸	港店	便當	鮭魚便當	450	73	32,850	
13	12	2014/4/4	海岸	港店	便當	燒烤便當	550	75	41,250	
14	13	2014/4/4	海岸	港店	便當	炸雞便當	380	93	35,340	
15	14	2014/4/4	海岸	港店	便當	燒賣便當	380	84	31,920	

❷ 接著開啟要新增的檔案 (sec09_2.xlsx)

	A	B	C	D	E	F	G	H	I
1	NO	日期	地區	門市	分類	商品	單價	數量	
2	1	2014/9/29	山手	青葉台店	便當	幕之內便當	580	85	
3	2	2014/9/29	山手	青葉台店	便當	鮭魚便當	450	102	
4	3	2014/9/29	山手	青葉台店	便當	炸雞便當	380	78	
5	4	2014/9/29	山手	青葉台店	便當	糖醋豬肉便當	420	83	
6	5	2014/9/29	山手	青葉台店	便當	燒賣便當	380	75	
7	6	2014/9/29	山手	青葉台店	甜點	餡蜜	250	55	
8	7	2014/9/29	山手	青葉台店	甜點	布丁	180	40	
9									

❸ 確認欄位順序與原本的資料表一致

Memo　先確認欄位結構

執行複製之前，記得先確認兩份資料表的欄位結構。假如欄位順序不同，請調整成一致。選取要移動的欄位，將游標移動到選取範圍的外框上，按住 Shift 鍵不放並拖曳，即可移動該欄。

另外，以計算方式求出數值的欄位，即使不在新增的資料內也沒關係。

❶ 選取要移動的欄位

❷ 按住 Shift 鍵不放並拖曳外框線

2 執行複製／貼上

❷ 按下常用頁次的複製鈕

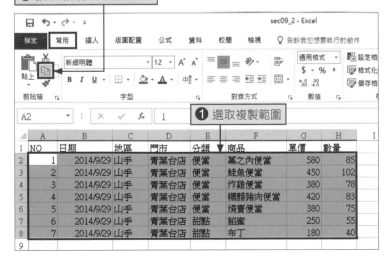

❶ 選取複製範圍

Hint　複製範圍較大時

假如要複製的資料範圍比較大，請先刪除欄位名稱列，接著選取剩下資料列的其中一個儲存格，按住 Ctrl 鍵不放並按下 A 鍵，即可快速選取整份資料。

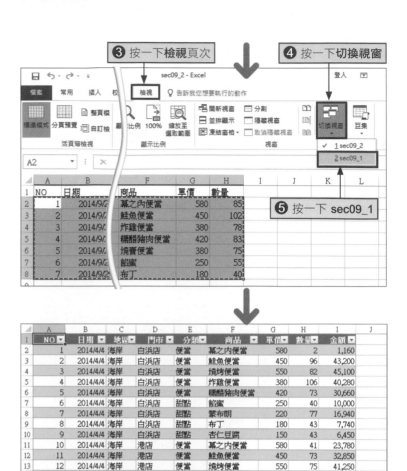

❸ 按一下檢視頁次

❹ 按一下切換視窗

❺ 按一下 sec09_1

❻ 顯示「sec09_1」(要加入新資料的檔案)

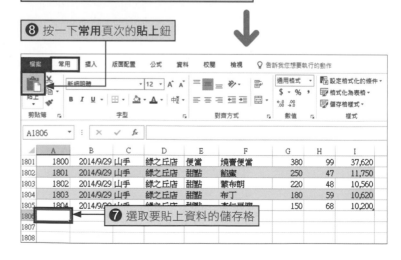

❽ 按一下**常用**頁次的**貼上**鈕

❼ 選取要貼上資料的儲存格

ⓘHint 利用工作列切換檔案

使用 Windows 的工作列按鈕也可以切換檔案。當游標移動到工作列上的 Excel 按鈕時,就會顯示縮小的檔案畫面,按一下要選擇的畫面即可。

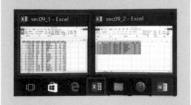

ⓘHint 合併相同檔案內的資料表

假如同一個檔案內有多個工作表的資料需要合併時,請按一下工作表名稱,切換工作表,再執行複製/貼上。

按一下工作表名稱,切換工作表

ⓘHint 快速移動至貼上資料的位置

選取要貼上新資料的資料表中 A 欄的任意儲存格,按住 Ctrl 不放並按下 ↓ 鍵,可以移動到 A 欄的最後一列。由於要貼上新資料的儲存格位於正下方,所以只要再按 1 次 ↓ 鍵,即可選取要貼上資料的儲存格。

⑨ 貼上資料

自動擴充算式及格式

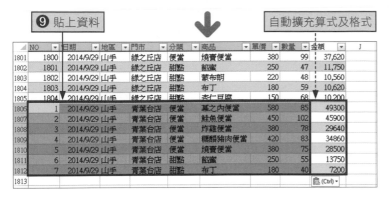

⑩ 根據狀況調整編號

⑪ 確認在新增列自動輸入的算式是否正確

I11806　=G1806*H1806

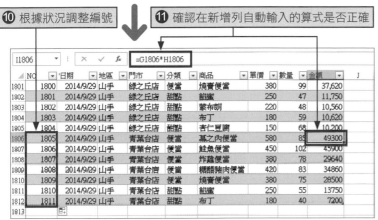

①Hint 調整編號

假如要調整編號，請選取原本資料最後面兩個編號的儲存格，將游標移動到**填滿控點**再拖曳。

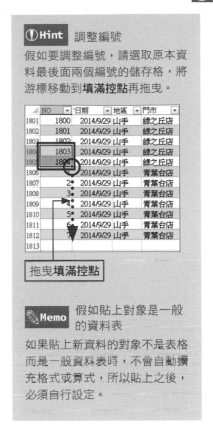

拖曳填滿控點

✐Memo 假如貼上對象是一般的資料表

如果貼上新資料的對象不是表格而是一般資料表時，不會自動擴充格式或算式，所以貼上之後，必須自行設定。

①Hint 排序表格內的資料

把資料合併成一張表格後，有時需要以其中一個欄位為基準來排序。選取基準欄位的任意儲存格，接著在**資料**頁次**排序與篩選**區中，按一下**從最小到最大排序**鈕 ↓，或**從最大到最小排序**鈕 ↓，進行排序。**從最小到最大排序**是指，數值由小到大、日期由舊到新、英文字母先後、注音前後、筆劃多寡等，而**從最大到最小排序**剛好相反。

▼依照日期新舊排序

② 按一下資料頁次中的從最小到最大排序

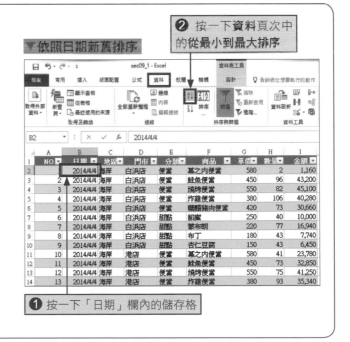

① 按一下「日期」欄內的儲存格

統一資料的顯示內容

利用「取代」功能

要正確統計資料就得先統一輸入內容

　　要製作成樞紐分析表的表格中，若出現「白浜店」、「白浜分店」、「港店」、「港分店」等不一致的資料時，將無法得到正確的統計結果。請利用「篩選」功能，找出不一致的部分，再利用「取代」功能，統一成正確的內容。

NO	日期	地區	門市	分類	商品	單價	數量	金額
1	2014/4/4	海岸	白浜店	便當	幕之內便當	580	2	1,160
2	2014/4/4	海岸	白浜店	便當	鮭魚便當	450	96	43,200
3	2014/4/4	海岸	白浜店	便當	燒烤便當	550	82	45,100
4	2014/4/4	海岸	白浜店	便當	炸雞便當	380	106	40,280
5	2014/4/4	海岸	白浜店	便當	糖醋豬肉便當	420	73	30,660
6	2014/4/4	海岸	白浜店	甜點	餡蜜	250	40	10,000
7	2014/4/4	海岸	白浜店	甜點	蒙布朗	220	77	16,940
8	2014/4/4	海岸	白浜店	甜點	布丁	180	43	7,740
9	2014/4/4	海岸	白浜店	甜點	杏仁豆腐	150	43	6,450
10	2014/4/4	湛岸	港店	便當	幕之內便當	580	41	23,780
11	2014/4/4	海岸	港店		鮭魚便當	450	73	32,850
67	2014/4/7	山手	青葉台店	便當	燒烤便當			22,800
68	2014/4/7	山手	青葉台店	甜點	餡蜜	250	34	8,500
69	2014/4/7	山手	青葉台店	甜點	布丁	180	78	14,040
70	2014/4/7	山手	青葉台店	甜點	杏仁豆腐	150	45	6,750
71	2014/4/11	海岸	白浜分店	便當	幕之內便當	580	76	44,080
72	2014/4/11	海岸	白浜分店	便當	鮭魚便當	450	105	47,250
73	2014/4/11	海岸	白浜分店	便當	燒烤便當	550	72	39,600
74	2014/4/11	海岸	白浜分店	便當	炸雞便當	380	96	36,480

由於統計時，把「白浜店」與「白浜分店」當成不同門市，而無法得到正確的統計結果

1　使用「篩選」功能找出不一致的部分

📝**Memo** 快速找出不一致部分

當記錄太多時，很難用雙眼找出不一致的部分。若想有效率地找到問題，只要按一下欄標題儲存格的 ▼ ，顯示該欄位的資料清單，就能輕鬆找出不一致的部分。

❶ 按一下要搜尋內容不一致的欄標題 (此範例是「門市」)

NO	日期	地區	門市	分類	商品	單價	數量	金額
1	2014/4/4	海岸	白浜店	便當	幕之內便當	580	2	1,160
2	2014/4/4	海岸	白浜店	便當	鮭魚便當	450	96	43,200
3	2014/4/4	海岸	白浜店	便當	燒烤便當	550	82	45,100
4	2014/4/4	海岸	白浜店	便當	炸雞便當	380	106	40,280
5	2014/4/4	海岸	白浜店	便當	糖醋豬肉便當	420	73	30,660
6	2014/4/4	海岸	白浜店	甜點	餡蜜	250	40	10,000
7	2014/4/4	海岸	白浜店	甜點	蒙布朗	220	77	16,940

❷ 顯示欄位內的資料清單

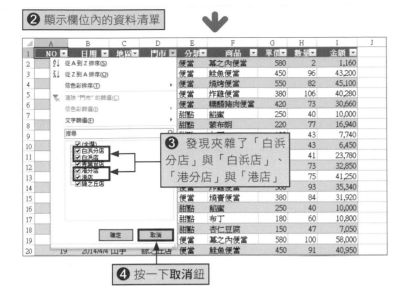

❸ 發現夾雜了「白浜分店」與「白浜店」、「港分店」與「港店」

❹ 按一下取消鈕

2 利用「取代」功能統一不一致的內容

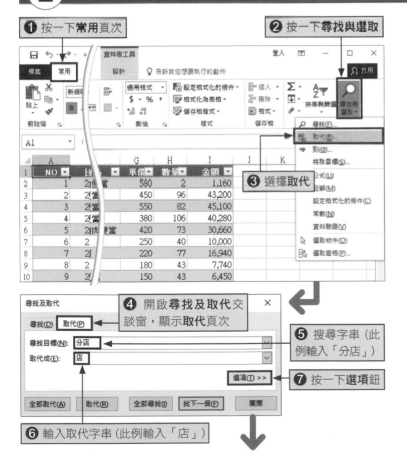

❶ 按一下常用頁次

❷ 按一下尋找與選取

❸ 選擇取代

❹ 開啟尋找及取代交談窗，顯示取代頁次

❺ 搜尋字串 (此例輸入「分店」)

❻ 輸入取代字串 (此例輸入「店」)

❼ 按一下選項鈕

✓ Keyword 篩選

篩選是過濾並顯示符合條件資料的功能。

ⓘ Hint 使用「篩選」功能過濾一般資料表

假如是一般資料表，選取表內其中一個儲存格，在資料頁次的排序與篩選區中，按一下篩選鈕，欄標題的儲存格，就會顯示 ▾。再按一下篩選鈕，即可隱藏。

ⓘ Hint 利用鍵盤快速鍵

按住 Ctrl 鍵不放並按下 H 鍵，也可以開啟尋找及取代交談窗，顯示取代頁次。

✎ Memo 在「尋找目標」沒有出現游標

有時候按一下尋找及取代交談窗內的尋找目標欄，不會顯示游標，不過直接使用鍵盤仍可以輸入文字。

✎ Memo 先確認選項內容

在尋找及取代交談窗中，會沿用上次尋找或取代的設定，因此請先按一下選項鈕，確認設定內容，再執行取代。另外，關閉 Excel 之後，就會恢復成原本的設定。

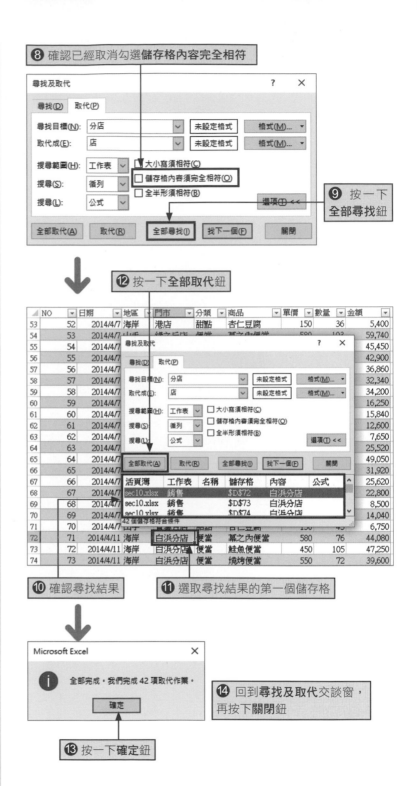

8 確認已經取消勾選儲存格內容完全相符

9 按一下全部尋找鈕

12 按一下全部取代鈕

10 確認尋找結果

11 選取尋找結果的第一個儲存格

14 回到尋找及取代交談窗，再按下關閉鈕

13 按一下確定鈕

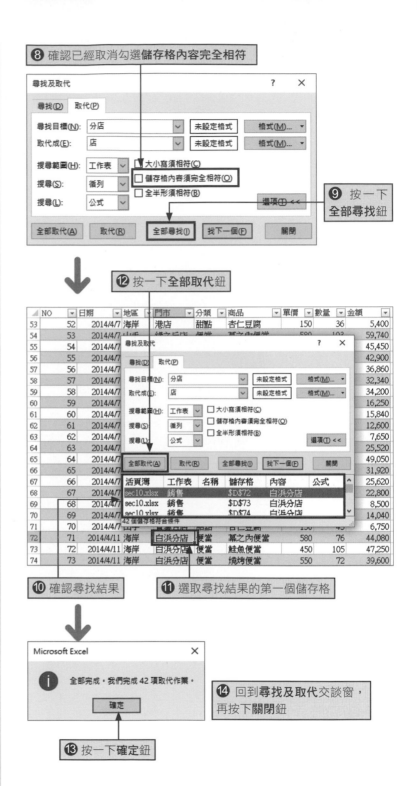
Microsoft Excel
全部完成。我們完成 42 項取代作業。
確定

📝**Memo** 完全相符與部分相符

勾選尋找及取代交談窗中的**儲存格內容須完全相符**，就會尋找完全相符的內容；若取消勾選，則會尋找部分相符的內容。假如在**尋找目標**輸入「分店」，只有完全相符，輸入「分店」的儲存格會成為取代對象，而部分相符會取代如「白浜分店」這種含有「分店」字串的儲存格。

⚠**Hint** 按照文字種類來尋找

在**尋找及取代**交談窗中，勾選**大小寫須相符**項目，可以分別尋找英文字母的大寫或小寫。另外，勾選**全半形須相符**項目，能分別尋找半形文字或全形文字。

⚠**Hint** 復原取代後的內容

執行取代之後，按一下**快速存取工具列**的**復原鈕**↩，即可恢復成取代前的狀態。

⚠**Hint** 設定取代對象的範圍

先選取儲存格範圍，在**尋找及取代**交談窗中，把**搜尋範圍**設定成「工作表」，再執行取代，將只有選取的儲存格範圍會成為取代對象。

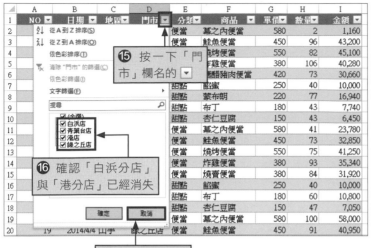

⑰ 按一下**取消**鈕

---

①Hint 如果要將「店」統一顯示為「分店」

當資料中夾雜著「白浜分店」與「白浜店」、「港分店」與「港店」時，一旦將「店」取代成「分店」，「白浜分店」會變成「白浜分分店」，「港分店」變成「港分分店」。遇到這種情況，請分成兩次來執行取代。第一次先將「白浜店」取代成「白浜分店」，第二次再把「港店」變成「港分店」。

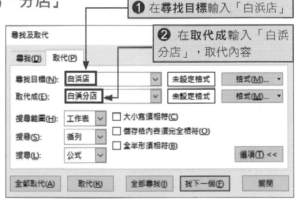

Step up 刪除多餘的空格

含有空格的資料與不含空格的資料若夾雜在一起，也無法正確統計資料。如果要刪除空格，請在**尋找及取代**交談窗的**尋找目標**輸入空格，**取代成**不要輸入任何字元，然後執行取代。先取消勾選**全半形須相符**項目，可以一次刪除全形及半形空格。

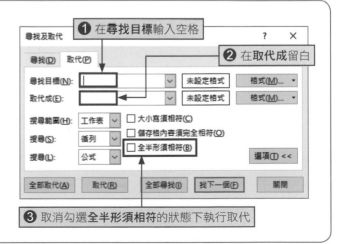

❶Hint 本書使用的「銷售」資料庫結構

本書主要以記錄銷售資料的表格為主，如下圖所示，再利用樞紐分析表執行各種統計。在進入樞紐分析表的操作之前，請先掌握表格內容。

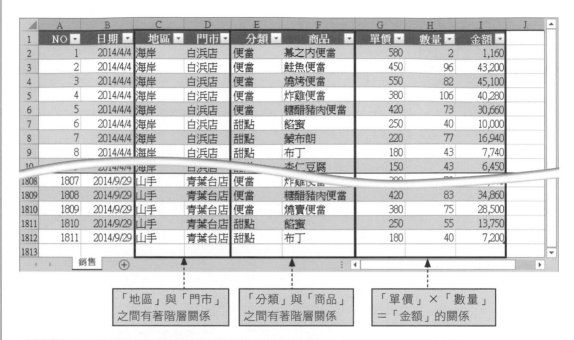

| 「地區」與「門市」之間有著階層關係 | 「分類」與「商品」之間有著階層關係 | 「單價」×「數量」＝「金額」的關係 |

欄位	說明
NO	從 1 開始依序遞增的編號。
日期	輸入 2014 年 4 月～9 月的日期。
地區	輸入 2 種地區名稱（「海岸」、「山手」）。
門市	輸入 4 種門市名稱。與「地區」欄位有階層關係。 ●「海岸」地區的門市　白浜店、港店 ●「山手」地區的門市　綠之丘、青葉台店
分類	輸入 2 種商品分類名稱（「便當」、「甜點」）。
商品	輸入 10 種商品名稱。與「分類」欄位有階層關係。 ●「便當」商品　幕之內便當、鮭魚便當、燒烤便當、炸雞便當、糖醋豬肉便當、 　　　　　　　 燒賣便當 ●「甜點」商品　餡蜜、蒙布朗、布丁、杏仁豆腐
單價	輸入商品的單價。
數量	輸入商品的銷售數量。
金額	計算「單價×數量」

第 3 章

製作樞紐分析表

樞紐分析表的製作概要

利用本單元學會樞紐分析表的操作

製作樞紐分析表的流程

樞紐分析表的操作步驟分成「**建立樞紐分析表的雛型**」及「**配置欄位**」等兩階段 (請參考 Unit 12)。樞紐分析表完成後，仍可以隨意調整欄位配置 (請參考 Unit 15)。調整或新增統計表格內的資料後，**必須手動更新樞紐分析表** (請參考 Unit 18、Unit 19)。

▼製作樞紐分析表

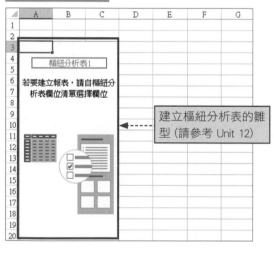

建立樞紐分析表的雛型 (請參考 Unit 12)

配置欄位，完成樞紐分析表 (請參考 Unit 13、Unit 14)

▼更新資料

更改或新增來源資料時

以手動方式更新樞紐分析表 (請參考 Unit 18、Unit 19)

製作各式各樣的統計表

樞紐分析表會隨著欄位的分配位置而產生各種不同的型態。這裡要製作 1 維統計表、2 維統計表、2 階層統計表等 3 種統計表。2 維統計表是最常用的統計表格式，又稱為「**交叉統計表**」。

▼ 1 維統計表

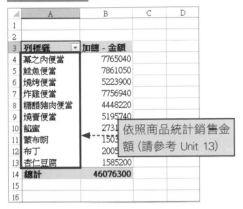

依照商品統計銷售金額 (請參考 Unit 13)

▼ 2 維統計表 (交叉統計表)

依照商品及地區統計銷售金額 (請參考 Unit 14)

▼ 兩階層統計表

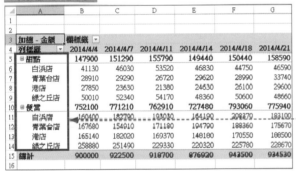

依照商品類別及門市的 2 階層合計 (請參考 Unit 16)

設定顯示格式，讓數值更容易閱讀

當統計結果的位數較多時，會變得難以閱讀。不過，只要設定顯示格式，以每 3 位數用「,」(逗點) 分隔，就比較容易分辨。

▼ 設定分隔符號

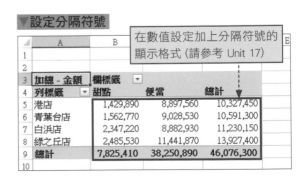

在數值設定加上分隔符號的顯示格式 (請參考 Unit 17)

建立樞紐分析表的雛型

製作樞紐分析表

製作樞紐分析表的雛型當作統計前的準備工作

若要用樞紐分析表統計資料，必須**先製作樞紐分析表的雛型**。本單元將以**表格資料為基礎**，說明樞紐分析表的製作方法。若以一般資料表為基礎，製作樞紐分析表的步驟也是一樣。

▼表格

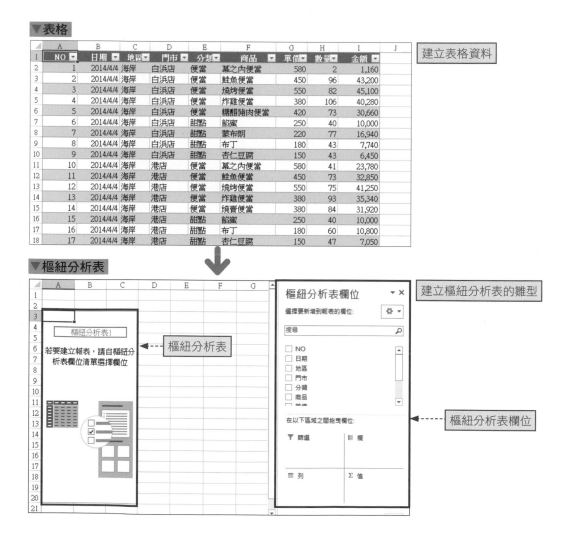

	A	B	C	D	E	F	G	H	I	J	
1	NO	日期	地區	門市	分類	商品	單價	數量	金額		建立表格資料
2	1	2014/4/4	海岸	白浜店	便當	幕之內便當	580	2	1,160		
3	2	2014/4/4	海岸	白浜店	便當	鮭魚便當	450	96	43,200		
4	3	2014/4/4	海岸	白浜店	便當	燒烤便當	550	82	45,100		
5	4	2014/4/4	海岸	白浜店	便當	炸雞便當	380	106	40,280		
6	5	2014/4/4	海岸	白浜店	便當	糖醋豬肉便當	420	73	30,660		
7	6	2014/4/4	海岸	白浜店	甜點	餡蜜	250	40	10,000		
8	7	2014/4/4	海岸	白浜店	甜點	蒙布朗	220	77	16,940		
9	8	2014/4/4	海岸	白浜店	甜點	布丁	180	43	7,740		
10	9	2014/4/4	海岸	白浜店	甜點	杏仁豆腐	150	43	6,450		
11	10	2014/4/4	海岸	港店	便當	幕之內便當	580	41	23,780		
12	11	2014/4/4	海岸	港店	便當	鮭魚便當	450	73	32,850		
13	12	2014/4/4	海岸	港店	便當	燒烤便當	550	75	41,250		
14	13	2014/4/4	海岸	港店	便當	炸雞便當	380	93	35,340		
15	14	2014/4/4	海岸	港店	便當	燒賣便當	380	84	31,920		
16	15	2014/4/4	海岸	港店	甜點	餡蜜	250	40	10,000		
17	16	2014/4/4	海岸	港店	甜點	布丁	180	60	10,800		
18	17	2014/4/4	海岸	港店	甜點	杏仁豆腐	150	47	7,050		

▼樞紐分析表

建立樞紐分析表的雛型

樞紐分析表

樞紐分析表欄位

1　建立樞紐分析表的雛型

❶ 按一下表格內的儲存格

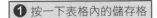

❸ 按一下樞紐分析表　　❷ 按一下插入頁次

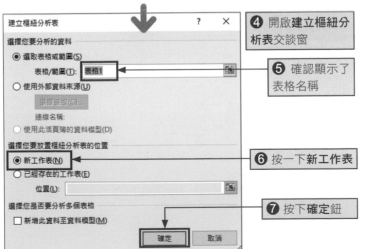

❹ 開啟建立樞紐分析表交談窗

❺ 確認顯示了表格名稱

❻ 按一下新工作表

❼ 按下確定鈕

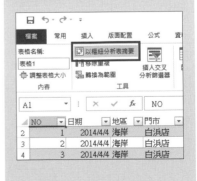

Hint 以一般資料表建立樞紐分析表

若要利用一般資料表來建立樞紐分析表，同樣先選取表格內的儲存格。只要是依照資料庫原則製作的資料表（請參考 Unit 06），就會自動辨識表格內的儲存格範圍，並且顯示在**建立樞紐分析表**交談窗的**選取表格或範圍**欄位內，省去設定整份資料表儲存格範圍的步驟。

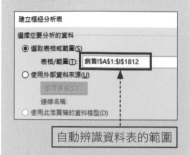

自動辨識資料表的範圍

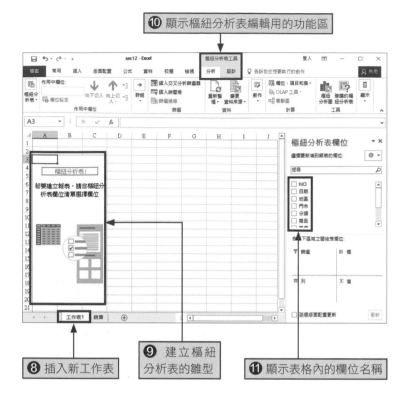

⑧ 插入新工作表

⑨ 建立樞紐分析表的雛型

⑪ 顯示表格內的欄位名稱

2 更改工作表的名稱

Memo 更改工作表名稱，讓內容一目瞭然

將置入樞紐分析表的工作表名稱改為「統計」等比較容易辨別的名稱，就能輕易與統計來源工作表做出區隔。工作表名稱不論半形或全形，最多可以設定 31 個字元。

Memo 選取其他儲存格會改變功能區的顯示狀態

樞紐分析表的編輯用功能區在選取樞紐分析表以外的儲存格時，將會自動隱藏起來。選取樞紐分析表內的儲存格，即可再度顯示。

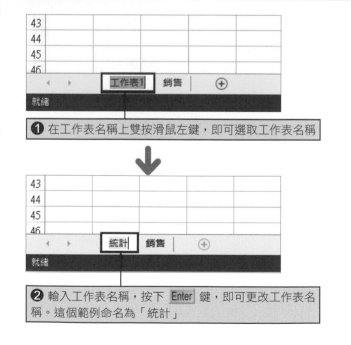

❶ 在工作表名稱上雙按滑鼠左鍵，即可選取工作表名稱

❷ 輸入工作表名稱，按下 Enter 鍵，即可更改工作表名稱。這個範例命名為「統計」

①Hint 要使用建議的樞紐分析表製作統計表時

Excel 2013 / 2016 準備了配合原本的表格或資料表,提出多種 Excel 統計表的**建議的樞紐分析表**功能。只要從建議的樞紐分析表中,選取適合的選項,即可立即建立樞紐分析表的統計表。

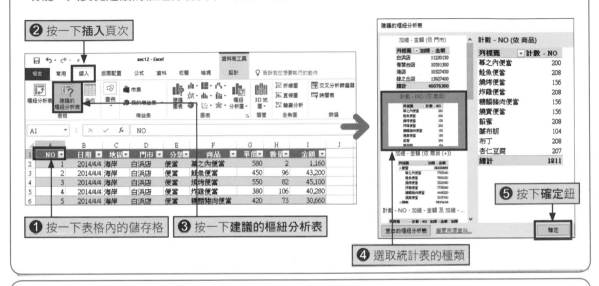

⑤Step up 確認樞紐分析表的選項設定

與樞紐分析表的相關設定,幾乎都可以在**樞紐分析表選項**交談窗內完成。當你覺得樞紐分析表的外觀與操作性與平常不一樣時,請選取樞紐分析表內的儲存格,參考圖內的操作步驟,開啟**樞紐分析表選項**交談窗,確認裡面的內容。這個交談窗在樞紐分析表的雛型狀態或統計表狀態下,都可以顯示。另外,如果是 Excel 2010／2007,請改按下**選項**頁次,取代下圖步驟**❷**的操作。

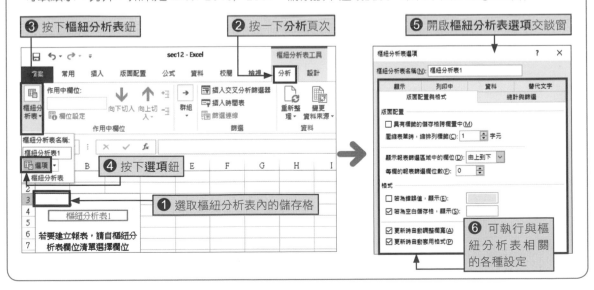

個別統計商品的銷售金額

利用滑鼠拖曳操作就能立刻完成統計

Unit 12 完成了樞紐分析表的雛型,這個單元將利用此基礎,依照商品將資料分門別類,完成計算出銷售金額合計的統計表。操作非常簡單,只要在**樞紐分析表欄位**內,設定欄位的版面配置即可。透過滑鼠拖曳就能完成操作。

▼樞紐分析表的雛型

從樞紐分析表的雛型開始

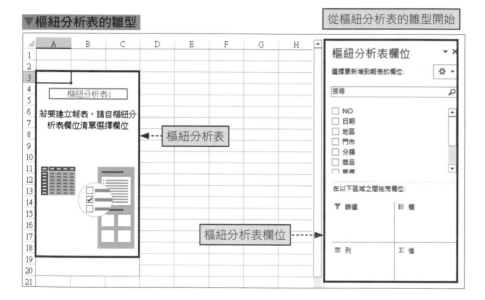

樞紐分析表

樞紐分析表欄位

▼樞紐分析表的統計表

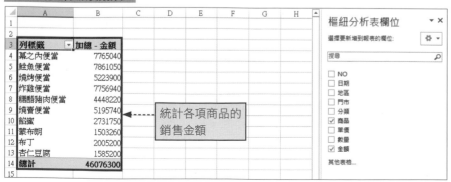

統計各項商品的銷售金額

1 在列標籤顯示商品名稱

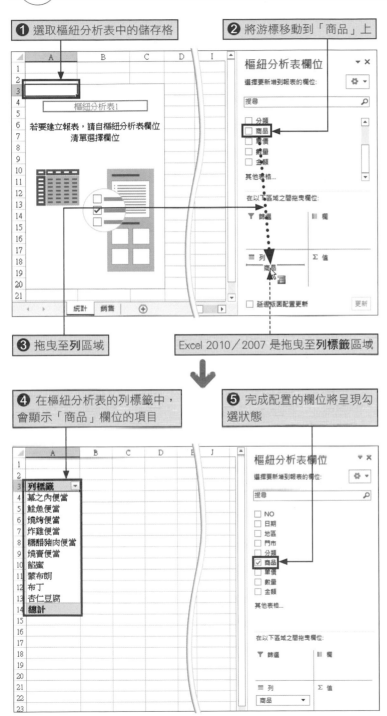

① 選取樞紐分析表中的儲存格

② 將游標移動到「商品」上

③ 拖曳至**列**區域

Excel 2010／2007 是拖曳至**列標籤**區域

④ 在樞紐分析表的列標籤中，會顯示「商品」欄位的項目

⑤ 完成配置的欄位將呈現勾選狀態

樞紐分析表欄位

列標籤
冪之內便當
鮭魚便當
燒烤便當
炸雞便當
糖醋豬肉便當
燒賣便當
餡蜜
蒙布朗
布丁
杏仁豆腐
總計

Memo 選取樞紐分析表內的儲存格後再操作

沒有選取樞紐分析表內的儲存格時，不會顯示**樞紐分析表欄位**。操作樞紐分析表時，一開始要先選取樞紐分析表內的儲存格。

Memo 沒有顯示樞紐分析表欄位

假如選取了樞紐分析表內的儲存格，依舊沒有顯示**樞紐分析表欄位**，請按一下**分析**頁次**顯示**區中的**欄位清單**鈕。Excel 2010／2007 是在**選項**頁次內，按一下**欄位清單**。

Keyword 列標籤欄位

列標籤欄位是指，成為統計表列標題的欄位。設定為列標籤的欄位項目會在樞紐分析表左側縱向排列成一欄。

Keyword 項目

項目是指輸入欄位內的各個資料。「商品」欄位的項目是指，「餡蜜」、「燒烤便當」等商品名稱。

② 在「值」欄位顯示加總金額

①Hint 按一下滑鼠右鍵選擇版面配置位置

在**樞紐分析表欄位**的欄位名稱按下滑鼠右鍵,可以選擇版面配置區域。

① 在欄位名稱按下滑鼠右鍵

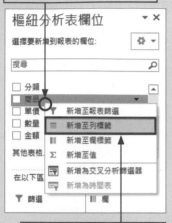

② 再選擇版面配置區域,即可完成欄位安排

✎Memo 安排數值欄位及合計金額

在**值**區域配置「金額」或「數量」等數值欄位時,可以在統計表內計算數值的合計;配置了「商品」或「分類」等文字欄位後,統計表內會求出資料的項目個數。

① 將游標移到「金額」上

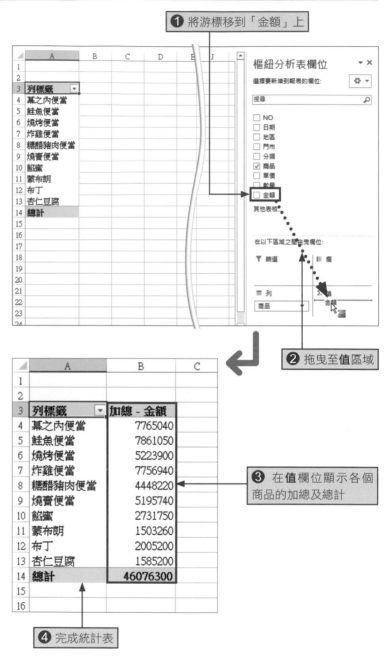

② 拖曳至**值**區域

③ 在**值**欄位顯示各個商品的加總及總計

④ 完成統計表

!Hint 使用和 Excel 2003 一樣的操作方法製作樞紐分析表

Excel 2003 可以從**樞紐分析表欄位**中，直接把欄位拖曳到樞紐分析表內，完成統計表。假如 Excel 2016 ／2013／2010／2007 也希望使用和 Excel 2003 一樣的操作方法，完成樞紐分析表，請參考 3-7 頁的 StepUp 開啟**樞紐分析表選項**交談窗。在**顯示**頁次中，勾選**古典樞紐分析表版面配置**，樞紐分析表就會變成和 Excel 2003 一樣的版面配置，能直接拖放欄位，進行版面配置。

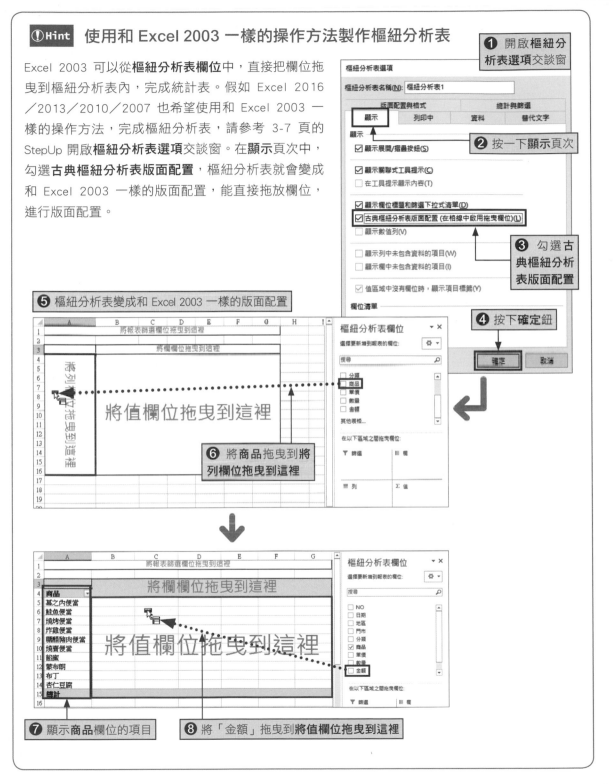

① 開啟樞紐分析表選項交談窗

② 按一下顯示頁次

③ 勾選古典樞紐分析表版面配置

④ 按下確定鈕

⑤ 樞紐分析表變成和 Excel 2003 一樣的版面配置

⑥ 將**商品**拖曳到**將列欄位拖曳到這裡**

⑦ 顯示**商品**欄位的項目

⑧ 將「金額」拖曳到**將值欄位拖曳到這裡**

製作交叉統計表

利用「欄」區域

只要在列與欄置入欄位就會變成 2 維統計表

在統計表的左側 (列標籤) 及上面 (欄標籤) 配置項目名稱，各個項目的交叉部分 (相交) 會顯示統計值，這種 2 維的統計表就稱作「交叉統計表」。以下將以 Unit 13 製作的 1 維統計表為基礎，在列標籤配置商品，欄標籤配置地區，製作出交叉統計表。

▼1 維統計表

	A	B	C
1			
2			
3	列標籤 ▼	加總 - 金額	
4	餡蜜	2731750	
5	燒烤便當	5223900	
6	鮭魚便當	7861050	
7	布丁	2005200	
8	蒙布朗	1503260	
9	杏仁豆腐	1585200	
10	燒賣便當	5195740	
11	糖醋豬肉便當	4448220	
12	炸雞便當	7756940	
13	慕之肉便當	7765040	
14	總計	46076300	
15			

從各商品的統計表開始製作

▼2 維統計表 (交叉統計表)

	A	B	C	D	E
1					
2					
3	加總 - 金額	欄標籤 ▼			
4	列標籤 ▼	海岸	山手	總計	
5	餡蜜	▲ 1329000	1402750	2731750	
6	燒烤便當	3426500	1797400	5223900	
7	鮭魚便當	3873150	3987900	7861050	
8	布丁	968580	1036620	2005200	
9	蒙布朗	712580	790680	1503260	
10	杏仁豆腐	766950	818250	1585200	
11	燒賣便當	1712280	3483460	5195740	
12	糖醋豬肉便當	1409520	3038700	4448220	
13	炸雞便當	3790880	3966060	7756940	
14	慕之肉便當	3568160	4196880	7765040	
15	總計	▲ 21557600	24518700	46076300	
16					

製作左側為商品，上面為地區的交叉統計表

1 確認基本統計表

Memo 可隨意更改欄位組合

統計項目隨時都可以更改。本範例新增的欄位也可以刪除或移動。操作方法將在 Unit 15 說明介紹。

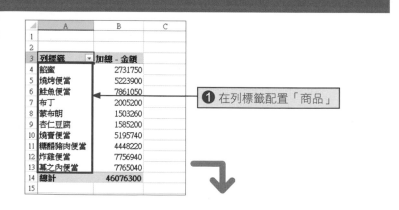

	A	B	C
1			
2			
3	列標籤 ▼	加總 - 金額	
4	餡蜜	2731750	
5	燒烤便當	5223900	
6	鮭魚便當	7861050	
7	布丁	2005200	
8	蒙布朗	1503260	
9	杏仁豆腐	1585200	
10	燒賣便當	5195740	
11	糖醋豬肉便當	4448220	
12	炸雞便當	7756940	
13	慕之肉便當	7765040	
14	總計	46076300	
15			

❶ 在列標籤配置「商品」

② 加入欄標籤變成交叉統計表

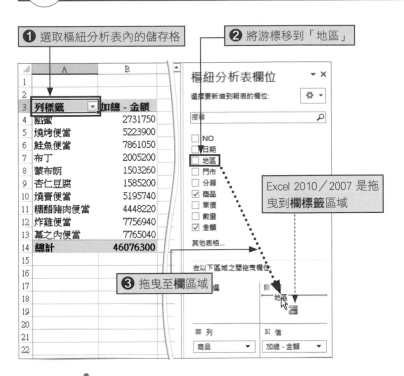

❶ 選取樞紐分析表內的儲存格

❷ 將游標移到「地區」

Excel 2010 / 2007 是拖曳到欄標籤區域

❸ 拖曳至欄區域

❹ 在欄標籤欄位顯示「地區」欄位的項目

完成交叉統計表

❺ 顯示各項商品於各地區的加總及總計

✔ Keyword **欄標籤欄位**

欄標籤欄位是成為統計表的欄標題之欄位。在欄標籤欄位設定的欄位項目，會在樞紐分析表上面排成一橫列。

✔ Keyword **1 維統計表**

1 維統計表是指，項目名稱與統計值排列成一縱列或一橫列的統計表。在「列」與「值」等兩個區域中，配置欄位後，就會和步驟❶的樞紐分析表一樣，變成一縱列統計表。另外，在「欄」與「值」等兩個區域配置欄位後，會和下圖一樣，形成一橫列的統計表。

❶ 在「欄」與「值」等兩個區域配置欄位

❷ 形成一橫列的 1 維統計表

✔ Keyword **2 維統計表**

2 維統計表是指，項目名稱排列在表內縱橫列的交叉統計表。在樞紐分析表中，在「列」、「欄」、「值」等 3 個區域配置欄位，會形成 2 維統計表。

改變分析資料的觀點

要將「商品」、「地區」、「日期」等多個項目的資料庫製作成交叉統計表時，**統計表呈現的內容會隨著欄列配置的項目而產生變化**。例如，配置「商品」及「地區」時，可以清楚瞭解各商品在不同地區的銷售差異。另外，配置「日期」與「商品」後，即可看出各項商品的銷售趨勢。這種可以改變統計觀點的分析資料手法，好比轉動骰子一樣，因而稱作**「骰子分析」**。在樞紐分析表中，可以利用組合刪除、移動、新增欄位等 3 項操作，執行骰子分析。任何一項操作都只要用滑鼠拖曳就能完成，非常簡單。

▼骰子分析

▼商品、地區別銷售統計表

	海岸地區	山手地區	總計
餡蜜	1,329	1,403	2,732
布丁	2,006	1,037	3,043
⋮	⋮	⋮	⋮
總計	21,558	24,519	46,077

清楚得知各項商品在不同地區的銷售金額

▼商品、日期銷售統計表

	4月4日	4月7日	…	總計
餡蜜	50	52	…	2,732
布丁	35	43	…	2,005
⋮	⋮	⋮	⋮	⋮
總計	900	923	…	46,077

瞭解各商品的銷售趨勢

▼地區、日期銷售統計表

	4月4日	4月7日	…	總計
海岸地區	395	434	…	21,558
山手地區	505	488	…	24,519
總計	900	923	…	46,077

瞭解各地區的銷售趨勢

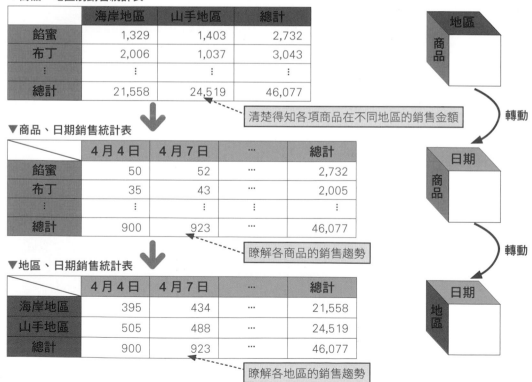

地區 / 商品

轉動

日期 / 商品

轉動

日期 / 地區

從「商品地區」統計表改變成「地區日期」統計表

請試著將銷售統計表的統計項目從「商品地區」改成「地區日期」。刪除列標籤欄位中的「商品」，把「地區」從欄標籤欄位移動到列標籤欄位，並且將「日期」新增到欄標籤欄位，即可輕易更改統計表。

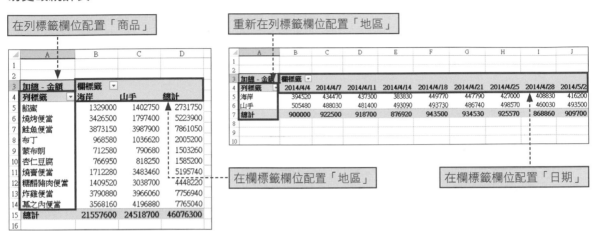

① 刪除欄位

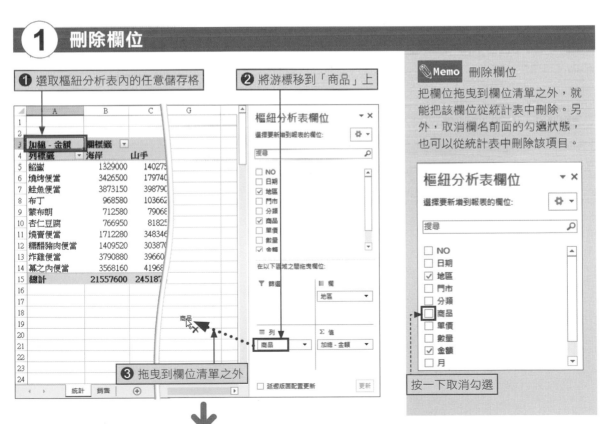

❶ 選取樞紐分析表內的任意儲存格

❷ 將游標移到「商品」上

❸ 拖曳到欄位清單之外

Memo 刪除欄位

把欄位拖曳到欄位清單之外，就能把該欄位從統計表中刪除。另外，取消欄名前面的勾選狀態，也可以從統計表中刪除該項目。

按一下取消勾選

④ 刪除列標籤內的「商品」項目

② 移動欄位

在欄位清單的區域內拖曳欄位，即可在統計表上移動該欄位。另外，按一下欄名，再按一下**移到○○**，即可移動該欄位。

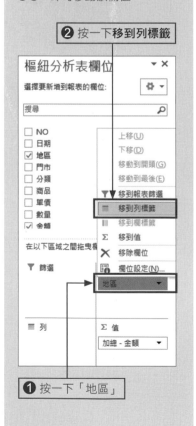

② 按一下**移到列標籤**

① 按一下「地區」

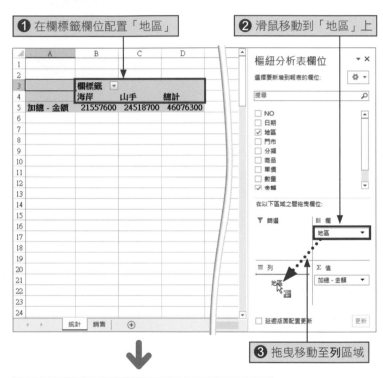

① 在欄標籤欄位配置「地區」

② 滑鼠移動到「地區」上

③ 拖曳移動至**列**區域

④ 將欄標籤欄位內的「地區」移動到列標籤欄位

	A	B	C	D
1				
2				
3	列標籤 ▼	加總 - 金額		
4	海岸	21557600		
5	山手	24518700		
6	總計	46076300		
7				

③ 新增欄位

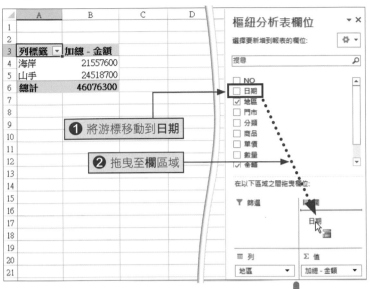

❶ 將游標移動到**日期**

❷ 拖曳至欄區域

Memo 刪除、移動、新增的操作沒有一定的順序

這個單元依照「刪除欄位」、「移動欄位」、「新增欄位」的步驟，說明了從「商品地區統計表」改成「地區日期統計表」的方法。但是製作時的順序卻沒有硬性規定。不論以哪種順序操作，都能製作出相同的統計表，你可以多多嘗試。

❸ 在欄標籤欄位內顯示「日期」欄位的項目

---

①Hint 恢復成空白狀態再重新配置的方法

當樞紐分析表變得亂七八糟時，可以先將所有欄位刪除，再重新加入，這種方法比較容易分辨。在**分析**頁次執行『**動作／清除／全部清除**』命令，即可讓樞紐分析表立刻恢復成空白狀態。如果是 Excel 2010／2007，請在**選項**頁次執行『**動作／清除／全部清除**』命令。

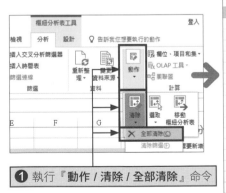

❶ 執行『**動作／清除／全部清除**』命令

❷ 樞紐分析表恢復成空白狀態

製作「商品分類」及「門市」2 階層統計資料

配置多個欄位

可以將多個項目放在相同區域進行統計

　　樞紐分析表的各個區域都可以配置多個欄位。在交叉統計表的「列」區域及「欄」區域配置 2 種欄位，可以執行 3 種項目的統計。例如，將「商品分類」及「門市」放在「列」區域，就會形成依照「商品分類」，在各個商品顯示相同「門市」的統計表。將「商品分類」及「門市」交換，則會變成依照「門市」列出相同「商品分類」的統計表，檢視資料的觀點也會跟著產生變化。

▼「商品分類」統計表

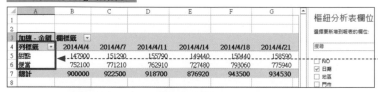

配置「商品分類」

▼「商品分類」別「門市」別統計表

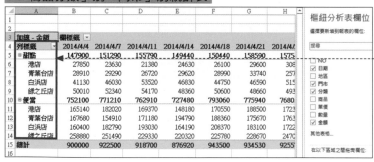

配置「門市」，變成在「商品分類」下，列出各個「門市」的統計表

▼「門市」別「商品分類」別統計表

調換「商品分類」及「門市」，變成在各個「門市」下，列出各「商品分類」的統計表

1 在相同區域配置多個欄位

❶ 在「列標籤」欄位配置「分類」

❷ 游標移動到「門市」

❸ 拖曳到列區域的「分類」下方

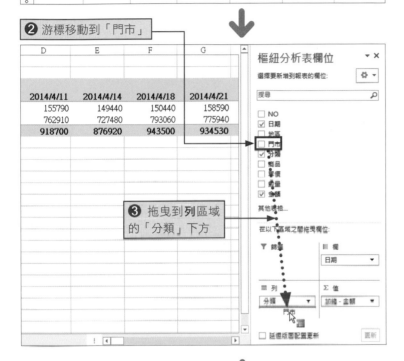

❹ 各個分類都會顯示相同「門市」

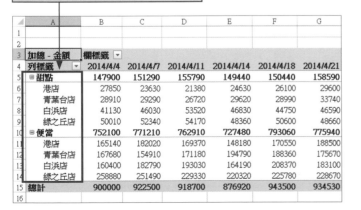

📝 **Memo** 欄位的順序

左圖是依照「分類」→「門市」的順序配置欄位，如果順序要變成「門市」→「分類」，請將「門市」欄位拖曳到「分類」的上方。插入位置會顯示綠色粗線，只要以此為標準，拖曳到這裡即可。

將「門市」拖曳到「分類」上方的位置

⚠️**Hint** 「值」區域可以配置多個欄位

「值」區域也可以配置「數量」、「金額」等多個欄位。詳細說明請參考 Unit 42。

② 更改欄位順序

①Hint 利用選單也可以移動欄位

按一下**列**區域的「分類」欄位，並選擇**下移**，可以將「分類」欄位移動到「門市」下方。

❸「分類」往下移動

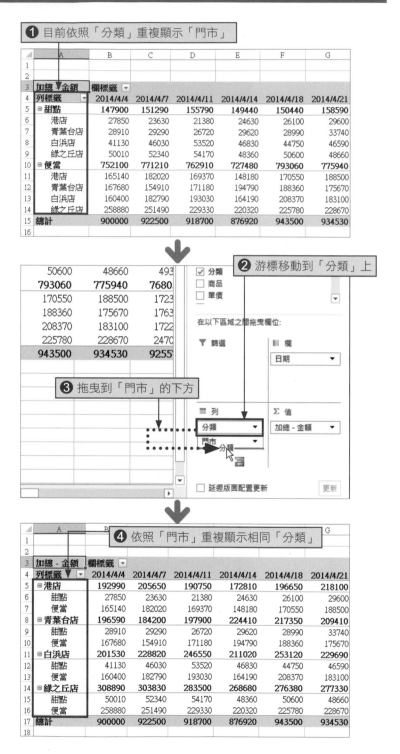

❶ 目前依照「分類」重複顯示「門市」

加總 金額	欄標籤					
列標籤	2014/4/4	2014/4/7	2014/4/11	2014/4/14	2014/4/18	2014/4/21
⊟甜點	147900	151290	155790	149440	150440	158590
港店	27850	23630	21380	24630	26100	29600
青葉台店	28910	29290	26720	29620	28990	33740
白浜店	41130	46030	53520	46830	44750	46590
綠之丘店	50010	52340	54170	48360	50600	48660
⊟便當	752100	771210	762910	727480	793060	775940
港店	165140	182020	169370	148180	170550	188500
青葉台店	167680	154910	171180	194790	188360	175670
白浜店	160400	182790	193030	164190	208370	183100
綠之丘店	258880	251490	229330	220320	225780	228670
總計	900000	922500	918700	876920	943500	934530

❹ 依照「門市」重複顯示相同「分類」

加總 - 金額	欄標籤					
列標籤	2014/4/4	2014/4/7	2014/4/11	2014/4/14	2014/4/18	2014/4/21
⊟港店	192990	205650	190750	172810	196650	218100
甜點	27850	23630	21380	24630	26100	29600
便當	165140	182020	169370	148180	170550	188500
⊟青葉台店	196590	184200	197900	224410	217350	209410
甜點	28910	29290	26720	29620	28990	33740
便當	167680	154910	171180	194790	188360	175670
⊟白浜店	201530	228820	246550	211020	253120	229690
甜點	41130	46030	53520	46830	44750	46590
便當	160400	182790	193030	164190	208370	183100
⊟綠之丘店	308890	303830	283500	268680	276380	277330
甜點	50010	52340	54170	48360	50600	48660
便當	258880	251490	229330	220320	225780	228670
總計	900000	922500	918700	876920	943500	934530

❷ 游標移動到「分類」上

❸ 拖曳到「門市」的下方

①Hint 將「大分類」→「小分類」做統計

將「商品分類」及「商品」或「地區」及「門市」等多個同系列欄位配置在相同區域時，會依照分類將項目階層化，再執行統計。例如，把「商品分類」及「商品」配置在「列」區域，會依照分類來歸納商品，形成容易辨識的統計表。而且各個分類的銷售差異也能一目瞭然。另外，將同系列的欄位放在相同區域時，一定要依照「大分類」→「小分類」的順序配置。一旦順序錯誤，將無法分類，請特別留意這一點。

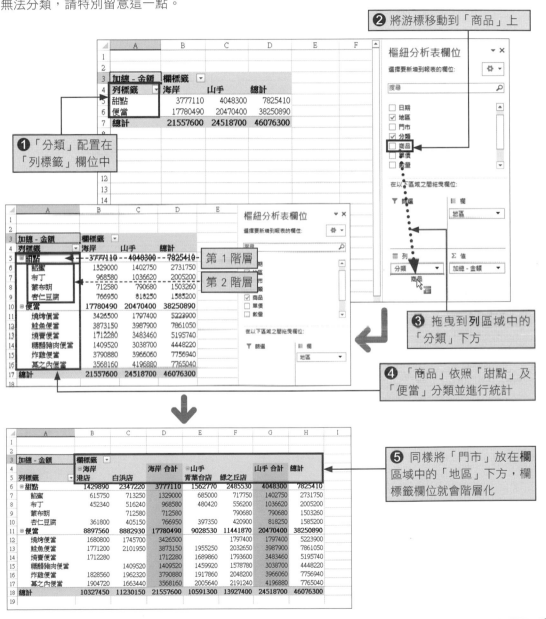

Unit 17 加上逗點分隔符號「,」讓數值容易閱讀

值欄位的顯示格式

注意統計結果的易讀性

統計銷售金額等位數較多的數值時,會產生更多位數的結果,如果沒有經過設定,很難讀取這些數值。因此,請設定千分位的逗點「,」顯示格式,讓數值變得容易辨識。只要開啟值欄位設定交談窗,即可統一完成所有欄位的設定。

▼設定前　數值較大的狀況

▼設定前　加上千分位,數值比較容易閱讀

1 在數值加上千分位的逗號

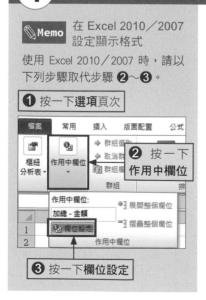

Memo　在 Excel 2010／2007 設定顯示格式

使用 Excel 2010／2007 時,請以下列步驟取代步驟 ❷〜❸。

❶ 按一下**選項**頁次

❷ 按一下**作用中欄位**

❸ 按一下**欄位設定**

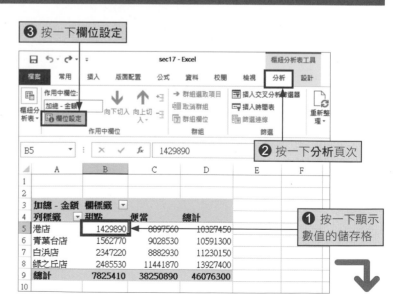

❸ 按一下欄位設定

❷ 按一下**分析**頁次

❶ 按一下顯示數值的儲存格

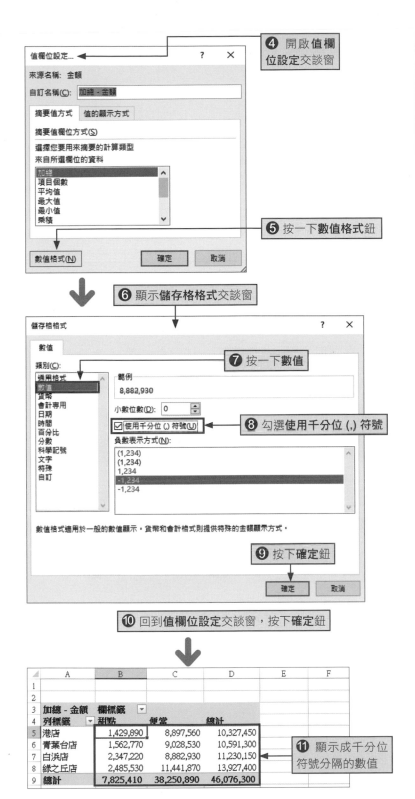

④ 開啟值欄位設定交談窗

⑤ 按一下數值格式鈕

⑥ 顯示儲存格格式交談窗

⑦ 按一下數值

⑧ 勾選使用千分位 (,) 符號

⑨ 按下確定鈕

⑩ 回到值欄位設定交談窗，按下確定鈕

⑪ 顯示成千分位符號分隔的數值

Memo 選取一個儲存格即可設定所有欄位

使用**值欄位設定**交談窗的**數值格式**，包含選取儲存格在內的所有欄位，將會套用相同數值格式的設定。即使統計表的儲存格範圍很大，或統計值顯示在分散的儲存格內，只要選取其中一個儲存格，就能完成設定，非常方便。

Keyword 數值格式

數值格式是指，設定資料顯示方式的功能。例如，對「1234」這種數值設定數值格式，可以更改成「1,234」或「$1,234」。

Hint 提供各種數值格式

在**儲存格格式**交談窗的**類別**欄中，選擇**數值**或**貨幣**等類別時，右側會依照選取內容顯示各種設定項目。例如，選取**數值**，可以設定小數位數或負數顯示方式。

Memo 使用樞紐分析表專用的格式功能

樞紐分析表有專用的格式功能。使用一般的儲存格格式功能，也可以設定數值格式，但是當改變統計表的版面配置時，有時數值格式會跑掉。而且後續新增的統計值也可能顯示為舊的統計值格式。不過使用這裡介紹的方法，就不用擔心這種問題。

修改來源資料時必須執行「重新整理」

修改了來源資料之後，樞紐分析表的統計結果不會自動更新。**如果要讓修改的資料更新到統計表上，必須執行「重新整理」操作**。疏忽掉這個步驟，統計結果將會維持舊資料，所以一旦資料修改後，一定要記得更新。

1 修改統計來源資料

📝 **Memo** 一般資料表也要執行相同操作

這裡以表格統計資料，但是用一般資料表進行統計時，更新方法也一樣。

📝 **Memo** 修正外部匯入資料時要特別留意

從外部檔案讀取「單價」、「數量」、「金額」時，在「金額」欄位會輸入數值而非算式。此時，若要更改「數量」，必須自行計算「金額」，重新輸入。

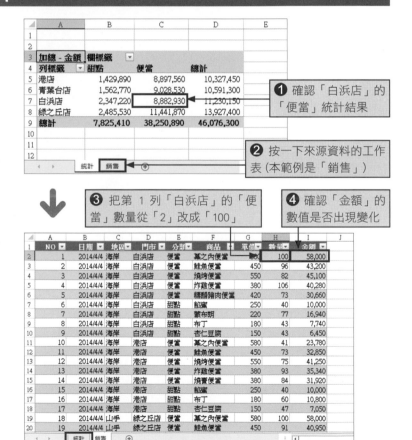

❶ 確認「白浜店」的「便當」統計結果

❷ 按一下來源資料的工作表 (本範例是「銷售」)

❸ 把第 1 列「白浜店」的「便當」數量從「2」改成「100」

❹ 確認「金額」的數值是否出現變化

❺ 按一下樞紐分析表所在的工作表 (本範例是「統計」)

② 更新樞紐分析表的統計結果

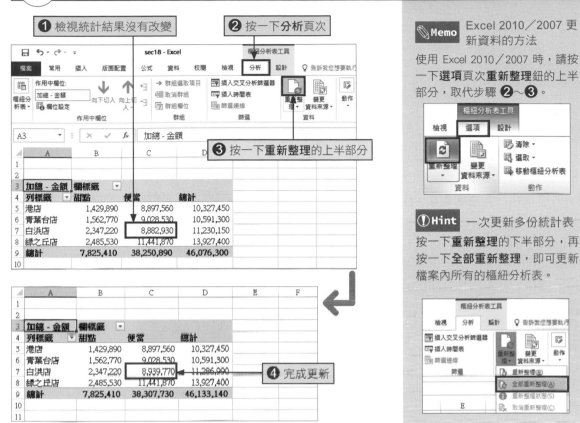

❶ 檢視統計結果沒有改變

❷ 按一下分析頁次

❸ 按一下重新整理的上半部分

❹ 完成更新

Memo　Excel 2010／2007 更新資料的方法

使用 Excel 2010／2007 時，請按一下**選項**頁次**重新整理**鈕的上半部分，取代步驟 ❷～❸。

Hint　一次更新多份統計表

按一下**重新整理**的下半部分，再按一下**全部重新整理**，即可更新檔案內所有的樞紐分析表。

Hint　開啟檔案時自動更新

開啟檔案時，也可以自動更新樞紐分析表。首先，請參考 3-7 頁的 StepUp，開啟**樞紐分析表選項**交談窗，在**資料**頁次內，勾選**檔案開啟時自動更新**，即可完成設定。

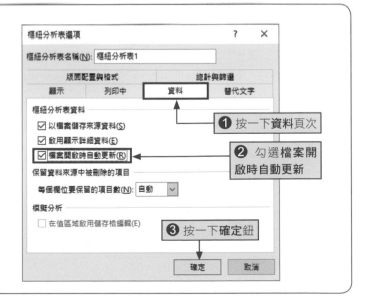

❶ 按一下**資料**頁次

❷ 勾選**檔案開啟時自動更新**

❸ 按一下**確定**鈕

將新增的來源資料更新到樞紐分析表上

更改資料來源

讓統計來源中新增的資料反應在統計結果中

在統計來源中新增資料時的更新方法，會隨著來源資料是表格或一般資料表而不同。**如果是表格，只要執行「重新整理」，就能完成更新。但是，一般資料表必須執行「變更資料來源」，重新設定統計資料的範圍**。以下將分別說明表格及一般資料表的操作方法。

① 讓表格內新增的資料反映在樞紐分析表中

✎Memo 使用範例檔案

請使用範例檔案「sec19_1.xlsx」執行右邊的操作步驟。

✎Memo 配合新增資料自動擴充範圍

如 Unit 07 介紹過，在表格最後一列的下方輸入新資料時，會自動擴充表格範圍，同時表格名稱的參照範圍也會同步擴大。

⊕Hint 立刻移動到新增列

選取表格內的儲存格，按住 Ctrl 鍵不放並按下 ↓ 鍵，就會捲動工作表，移動到表格最後一列。此時，再次按下 ↓，即可輕鬆移動到新增列。

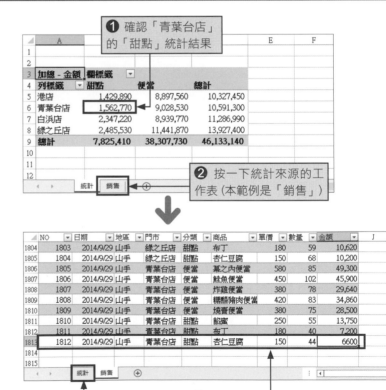

❶ 確認「青葉台店」的「甜點」統計結果

❷ 按一下統計來源的工作表（本範例是「銷售」）

❸ 在最後一列輸入新記錄

❹ 按一下樞紐分析表所在的工作表（本範例是「統計」）

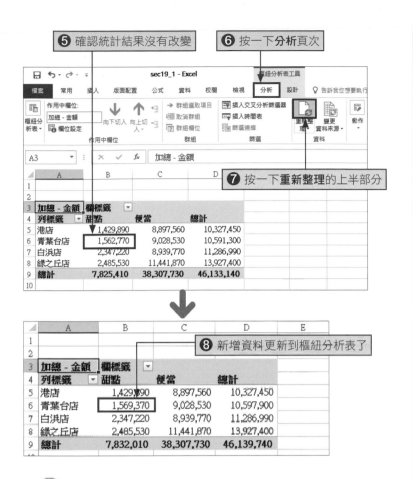

❺ 確認統計結果沒有改變

❻ 按一下分析頁次

❼ 按一下重新整理的上半部分

❽ 新增資料更新到樞紐分析表了

② 讓一般資料表內新增的資料反應到樞紐分析表中

❷ 按一下樞紐分析表所在的工作表 (本範例是「統計」)

❶ 在統計源資料表內 (「銷售」工作表) 的最後一列輸入新記錄

Memo　即使擴充參照範圍仍需要執行重新整理

儘管表格的範圍會自動擴充，卻不會同步自動更新統計結果。因此，必須執行**重新整理**，讓統計來源內新增的資料反應到樞紐分析表中。

Memo　Excel 2010／2007 的更新方法

使用 Excel 2010／2007 時，請按一下**選項**頁次的**重新整理**上半部分，取代步驟 ❻～❼。

Memo　使用範例檔案

請使用範例檔案「sec19_2.xlsx」執行左邊的操作步驟。

Memo　一般的資料表要執行變更資料來源

假如統計來源是一般的資料表，即使按下**重新整理**，也不會將新資料反應到樞紐分析表中，這點與表格不一樣。因此，新增資料時，一定要執行**變更資料來源**。

① Hint 快速修改資料範圍

假如統計來源資料表內的資料量龐大，以拖曳方式設定儲存格範圍會很麻煩。所以，新增資料時，請先記住最後一列的列號，在**變更樞紐分析表資料來源**交談窗中，直接修改**表格／範圍**內預設的儲存格範圍末尾列號。

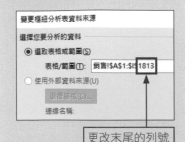

更改末尾的列號

Memo 切換交談窗

在步驟**❼**拖曳新的資料範圍，**變更樞紐分析表資料來源**交談窗的名稱會變成**移動樞紐分析表**。

Memo 新增項目時

在統計來源的資料表中，於「門市」或「地區」等欄位新增項目時，更新資料後，樞紐分析表內會新增項目列或欄。

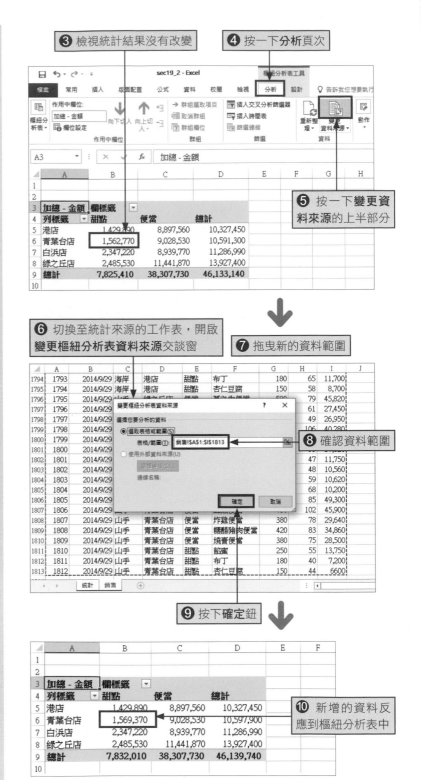

❸ 檢視統計結果沒有改變

❹ 按一下**分析**頁次

❺ 按一下**變更資料來源**的上半部分

❻ 切換至統計來源的工作表，開啟**變更樞紐分析表資料來源**交談窗

❼ 拖曳新的資料範圍

❽ 確認資料範圍

❾ 按下**確定**鈕

❿ 新增的資料反應到樞紐分析表中

第 **4** 章

利用建立群組及排序讓樞紐分析表更清楚易懂

建立群組及排序概要

建立項目群組

　　包含在欄位內的項目可以依照特定基準建立群組。以日期資料為例,能以「年」、「季」、「月」等單位來歸納 (請參考 Unit 21)。若是商品等文字資料,可以將「鮭魚便當」、「幕之內便當」歸類為「日式」群組,「燒烤便當」及「炸雞便當」可歸類為「西式」群組,將商品以特別的基準來區分各個項目 (請參考 Unit 22)。如果是數值資料,例如單價依照價格高低來建立群組,年齡依照年代來分組等,以特定區間來做劃分 (請參考 Unit 23)。**建立項目群組可以呈現出各個群組的趨勢。**

▼ 將日期建立群組

	A	B	C	D	E	F	G
1							
2							
3	加總 - 金額	欄標籤					
4	列標籤	海岸	山手	總計			
5	⊟第二季	10,989,140	12,329,610	23,318,750			
6	4月	3,440,350	3,907,070	7,347,420			
7	5月	3,810,340	4,284,140	8,094,480			
8	6月	3,738,450	4,138,400	7,876,850			
9	⊟第三季	10,625,300	12,195,690	22,820,990			
10	7月	3,087,180	3,732,360	6,819,540			
11	8月	3,806,870	4,208,440	8,015,310			
12	9月	3,731,250	4,254,890	7,986,140			
13	總計	21,614,440	24,525,300	46,139,740			
14							
15							

依照月份歸納日期,
以季為單位加上小計
(請參考 Unit 21)

▼ 將文字資料建立群組

	A	B	C	D	E	F	G
1							
2							
3	加總 - 金額	欄標籤					
4	列標籤	港店	青葉台店	白浜店	綠之丘店	總計	
5	⊟日式	4,291,670	4,645,890	4,535,480	4,941,640	18,414,680	
6	餡蜜	615,750	685,000	713,250	717,750	2,731,750	
7	鮭魚便當	1,771,200	1,955,250	2,101,950	2,032,650	7,861,050	
8	幕之內便當	1,904,720	2,005,640	1,720,280	2,191,240	7,821,880	
9	⊟西式	2,133,140	480,420	2,974,520	3,144,280	8,732,360	
10	燒烤便當	1,680,800		1,745,700	1,797,400	5,223,900	
11	布丁	452,340	480,420	516,240	556,200	2,005,200	
12	蒙布朗			712,580	790,680	1,503,260	
13	⊟中式	3,902,640	5,471,590	3,776,990	5,841,480	18,992,700	
14	杏仁豆腐	361,800	403,950	405,150	420,900	1,591,800	
15	燒賣便當	1,712,280	1,689,860		1,793,600	5,195,740	
16	糖醋豬肉便當		1,459,920	1,409,520	1,578,780	4,448,220	
17	炸雞便當	1,828,560	1,917,860	1,962,320	2,048,200	7,756,940	
18	總計	10,327,450	10,597,900	11,286,990	13,927,400	46,139,740	
19							

商品按照特別的群組
歸納,並求出小計 (請
參考 Unit 22)

▼ 將數值建立群組

	A	B	C	D	E
1					
2					
3	加總 - 數量	欄標籤 ▼			
4	列標籤 ▼	海岸	山手	總計	
5	100-199	10,494	11,258	21,752	
6	200-299	8,555	9,205	17,760	
7	300-399	14,482	19,604	34,086	
8	400-499	11,963	16,097	28,060	
9	500-599	12,480	10,504	22,984	
10	總計	57,974	66,668	124,642	
11					

以 100 元為價格區間來歸納單價 (請參考 Unit 23)

依項目或統計值做排序

　　請利用設定好的順序排序資料，讓樞紐分析表更容易瞭解。可以依照數值大小排列統計值 (請參考 Unit 24) ，或依照指定的順序排列列標籤或欄標籤的項目 (請參考 Unit 25) ，還能利用拖曳方式排序 (請參考 Unit 26) 。

▼ 依照基準排序統計值

	A	B	C	D	E	F
1						
2						
3	加總 - 金額	欄標籤 ▼				
4	列標籤 ▼	綠之丘店	白洪店	青葉台店	港店	總計
5	鮭魚便當	2,032,650	2,101,950	1,955,250	1,771,200	7,861,050
6	幕之內便當	2,191,240	1,720,280	2,005,640	1,904,720	7,821,880
7	炸雞便當	2,048,200	1,962,320	1,917,860	1,828,560	7,756,940
8	燒烤便當	1,797,400	1,745,700		1,680,800	5,223,900
9	燒賣便當	1,793,600		1,689,860	1,712,280	5,195,740
10	糖醋豬肉便當	1,578,780	1,409,520	1,459,920		4,448,220
11	餡蜜	717,750	713,250	685,000	615,750	2,731,750
12	布丁	556,200	516,240	480,420	452,340	2,005,200
13	杏仁豆腐	420,900	405,150	403,950	361,800	1,591,800
14	蒙布朗	790,680	712,580			1,503,260
15	總計	13,927,400	11,286,990	10,597,900	10,327,450	46,139,740
16						

依照總計數值大小排序 (請參考 Unit 24)

▼ 排序項目

	A	B	C
1			
2			
3	列標籤 ▼	加總 - 金額	
4	幕之內便當	7,821,880	
5	鮭魚便當	7,861,050	
6	燒烤便當	5,223,900	
7	炸雞便當	7,756,940	
8	糖醋豬肉便當	4,448,220	
9	燒賣便當	5,195,740	
10	餡蜜	2,731,750	
11	蒙布朗	1,503,260	
12	布丁	2,005,200	
13	杏仁豆腐	1,591,800	
14	總計	46,139,740	
15			
16			

利用「自訂清單」，讓商品依指定順序排序 (請參考 Unit 25)

▼ 自由移動位置

	A	B	C	D	E
1					
2					
3	加總 - 金額	欄標籤 ▼			
4	列標籤 ▼	山手	海岸	總計	
5	燒賣便當	3,483,460	1,712,280	5,195,740	
6	幕之內便當	4,196,880	3,625,000	7,821,880	
7	鮭魚便當	3,987,900	3,873,150	7,861,050	
8	燒烤便當	1,797,400	3,426,500	5,223,900	
9	炸雞便當	3,966,060	3,790,880	7,756,940	
10	糖醋豬肉便當	3,038,700	1,409,520	4,448,220	
11	餡蜜	1,402,750	1,329,000	2,731,750	
12	蒙布朗	790,680	712,580	1,503,260	
13	布丁	1,036,620	968,580	2,005,200	
14	杏仁豆腐	824,850	766,950	1,591,800	
15	總計	24,525,300	21,614,440	46,139,740	
16					

以拖曳操作將商品移動至任意位置排序 (請參考 Unit 26)

整理日期並依照月份統計資料

將日期資料建立群組

將日期建立群組可以輕易瞭解長期銷售變化

依照日期排序銷售資料，能清楚瞭解每天的銷售變化。分析促銷期間等短期資料時，可以掌握銷售動向，非常方便。不過若是長期資料，以 1 天為單位，將難以掌握整體銷售是成長或衰退。若要瞭解長期銷售的整體變化，請以「週」或「月」為單位，將日期建立群組。日期建立群組後，即可統計每週或每月的銷售狀況，**輕易掌握整體銷售趨勢**。另外，以「日」為單位的銷售可能受到天氣或星期的影響，不過以「週」或「月」為單位，有著吸收銷售上下誤差的優點。

▼原始資料

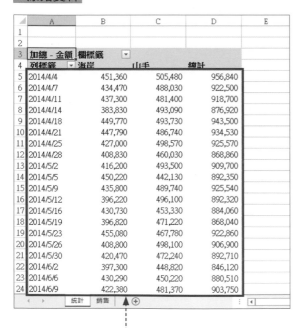

以「日」為單位的銷售數字中，難以掌握整體銷售趨勢

▼以月為單位的樞紐分析表

以「月」為單位建立群組，可以輕鬆掌握整體銷售趨勢

▼以季及月份為單位的樞紐分析表

	A	B	C	D	E
1					
2					
3	加總 - 金額	欄標籤			
4	列標籤	海岸	山手	總計	
5	⊟第二季	10,989,140	12,329,610	23,318,750	
6	4月	3,440,350	3,907,070	7,347,420	
7	5月	3,810,340	4,284,140	8,094,480	
8	6月	3,738,450	4,138,400	7,876,850	
9	⊟第三季	10,625,300	12,195,690	22,820,990	
10	7月	3,087,180	3,732,360	6,819,540	
11	8月	3,806,870	4,208,440	8,015,310	
12	9月	3,731,250	4,254,890	7,986,140	
13	總計	21,614,440	24,525,300	46,139,740	
14					

還能在「每季」加入小計

1 以「月」為單位群組日期統計資料

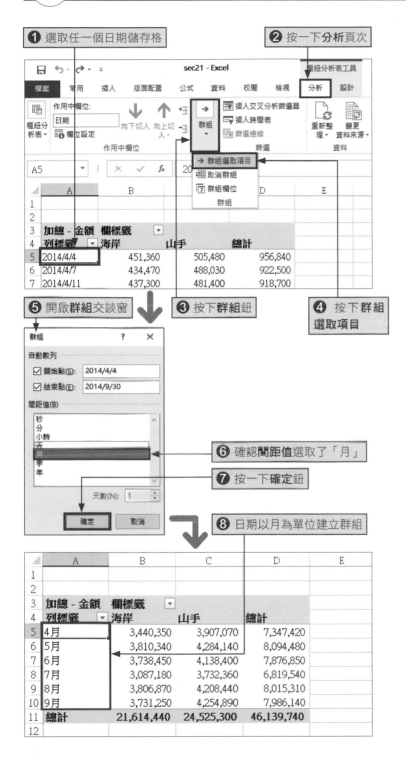

❶ 選取任一個日期儲存格

❷ 按一下**分析**頁次

❺ 開啟**群組**交談窗

❸ 按下**群組**鈕

❹ 按下**群組選取項目**

❻ 確認**間距值**選取了「月」

❼ 按一下**確定**鈕

❽ 日期以月為單位建立群組

	A	B	C	D	E
1					
2					
3	加總 - 金額	欄標籤			
4	列標籤	海岸	山手	總計	
5	4月	3,440,350	3,907,070	7,347,420	
6	5月	3,810,340	4,284,140	8,094,480	
7	6月	3,738,450	4,138,400	7,876,850	
8	7月	3,087,180	3,732,360	6,819,540	
9	8月	3,806,870	4,208,440	8,015,310	
10	9月	3,731,250	4,254,890	7,986,140	
11	總計	21,614,440	24,525,300	46,139,740	
12					

Memo 使用 Excel 2010／2007 建立群組

使用 Excel 2010／2007 時，請按一下**選項**頁次的**群組選取**，取代步驟 ❷～❹。

Memo 即使改變版面配置仍會維持群組狀態

即使刪除樞紐分析表的日期欄位，群組設定仍會持續下去。在欄位清單中，再次配置日期時，日期仍會顯示為群組狀態。

Memo 取消群組

如果要取消群組，恢復成原本的日期狀態，請選取任一個日期儲存格 (本範例是「月」儲存格)，依序按一下**分析**頁次的**群組/取消群組**。若是 Excel 2010／2007，請依序按下**選項**頁次/**群組/取消群組**。

❶ 按一下日期儲存格

❷ 按一下**群組 / 取消群組**

Memo 切換群組的開啟或關閉

在**群組**交談窗的**間距值**中，按一下滑鼠左鍵，即可切換顯示或關閉「月」、「季」、「年」等項目。

Hint 以「季」建立群組

在**群組**交談窗的**間距值**中，按一下「月」關閉之後，再按一下「季」開啟，即可取消以「月」為單位的群組狀態，只以「季」為單位建立群組。

Step up 以「週」為單位建立群組

在**群組**交談窗的**開始點**輸入第 1 週的星期日，**間距值**選擇「天」，**天數**設定為「7」，即可把星期日當作每週的開始日，以「週」為單位建立群組。

① 輸入星期日的日期

② 按一下「天」

③ 在**天數**輸入「7」

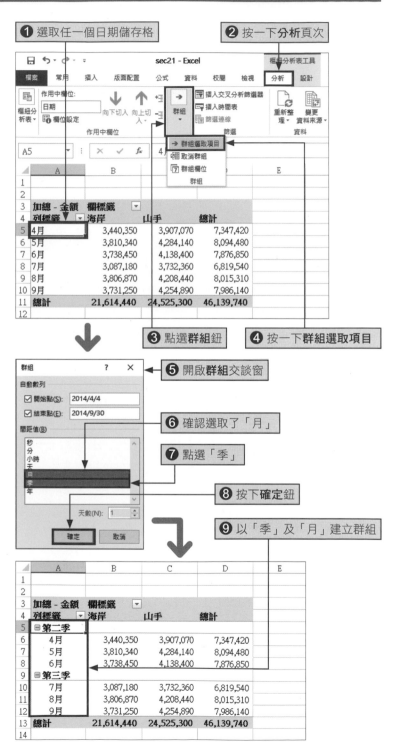

① 選取任一個日期儲存格

② 按一下**分析**頁次

③ 點選**群組**鈕

④ 按一下**群組選取項目**

⑤ 開啟**群組**交談窗

⑥ 確認選取了「月」

⑦ 點選「季」

⑧ 按下**確定**鈕

⑨ 以「季」及「月」建立群組

③ 顯示每季的小計

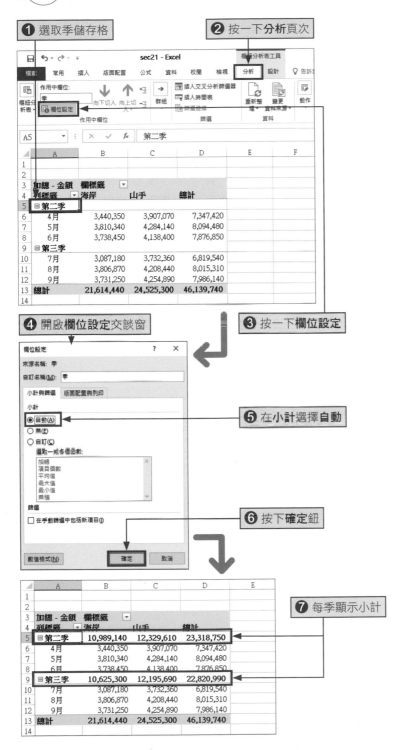

① 選取季儲存格

② 按一下分析頁次

③ 按一下欄位設定

④ 開啟欄位設定交談窗

⑤ 在小計選擇自動

⑥ 按下確定鈕

⑦ 每季顯示小計

✏️ **Memo** 使用 Excel 2010／2007 設定小計

使用 Excel 2010／2007 時，請按一下**選項**頁次的**作用中欄位**，再按一下**欄位設定**，取代步驟 ②～③。

✏️ **Memo** 選擇「自動」可以靈活統計資料

在步驟 ⑤ 選擇了「自動」後，會變成配合值欄位的資料自動進行統計。例如，配置「金額」等數值時，會計算加總，而配置「商品」等文字資料時，將計算資料的個數。

❗ **Hint** 在各群組的末尾顯示小計

參考 7-18 頁改變版面配置的「列表方式」或參考 7-23 頁的 Hint，設定「小計」後，可以在各群組的末尾顯示小計列。

✏️ **Memo** 增加「季」欄位

以多個單位對日期建立群組時，會在欄位清單中新增指定的單位欄位。例如，以「月」、「天」建立群組時，會增加「月」；以「季」、「月」建立群組時，新增「季」欄位。增加的「季」欄位與原本的「日期」欄位不同，可以配置或刪除。

歸納相關商品再進行統計

群組文字資料

依照類型統計商品的銷售將有助於日後開發商品的工作

如同 3-21 頁的 Hint 說明過，將列標籤或欄標籤的項目分類再統計，可以歸納項目，製作出比較容易辨識的統計表。在 3-21 頁的 Hint 將商品分成「便當」與「甜點」進行統計。由於「便當」與「甜點」等類別已經包含在原始的資料庫中，輕易就能分類。可是，我們也可能希望以資料庫中沒有的類型來分類，例如「日式」、「西式」、「中式」等。此時，千萬別放棄，利用「建立群組」功能，就可以完成分類。依照類別來統計資料，可以瞭解各個類型受歡迎的程度，運用在日後商品開發或銷售活動上。

▼ 依商品統計資料

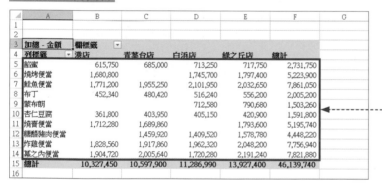

在商品類別統計中，很難看出哪種類型的商品銷售量比較好

▼ 依類型統計資料

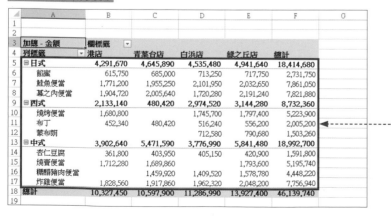

依照類型統計，可以評估各「類型」的商品銷售趨勢

① 與日式相關的商品歸類在「日式」群組

❶ 按一下「餡蜜」儲存格

❷ 按住 Ctrl 鍵不放並且分別按一下「鮭魚便當」及「幕之內便當」儲存格

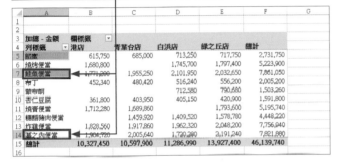

❸ 同時選取起「餡蜜」、「鮭魚便當」及「幕之內便當」儲存格

❹ 按一下分析頁次

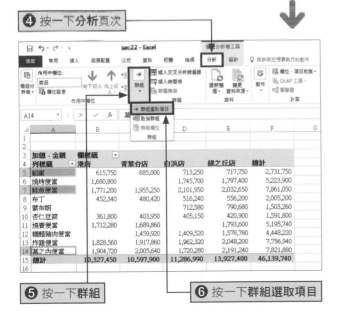

❺ 按一下群組

❻ 按一下群組選取項目

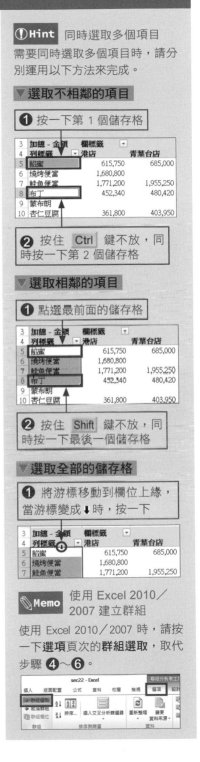

① Hint 同時選取多個項目

需要同時選取多個項目時，請分別運用以下方法來完成。

▼ 選取不相鄰的項目

❶ 按一下第 1 個儲存格

❷ 按住 Ctrl 鍵不放，同時按一下第 2 個儲存格

▼ 選取相鄰的項目

❶ 點選最前面的儲存格

❷ 按住 Shift 鍵不放，同時按一下最後一個儲存格

▼ 選取全部的儲存格

❶ 將游標移動到欄位上緣，當游標變成 ↓ 時，按一下

✎ Memo　使用 Excel 2010／2007 建立群組

使用 Excel 2010／2007 時，請按一下選項頁次的群組選取，取代步驟 ❹～❻。

❼ 按一下其他儲存格，取消項目的選取狀態

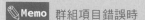 **Memo** 群組項目錯誤時

不小心誤把其他商品一起建立群組時，請先取消群組。選取顯示為「資料組 1」的儲存格，依照下圖執行操作，就能取消群組。如果是 Excel 2010／2007，請按一下**選項**頁次的**取消群組**。

❶ 選取「資料組 1」儲存格

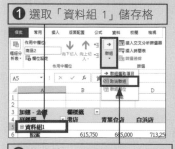

❷ 依序按一下**群組**／**取消群組**

Memo 建立群組時會自動命名為「資料組 1」

文字項目建立群組時，會自動加上「資料組 1」這種暫時的名稱，請依照實際狀況調整。只要直接編輯儲存格，就可以修改名稱。

❽ 剛才選取的商品已經整合成一個群組

❾ 其餘商品形成一個商品為一個群組的狀態

➓ 選取顯示為「資料組 1」的儲存格，輸入「日式」

	A	B	C	D	E	F
1						
2						
3	加總 - 金額	欄標籤				
4	列標籤	港店	青葉台店	白浜店	綠之丘店	總計
5	日式					
6	餡蜜	615,750	685,000	713,250	717,750	2,731,750
7	鮭魚便當	1,771,200	1,955,250	2,101,950	2,032,650	7,861,050
8	幕之內便當	1,904,720	2,005,640	1,720,280	2,191,240	7,821,880

---

② 其餘商品也建立群組

Hint 利用鍵盤快速鍵建立群組

使用下面的鍵盤快速鍵也可以建立群組及取消群組。

- 建立群組 Alt + Shift + →
- 取消群組 Alt + Shift + ←

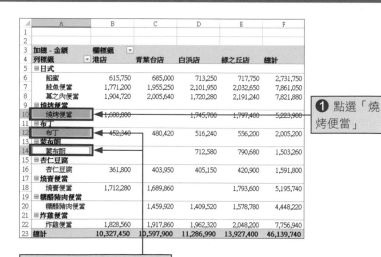

❶ 點選「燒烤便當」

❷ 按住 Ctrl 鍵不放，再選取「布丁」、「蒙布朗」

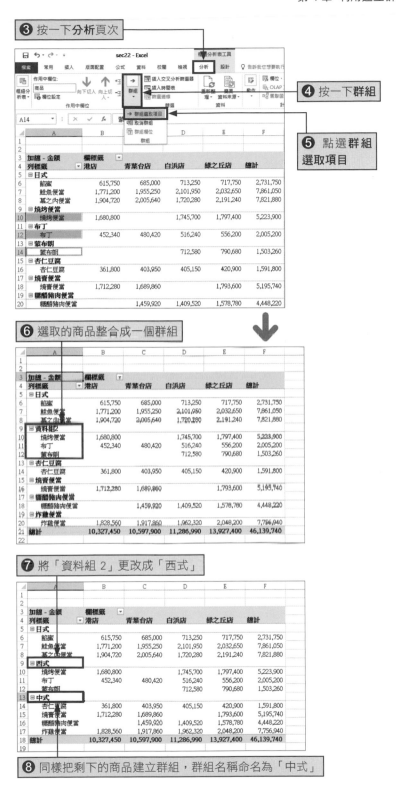

③ 按一下**分析**頁次

④ 按一下**群組**

⑤ 點選**群組選取項目**

⑥ 選取的商品整合成一個群組

⑦ 將「資料組 2」更改成「西式」

⑧ 同樣把剩下的商品建立群組，群組名稱命名為「中式」

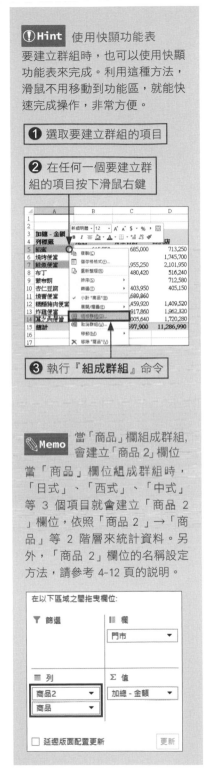

⑴Hint 使用快顯功能表

要建立群組時，也可以使用快顯功能表來完成。利用這種方法，滑鼠不用移動到功能區，就能快速完成操作，非常方便。

① 選取要建立群組的項目

② 在任何一個要建立群組的項目按下滑鼠右鍵

③ 執行『**組成群組**』命令

Memo 當「商品」欄組成群組，會建立「商品 2」欄位

當「商品」欄位組成群組時，「日式」、「西式」、「中式」等 3 個項目就會建立「商品 2」欄位，依照「商品 2」→「商品」等 2 階層來統計資料。另外，「商品 2」欄位的名稱設定方法，請參考 4-12 頁的說明。

③ 進行欄位名稱及小計設定

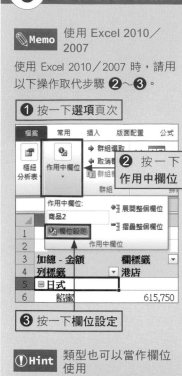

使用 Excel 2010／2007 時，請用以下操作取代步驟 ❷～❸。

❶ 按一下選項頁次

❷ 按一下作用中欄位

❸ 按一下欄位設定

⚠️ Hint 類型也可以當作欄位使用

在**欄位設定**交談窗內設定的名稱（本範例是「類型」）會新增到欄位清單中。之後「類型」欄位能和其他欄位一樣進行統計。

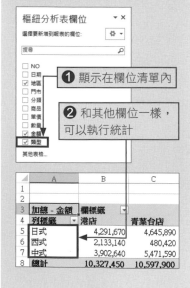

❶ 顯示在欄位清單內

❷ 和其他欄位一樣，可以執行統計

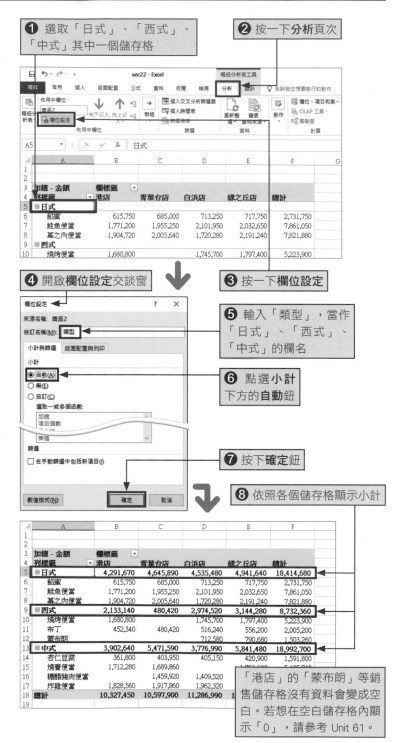

❶ 選取「日式」、「西式」、「中式」其中一個儲存格

❷ 按一下分析頁次

❸ 按一下欄位設定

❹ 開啟欄位設定交談窗

❺ 輸入「類型」，當作「日式」、「西式」、「中式」的欄名

❻ 點選小計下方的自動鈕

❼ 按下確定鈕

❽ 依照各個儲存格顯示小計

「港店」的「蒙布朗」等銷售儲存格沒有資料會變成空白。若想在空白儲存格內顯示「0」，請參考 Unit 61。

ⓘHint 更容易的群組名稱設定方法

Excel 2016/2013 可以在**分析**頁次的**作用中欄位**中，直接輸入欄名。Excel 2010／2007 則是按一下**選項**頁次的**作用中欄位**，在顯示的輸入欄中輸入欄名。

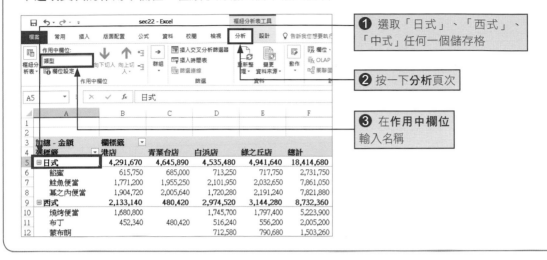

❶ 選取「日式」、「西式」、「中式」任何一個儲存格

❷ 按一下**分析**頁次

❸ 在**作用中欄位**輸入名稱

🗂Step up 非主力商品可以整合在「其他」群組裡並做統計

當商品數量較多時，有時會把銷售金額較低的商品整合在「其他」群組中。此時，選取銷售金額較低的商品，建立群組，並且把資料組名稱設定為「其他」。以下的範例是把「餡蜜」、「布丁」、「蒙布朗」、「杏仁豆腐」歸類為「其他」。另外，若要將「其他」移動至最下列，請參考 Unit 26。

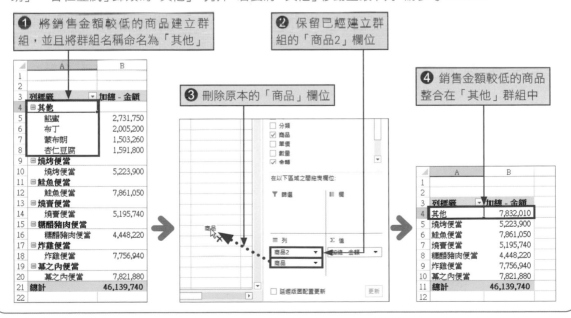

❶ 將銷售金額較低的商品建立群組，並且將群組名稱命名為「其他」

❷ 保留已經建立群組的「商品2」欄位

❸ 刪除原本的「商品」欄位

❹ 銷售金額較低的商品整合在「其他」群組中

只要將單價建立群組再統計，即可瞭解各價格區間的銷售金額

Unit 21 介紹了將日期建立群組的方法，Unit 22 說明將文字資料建立群組的操作。以下將要試著把數值資料建立群組。以 100 元為單位或 1000 元為單位，讓單價建立群組，可以依照價格區間來統計銷售金額及銷售數量。除了各項商品的銷售趨勢外，若以價格區間為主，要按照「**各個價格區間的商品銷售狀況**」來進行分析時，就很方便。除此之外，群組化後的數值可以運用在各種情況。例如，年齡以 10 歲為單位，建立群組，可按照年代統計市場調查結果。

▼ 以單價統計

	A	B	C	D	E
1					
2					
3	加總 - 數量	欄標籤			
4	列標籤	海岸	山手	總計	
5	150	5,113	5,499	10,612	
6	180	5,381	5,759	11,140	
7	220	3,239	3,594	6,833	
8	250	5,316	5,611	10,927	
9	380	14,482	19,604	34,086	
10	420	3,356	7,235	10,591	
11	450	8,607	8,862	17,469	
12	550	6,230	3,268	9,498	
13	580	6,250	7,236	13,486	
14	總計	57,974	66,668	124,642	
15					

依照相同單價的商品來統計銷售數量

▼ 依照價格區間建立群組

	A	B	C	D	E
1					
2					
3	加總 - 數量	欄標籤			
4	列標籤	海岸	山手	總計	
5	100-199	10,494	11,258	21,752	
6	200-299	8,555	9,205	17,760	
7	300-399	14,482	19,604	34,086	
8	400-499	11,963	16,097	28,060	
9	500-599	12,480	10,504	22,984	
10	總計	57,974	66,668	124,642	
11					
12					

以 100 元為單位建立群組，可以統計價格區間的銷售數量

① 單價以 100 元為單位建立群組

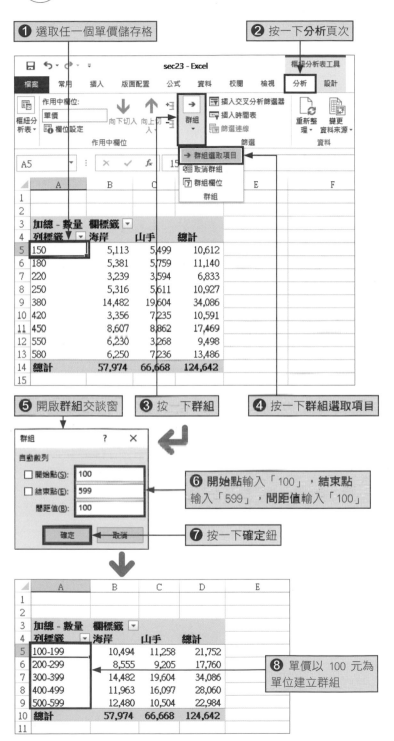

❶ 選取任一個單價儲存格

❷ 按一下**分析**頁次

❺ 開啟**群組**交談窗　❸ 按一下**群組**　❹ 按一下**群組選取項目**

❻ 開始點輸入「100」，結束點輸入「599」，間距值輸入「100」

❼ 按一下**確定**鈕

❽ 單價以 100 元為單位建立群組

📝**Memo** 配置單價後會形成單價統計

在列標籤欄位配置單價，會像「150 元商品統計」或「180 元商品統計」般，依照相同單價的商品進行統計。

📝**Memo** 使用 Excel 2010／2007 建立群組

使用 Excel 2010／2007 時，請按一下**選項**頁次的**群組**，再按一下**群組選取**，取代步驟 ❷～❹。

📝**Memo** 必須設定「開始點」

在**群組**交談窗中，若只設定**間距值**為「100」，會以「單價」欄位的最小值「150」為基準，建立群組，形成以「150-249」、「250-349」分組的情況。假如要依照適當的數值來分組，一定要設定**開始點**。

📝**Memo** 即使改變版面配置仍會維持群組狀態

在樞紐分析表中，將「單價」欄位刪除之後，會繼續維持群組設定。再次從欄位清單中配置「單價」時，單價會顯示為原本的群組狀態。

將統計表依總計金額高低排序

以銷售金額高低排序可以從中找出熱銷商品

　　假如要分析哪些是熱銷商品，基本原則是，統計表要依照銷售金額高低排序。沒有排序，就得自行比較數值，找出銷售量較高的商品，這樣太麻煩了。只要先讓**樞紐分析表依照銷售金額排序**，「哪些商品賣得好？」自然一目瞭然。除此之外，還能輕易觀察出「第 1 名到第 3 名的銷售差距不大」、「第 1 名與最後 1 名的銷售相差 5 倍」等銷售狀況。**清楚排序之後，就能輕鬆分析銷售資料**。另外，執行排序設定之後，當資料更新或執行擷取功能時，會以當時顯示的資料為基準，自動進行排序。

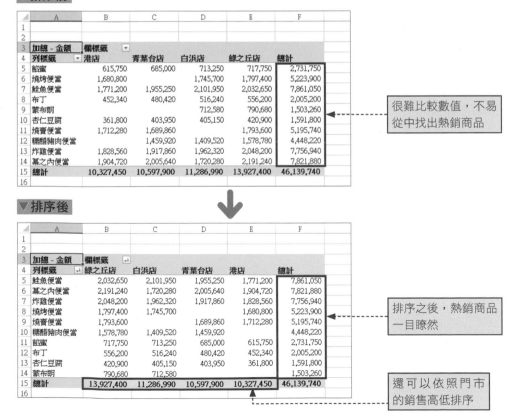

▼排序前

	A	B	C	D	E	F
3	加總 - 金額	欄標籤				
4	列標籤	港店	青葉台店	白浜店	綠之丘店	總計
5	餡蜜	615,750	685,000	713,250	717,750	2,731,750
6	燒烤便當	1,680,800		1,745,700	1,797,400	5,223,900
7	鮭魚便當	1,771,200	1,955,250	2,101,950	2,032,650	7,861,050
8	布丁	452,340	480,420	516,240	556,200	2,005,200
9	蒙布朗			712,580	790,680	1,503,260
10	杏仁豆腐	361,800	403,950	405,150	420,900	1,591,800
11	燒賣便當	1,712,280	1,689,860		1,793,600	5,195,740
12	糖醋豬肉便當		1,459,920	1,409,520	1,578,780	4,448,220
13	炸雞便當	1,828,560	1,917,860	1,962,320	2,048,200	7,756,940
14	幕之內便當	1,904,720	2,005,640	1,720,280	2,191,240	7,821,880
15	總計	10,327,450	10,597,900	11,286,990	13,927,400	46,139,740

很難比較數值，不易從中找出熱銷商品

▼排序後

	A	B	C	D	E	F
3	加總 - 金額	欄標籤				
4	列標籤	綠之丘店	白浜店	青葉台店	港店	總計
5	鮭魚便當	2,032,650	2,101,950	1,955,250	1,771,200	7,861,050
6	幕之內便當	2,191,240	1,720,280	2,005,640	1,904,720	7,821,880
7	炸雞便當	2,048,200	1,962,320	1,917,860	1,828,560	7,756,940
8	燒烤便當	1,797,400	1,745,700		1,680,800	5,223,900
9	燒賣便當	1,793,600		1,689,860	1,712,280	5,195,740
10	糖醋豬肉便當	1,578,780	1,409,520	1,459,920		4,448,220
11	餡蜜	717,750	713,250	685,000	615,750	2,731,750
12	布丁	556,200	516,240	480,420	452,340	2,005,200
13	杏仁豆腐	420,900	405,150	403,950	361,800	1,591,800
14	蒙布朗	790,680	712,580			1,503,260
15	總計	13,927,400	11,286,990	10,597,900	10,327,450	46,139,740

排序之後，熱銷商品一目瞭然

還可以依照門市的銷售高低排序

1 商品依照總計欄的數值排序

❶ 選取「總計」欄的任何一個儲存格

❷ 按一下資料頁次

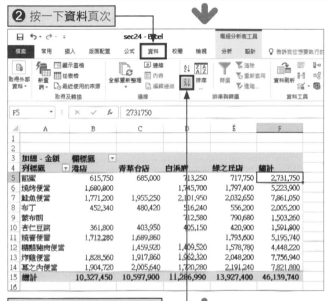

❸ 按一下從最大到最小排序

❹ 商品以列為單位，依照「總計」的數值高低排序

✔ Keyword 「昇冪」與「降冪」排序

資料頁次的排序與篩選區中，包含從最小到最大排序 ↓ 及從最大到最小排序 ↓。

從最小到最大排序是指，數值的排序方式是由小到大；從最大到最小排序是指，數值的排序方式是由大到小。

ℹ Hint 「常用」頁次也可以執行排序

在常用頁次的編輯區中，按一下排序與篩選，也可以選擇從最小到最大排序或從最大到最小排序，執行排序。

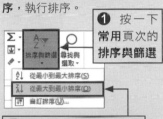

❶ 按一下常用頁次的排序與篩選

❷ 點選從最大到最小排序

📎 Memo Excel 2010／2007 也能用「選項」頁次排序

在 Excel 2010／2007 中，也可以使用選項頁次的從最小到最大排序 ↓ 或從最大到最小排序 ↓ 執行排序。

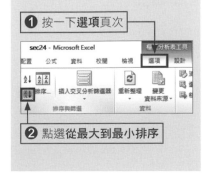

❶ 按一下選項頁次

❷ 點選從最大到最小排序

② 門市依照總計欄的數值排序

①Hint 關閉自動排序功能

資料只要經過排序，以後每次更新時，都會自動執行排序。如果希望關閉自動排序，維持目前的排列狀態，請選取「商品」或「門市」儲存格，在**資料**頁次的**排序與篩選**區中，按一下**自訂排序**。開啟**排序**交談窗，按下**更多選項**。在開啟的交談窗中，取消**每一次更新報表時自動排序**項目。

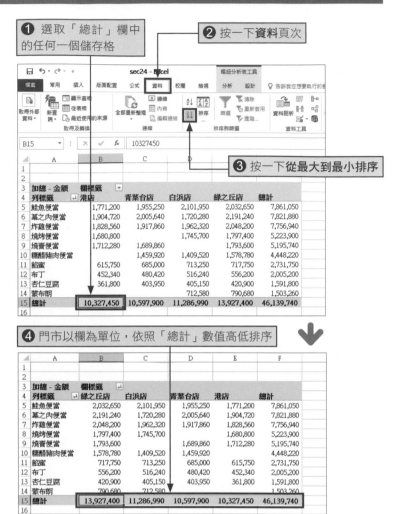

❶ 選取「總計」欄中的任何一個儲存格

❷ 按一下**資料**頁次

❸ 按一下**從最大到最小排序**

加總 - 金額	欄標籤			
列標籤 港店	青葉台店	白浜店	綠之丘店	總計
鮭魚便當	1,771,200	1,955,250	2,101,950	2,032,650	7,861,050
幕之內便當	1,904,720	2,005,640	1,720,280	2,191,240	7,821,880
炸雞便當	1,828,560	1,917,860	1,962,320	2,048,200	7,756,940
燒烤便當	1,680,800		1,745,700	1,797,400	5,223,900
燒賣便當	1,712,280	1,689,860		1,793,600	5,195,740
糖醋豬肉便當		1,459,920	1,409,520	1,578,780	4,448,220
餡蜜	615,750	685,000	713,250	717,750	2,731,750
布丁	452,340	480,420	516,240	556,200	2,005,200
杏仁豆腐	361,800	403,950	405,150	420,900	1,591,800
蒙布朗			712,580	790,680	1,503,260
總計	10,327,450	10,597,900	11,286,990	13,927,400	46,139,740

❹ 門市以欄為單位，依照「總計」數值高低排序

加總 - 金額	欄標籤			
列標籤 綠之丘店	白浜店	青葉台店	港店	總計
鮭魚便當	2,032,650	2,101,950	1,955,250	1,771,200	7,861,050
幕之內便當	2,191,240	1,720,280	2,005,640	1,904,720	7,821,880
炸雞便當	2,048,200	1,962,320	1,917,860	1,828,560	7,756,940
燒烤便當	1,797,400	1,745,700		1,680,800	5,223,900
燒賣便當	1,793,600		1,689,860	1,712,280	5,195,740
糖醋豬肉便當	1,578,780	1,409,520	1,459,920		4,448,220
餡蜜	717,750	713,250	685,000	615,750	2,731,750
布丁	556,200	516,240	480,420	452,340	2,005,200
杏仁豆腐	420,900	405,150	403,950	361,800	1,591,800
蒙布朗	790,680	712,580			1,503,260
總計	13,927,400	11,286,990	10,597,900	10,327,450	46,139,740

---

①Hint 以「總計」之外的列或欄為排序基準

選取統計值的儲存格，按一下**資料**頁次的**排序**，開啟**依據值排序**交談窗，設定排序方向，進行排序。若事先選取「港店」的「鮭魚便當」儲存格，並且設定成「上方到底端」，就會以「港店」的銷售金額為基準來排序商品；如果設定成「從左至右」，會以「鮭魚便當」的銷售金額為基準來排序門市。

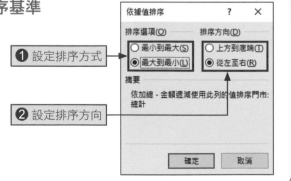

❶ 設定排序方式

❷ 設定排序方向

📖Step up 排序階層統計表

形成階層結構的統計表，會依照階層排序。下列以「分類」欄位與「商品」欄位的 2 階層統計表為例，各個欄位依照從最大到最小排序。首先，依照銷售高低排序「分類」，在相同「分類」中，再依銷售高低排序「商品」。

▼ 排序上階層

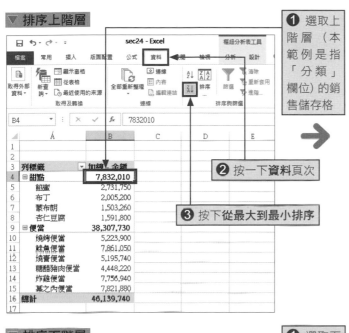

❶ 選取上階層（本範例是指「分類」欄位）的銷售儲存格

❷ 按一下資料頁次

❸ 按下從最大到最小排序

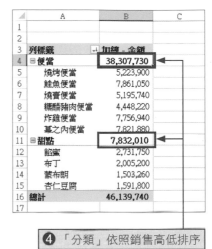

❹ 「分類」依照銷售高低排序

▼ 排序下階層

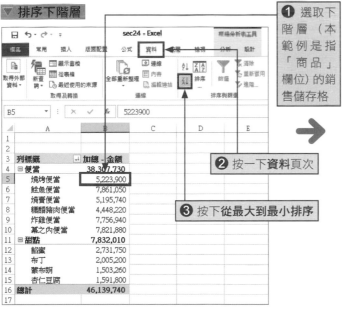

❶ 選取下階層（本範例是指「商品」欄位）的銷售儲存格

❷ 按一下資料頁次

❸ 按下從最大到最小排序

❹ 「分類」欄位中，「商品」依照銷售高低排序

將商品名稱使用自訂排序

依照習慣順序排列商品比較容易瞭解

在樞紐分析表中，列標籤欄位或欄標籤欄位的項目，一般是按照筆劃來排序。因此，要找到目標資料，會很辛苦。此時，使用「自訂清單」，就能儲存排序方式。只要先將平時熟悉、一目瞭然的排序方式儲存在自訂清單內，任何樞紐分析表的資料都可以按照慣用的排序方式顯示資料。儲存工作只要執行一次即可，請多加利用。

▼排序前

▼排序後

不易找到目標商品

依照熟悉的方式排序，即可輕易找到目標商品

① 儲存資料的排序方式

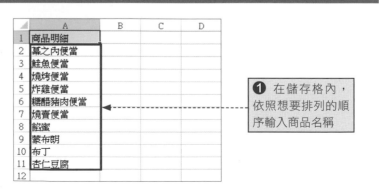

❶ 在儲存格內，依照想要排列的順序輸入商品名稱

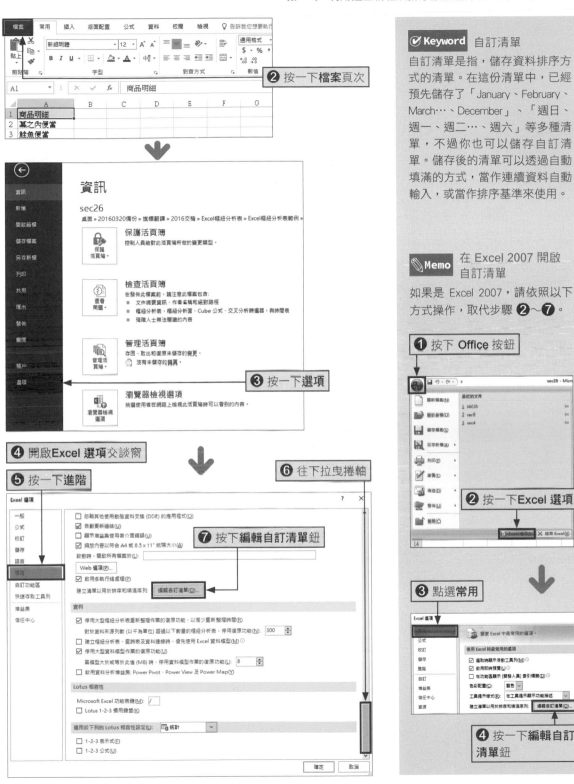

② 按一下**檔案**頁次

③ 按一下**選項**

④ 開啟**Excel 選項**交談窗

⑤ 按一下**進階**

⑥ 往下拉曳捲軸

⑦ 按下**編輯自訂清單**鈕

自訂清單是指，儲存資料排序方式的清單。在這份清單中，已經預先儲存了「January、February、March…、December」、「週日、週一、週二…、週六」等多種清單，不過你也可以儲存自訂清單。儲存後的清單可以透過自動填滿的方式，當作連續資料自動輸入，或當作排序基準來使用。

Memo　在 Excel 2007 開啟自訂清單

如果是 Excel 2007，請依照以下方式操作，取代步驟 ②～⑦。

① 按下 **Office** 按鈕

② 按一下**Excel 選項**

③ 點選**常用**

④ 按一下**編輯自訂清單**鈕

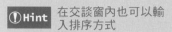

Hint 在交談窗內也可以輸入排序方式

不用先在儲存格內輸入排序資料，也可以在**自訂清單**欄中，直接完成設定。此時，請在**清單項目**中輸入資料，並按下**新增**鈕。

❶ 輸入資料

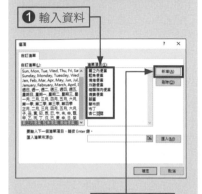

❷ 按下新增鈕

Memo 刪除已經儲存的排序清單

在**自訂清單**中，選取已經儲存的資料，按一下**刪除**鈕，即可刪除清單。

❶ 選取資料

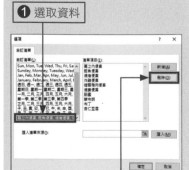

❷ 按下刪除鈕

❽ 開啟自訂清單交談窗

❾ 按下此鈕

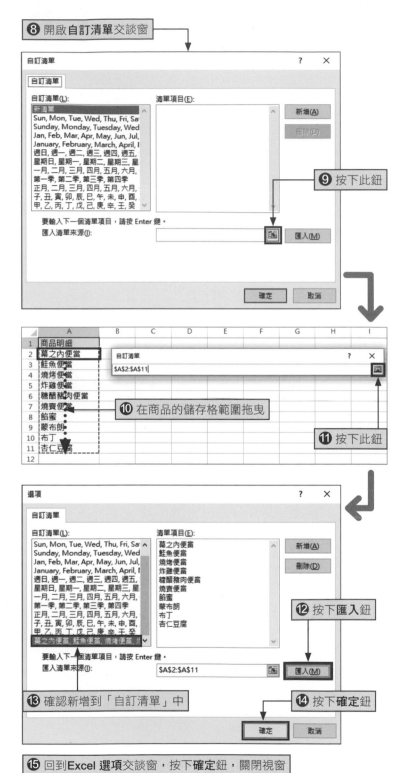

❿ 在商品的儲存格範圍拖曳

⓫ 按下此鈕

⓬ 按下匯入鈕

⓭ 確認新增到「自訂清單」中

⓮ 按下確定鈕

⓯ 回到Excel 選項交談窗，按下確定鈕，關閉視窗

2 依照儲存的自訂清單排序商品

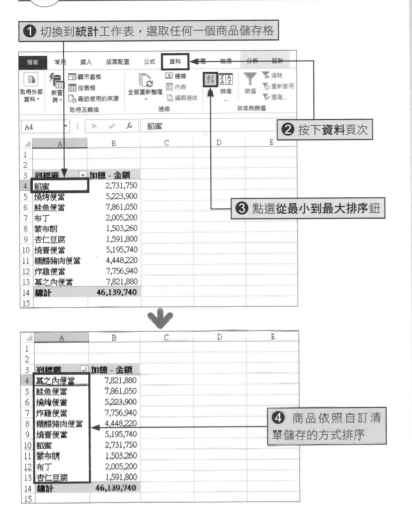

❶ 切換到**統計**工作表，選取任何一個商品儲存格

❷ 按下**資料**頁次

❸ 點選**從最小到最大排序**鈕

❹ 商品依照自訂清單儲存的方式排序

①Hint 修改清單

假如要更改清單項目的順序，或增加／刪除新項目，可以在**自訂清單**欄的清單中，選取資料，在**清單項目**區編輯項目，再按下**確定**鈕。

❶ 選取資料

❷ 編輯項目

❸ 按下**確定**鈕

✎Memo 只有儲存清單的電腦可以套用該清單

自訂清單並非檔案，而是儲存在電腦中。所以使用自訂清單排序的樞紐分析表，在其他電腦中開啟時，一開啟雖然能維持原本的排序狀態，可是更新資料或更換欄位後，就會恢復成以筆劃方式排序。

📄Step up 切換使用／停用自訂清單

在**樞紐分析表選項**交談窗中，可以設定是否使用自訂清單排序。參考 3-7 頁的 StepUp 說明，開啟**樞紐分析表選項**交談窗，切換勾選**排序時，使用自訂清單**項目。預設狀態是勾選。

樞紐分析表選項	? ×

樞紐分析表名稱(N)：樞紐分析表11

顯示	列印中	資料	替代文字
版面配置與格式		總計與篩選	

總計
☑ 顯示列的總計(S)
☑ 顯示欄的總計(G)

篩選
☐ 篩選的頁面項目小計(F)
☐ 允許每個欄位有多個篩選(A)

排序
☑ 排序時，使用自訂清單(L)

Unit 26 將資料移動至任意位置並排序

拖曳排序

將重點資料移動到樞紐分析表的最前面

有時候，需要針對「全門市中，我們門市的銷售狀況」、「全商品中，主力商品的動向」等特定項目來分析資料。此時，將重點項目放在統計表的最前面，比較容易分析。Unit 25 介紹了在自訂清單中，儲存排序方式，完成自訂排序的方法。不過利用拖曳操作，也可以排序項目。假如只有單一重點項目要移動到特定位置，使用拖曳方式比較快速、方便。

▼移動前

「山手」地區的「燒賣便當」並不起眼

▼移動後

假如要特別檢視「山手」地區的「燒賣便當」，只要分別移動到樞紐分析表的最前面，就比較清楚

4-24

1 以列為單位移動「燒賣便當」

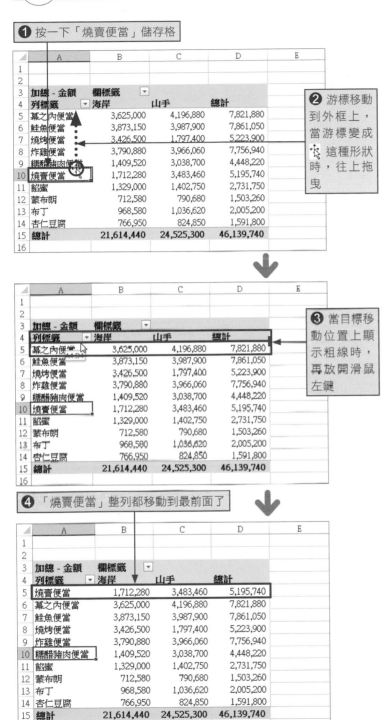

❶ 按一下「燒賣便當」儲存格

❷ 游標移動到外框上，當游標變成 這種形狀時，往上拖曳

❸ 當目標移動位置上顯示粗線時，再放開滑鼠左鍵

❹「燒賣便當」整列都移動到最前面了

Hint 不想儲存，希望直接排序時非常方便功能

當不想儲存自訂清單（請參考 Unit 25），希望直接排序時，以拖曳移動的方式就非常方便。此時，請依照左邊的步驟，將欄位內的所有項目拖曳到目標位置。

Memo 注意游標的形狀

移動時，將游標移動到儲存格上，確認游標形狀變成 之後，再開始拖曳。游標位置只要略有差異，就會變成 ↓ 形狀。在此狀態按一下滑鼠左鍵，會選取整個欄位，所以要特別注意。

Memo 移動整列或整欄

拖曳列標籤或欄標籤的儲存格，會自動移動整列或整欄。

② 以欄為單位移動「山手」地區

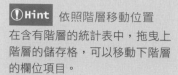

①Hint 依照階層移動位置
在含有階層的統計表中，拖曳上
階層的儲存格，可以移動下階層
的欄位項目。

❶ 點選「山手」儲存格，將
游標移動到外框上

❷ 往上拖曳

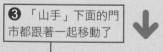

❸ 「山手」下面的門
市都跟著一起移動了

---

❶ 選取「山手」儲存格

② 游標移動到外框
上，當游標變成這
種形狀再拖曳

❸ 在目標位置顯示粗線時，放開滑鼠左鍵

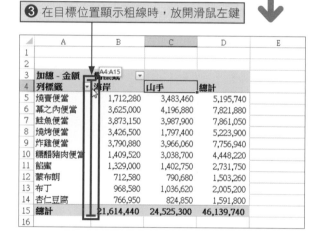

❹ 「山手」整欄都移動到最前面了

第 5 章

利用篩選找出
要分析的資料

篩選功能概要

篩選項目或統計值

　　篩選樞紐分析表中的資料，可以單獨顯示特定目標，比較容易進行資料分析。設定含有「○○」、以「○○」為開頭的條件，可以篩選出顯示在列或欄的項目 (請參考 Unit 28～Unit 30)。另外，設定「總計為○元以上」、「總計的前 5 名」等針對統計值設定條件，可以篩選出顯示項目 (請參考 Unit 31、Unit 32)。

▼ 原本的統計表

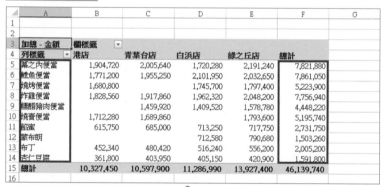

▼ 篩選列或欄項目

只顯示商品名稱不含「便當」的商品 (請參考 Unit 29)

▼ 篩選統計值

只顯示總計超過「7,000,000 以上」的資料 (請參考 Unit 31)

統計篩選結果

　　使用「報表篩選」(請參考 Unit 33、Unit 34)、「交叉分析篩選器」(Excel 2016/2013/2010) (請參考 Unit 35、Unit 36)、「時間表」(Excel 2016/2013) (請參考 Unit 37) 等可以**篩選統計對象**。例如，使用報表篩選或交叉分析篩選器設定條件為「青葉台店」，就會從原本的樞紐分析表中，篩選出青葉台店的資料並完成統計。另外，使用時間表設定條件為「5 月～7 月」，會從原本的樞紐分析表中，篩選出 5 月～7 月的資料，並完成統計。

▼ **交叉分析篩選器**

只統計指定門市的銷售數字
(請參考 Unit 35、36)

▼ **時間表**

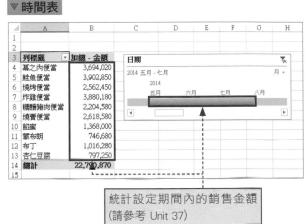

統計設定期間內的銷售金額
(請參考 Unit 37)

顯示詳細資料

　　分析統計值雖然能使資料的趨勢及動向變明確，但是若要探討形成這種趨勢的原因，就**必須**進一步分析詳細的資料。利用樞紐分析表分析詳細資料的方法有兩種，一種是以清單形式顯示統計值的原始資料 (請參考 Unit 38)；另一種是以階層方式向下顯示指定的項目 (請參考 Unit 39)。

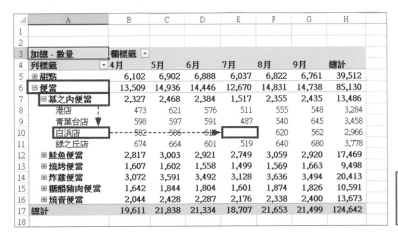

「便當」→「幕之內便當」→
「白浜店」一層一層往下，找出
銷售衰退的原因 (請參考 Unit 39)

篩選並顯示想要檢視的項目

　　如果要分析特定門市、特定商品的銷售狀況，當統計表上還有其他資料時，很難立即找出所需的部分，而且也會無法確實比較目標資料。遇到這種情況，請隱藏其他資料，單獨顯示成為分析對象的部分。在樞紐分析表中，使用顯示在列標籤或欄標籤儲存格內的**篩選按鈕**，即可輕易**篩選出目標項目**。擷取出符合設定條件的資料並顯示的功能稱作「篩選」。

▼執行篩選前

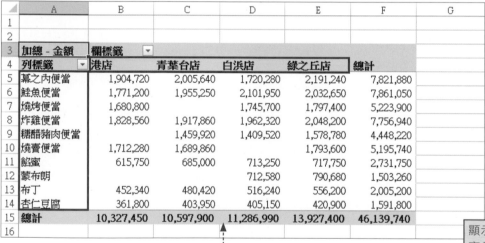

加總 - 金額	欄標籤 ▼				總計
列標籤 ▼	港店	青葉台店	白浜店	綠之丘店	總計
幕之內便當	1,904,720	2,005,640	1,720,280	2,191,240	7,821,880
鮭魚便當	1,771,200	1,955,250	2,101,950	2,032,650	7,861,050
燒烤便當	1,680,800		1,745,700	1,797,400	5,223,900
炸雞便當	1,828,560	1,917,860	1,962,320	2,048,200	7,756,940
糖醋豬肉便當		1,459,920	1,409,520	1,578,780	4,448,220
燒賣便當	1,712,280	1,689,860		1,793,600	5,195,740
餡蜜	615,750	685,000	713,250	717,750	2,731,750
蒙布朗			712,580	790,680	1,503,260
布丁	452,340	480,420	516,240	556,200	2,005,200
杏仁豆腐	361,800	403,950	405,150	420,900	1,591,800
總計	10,327,450	10,597,900	11,286,990	13,927,400	46,139,740

> 顯示所有門市的全部商品，很難比較指定門市的目標商品

▼執行篩選後

加總 - 金額	欄標籤 ▼		總計
列標籤 ▼	港店	白浜店	總計
幕之內便當	1,904,720	1,720,280	3,625,000
鮭魚便當	1,771,200	2,101,950	3,873,150
餡蜜	615,750	713,250	1,329,000
總計	4,291,670	4,535,480	8,827,150

> 隱藏多餘的資料，清楚顯示必要內容

1 篩選顯示在欄標題的項目

❶ 按下顯示在「欄標籤」儲存格的篩選按鈕

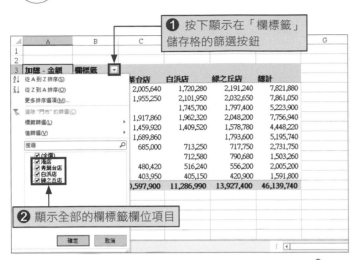

❷ 顯示全部的欄標籤欄位項目

❸ 取消勾選要隱藏起來的項目

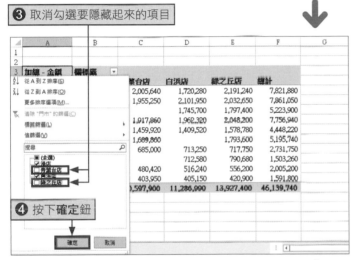

❹ 按下確定鈕

❺ 篩選顯示在欄標籤欄位的項目

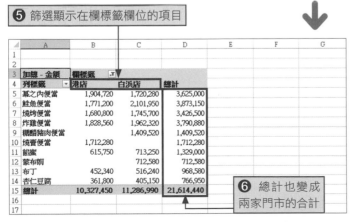

❻ 總計也變成兩家門市的合計

Memo　分別使用兩個篩選鈕

篩選鈕 ▾ 分成欄標籤欄位用及列標籤欄位用等兩種。請根據狀況分別使用這兩種欄位的篩選鈕。另外，篩選了項目後，篩選鈕的圖案會從 ▾ 變成 ▾。

Memo　改變版面配置仍會維持篩選狀態

執行了篩選功能的欄位，在欄位清單的欄名旁邊會顯示 ▾ 圖示。即使從樞紐分析表中刪除該欄位，仍會維持篩選狀態，持續顯示 ▾ 圖示。再次把欄位加入樞紐分析表中，項目會以篩選後的狀態進行統計。

❶ 執行篩選後的欄位會顯示 ▾

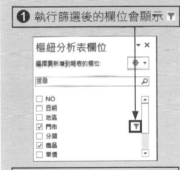

❷ 在樞紐分析表中刪除該欄位

❸ 仍會維持篩選狀態

Memo 善用「(全選)」

假如在眾多項目中，只要顯示其中 2、3 項時，請先取消「(全選)」核取方塊。這樣就能取消全部項目的選取狀態，快速選取目標項目。

Memo 取消特定欄位的篩選狀態

按一下**篩選**鈕 ，執行『清除" (欄名) 的篩選"』命令，即可取消篩選，顯示全部的項目。

❶ 按下篩選鈕

❷ 執行『清除" (欄名) 的篩選"』命令

Hint 一次取消多個欄位的篩選狀態

按下**分析**頁次**動作**區的**清除 / 清除篩選**，即可一次清除多個欄位的篩選狀態。Excel 2010 / 2007 是依序按下**選項 / 清除 / 清除篩選**。

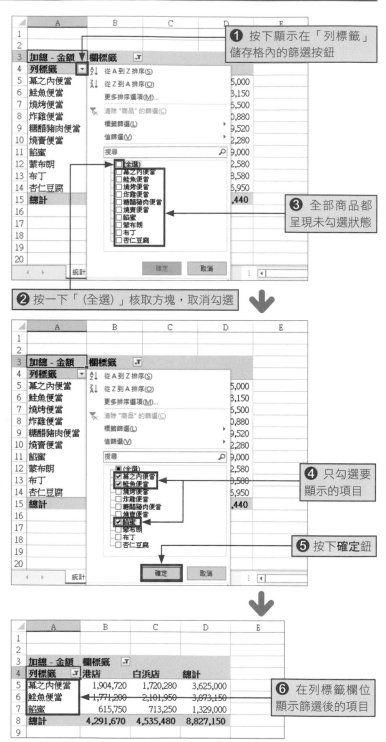

❶ 按下顯示在「列標籤」儲存格內的篩選按鈕

❸ 全部商品都呈現未勾選狀態

❷ 按一下「(全選)」核取方塊，取消勾選

❹ 只勾選要顯示的項目

❺ 按下確定鈕

❻ 在列標籤欄位顯示篩選後的項目

☞ Step up 篩選階層結構中的欄位項目

即使在列或欄配置多個欄位，也只會顯示一個篩選鈕 ▼，在這種狀態下，若要篩選項目，請使用「選取欄位」，設定篩選對象。例如，配置「類型」及「商品」等兩種欄位時，在「選取欄位」設定「類型」，就會篩選「類型」項目；設定成「商品」，會篩選「商品」項目。

❶ 顯示「類型」與「商品」

顯示「商品」欄位的項目

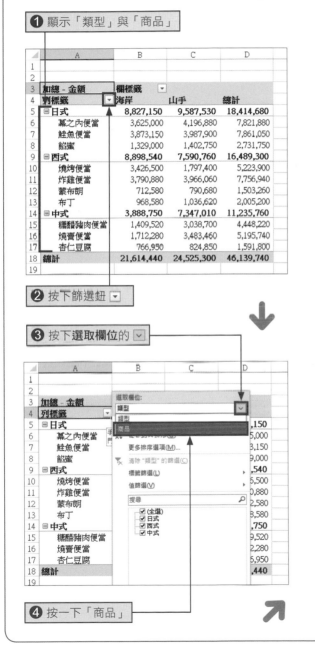

❷ 按下篩選鈕 ▼

❸ 按下選取欄位的 ▽

❹ 按一下「商品」

❺ 勾選要顯示的項目

❻ 按下確定鈕

❼ 只顯示指定的商品

以關鍵字為條件來篩選項目

利用「標籤篩選」以指定的條件篩選項目

如果要統計「○○便當」以外的商品銷售狀況，必須將「○○便當」隱藏起來。雖然可以使用 Unit 28 介紹過的方法，取消勾選含有「便當」字眼的商品核取方塊，但是遇到商品數量較多的時候，就會很麻煩。這種情況利用「**標籤篩選**」比較方便。以「**包含○○**」、「**不包含○○**」、「**結束於○○**」等條件，即可輕易篩選項目。

▼執行標籤篩選前

	A	B	C	D	E	F	
1							
2							
3	加總 - 金額	欄標籤 ▾					
4	列標籤 ▾	港店	青葉台店	白浜店	綠之丘店	總計	
5	幕之內便當	1,904,720	2,005,640	1,720,280	2,191,240	7,821,880	
6	鮭魚便當	1,771,200	1,955,250	2,101,950	2,032,650	7,861,050	
7	燒烤便當	1,680,800		1,745,700	1,797,400	5,223,900	
8	炸雞便當	1,828,560	1,917,860	1,962,320	2,048,200	7,756,940	
9	糖醋豬肉便當		1,459,920	1,409,520	1,578,780	4,448,220	← 顯示全部的商品
10	燒賣便當	1,712,280	1,689,860		1,793,600	5,195,740	
11	餡蜜	615,750	685,000	713,250	717,750	2,731,750	
12	蒙布朗			712,580	790,680	1,503,260	
13	布丁	452,340	480,420	516,240	556,200	2,005,200	
14	杏仁豆腐	361,800	403,950	405,150	420,900	1,591,800	
15	總計	10,327,450	10,597,900	11,286,990	13,927,400	46,139,740	
16							

▼執行標籤篩選後

	A	B	C	D	E	F	
2							
3	加總 - 金額	欄標籤 ▾					
4	列標籤 ▾	港店	青葉台店	白浜店	綠之丘店	總計	
5	餡蜜	615,750	685,000	713,250	717,750	2,731,750	
6	蒙布朗			712,580	790,680	1,503,260	← 隱藏「○○便當」，只顯示其他商品
7	布丁	452,340	480,420	516,240	556,200	2,005,200	
8	杏仁豆腐	361,800	403,950	405,150	420,900	1,591,800	
9	總計	1,429,890	1,569,370	2,347,220	2,485,530	7,832,010	
10							

1 篩選出不包含「便當」的項目

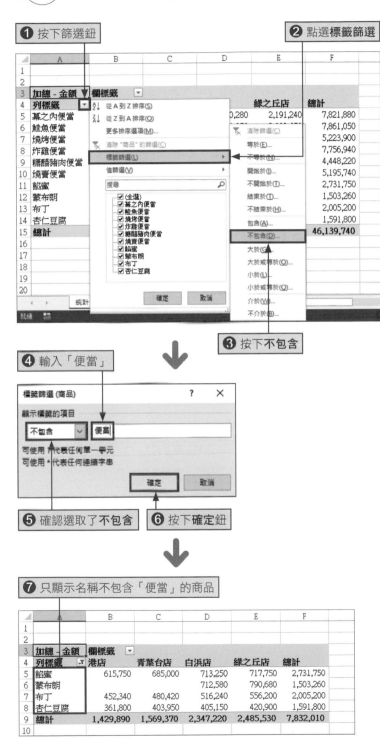

❶ 按下篩選鈕

❷ 點選**標籤篩選**

❸ 按下**不包含**

❹ 輸入「便當」

標籤篩選 (商品)

顯示標籤的項目

不包含　｜便當

可使用 ? 代表任何單一字元
可使用 * 代表任何連續字串

❺ 確認選取了**不包含**　❻ 按下**確定**鈕

❼ 只顯示名稱不包含「便當」的商品

	A	B	C	D	E	F
1						
2						
3	加總 - 金額	欄標籤				
4	列標籤	港店	青葉台店	白浜店	綠之丘店	總計
5	餡蜜	615,750	685,000	713,250	717,750	2,731,750
6	蒙布朗			712,580	790,680	1,503,260
7	布丁	452,340	480,420	516,240	556,200	2,005,200
8	杏仁豆腐	361,800	403,950	405,150	420,900	1,591,800
9	總計	1,429,890	1,569,370	2,347,220	2,485,530	7,832,010
10						

Hint 如果要篩選出包含「便當」的商品

在步驟 ❸ 的選單中，選擇**包含**，可以顯示只包含「○○」的項目。另外，Excel 2016／2013／2010 在**搜尋**方塊中，輸入關鍵字，可以輕易篩選出包含該關鍵字的項目。

❶ 輸入「便當」

❷ 名稱中含有「便當」的商品自動成為篩選條件

Memo 清除標籤篩選

清除標籤篩選的方法與利用核取方塊篩選的方式一樣。按一下篩選鈕 ，執行『**清除" (欄名) 的篩選"**』命令。

Unit 30 只顯示特定期間的資料

利用日期篩選

利用「日期篩選」篩選出特定期間

　　篩選鈕顯示的清單會隨著配置在列標籤欄位或欄標籤欄位內的欄位種類而異。假如配置的是文字資料，會顯示成 Unit 29 介紹過的「標籤篩選」，可以執行「包含○○」、「開始於○○」。假如配置的是**日期資料，會顯示「日期篩選」，可執行「○○之後」、「介於」、「這個月」、「下個月」等篩選**。這個功能可以配合配置的欄位種類，快速設定篩選條件，非常方便。本單元將要說明利用「日期篩選」，篩選出特定期間。

▼執行日期篩選前

> 顯示全部的日期資料

▼執行日期篩選後

> 只顯示特定期間

1 篩選特定期間

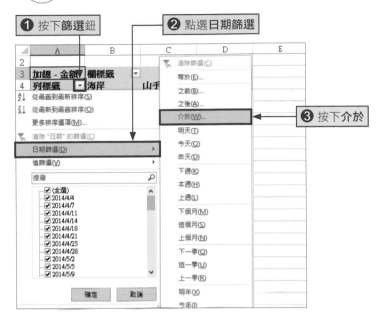

① 按下篩選鈕
② 點選日期篩選
③ 按下介於

在日期篩選的選單中，包含了「上個月」、「這個月」、「去年」、「今年」等項目，只要點選要篩選的功能，就可以輕鬆篩選出當時的資料。不需要輸入日期，非常方便。

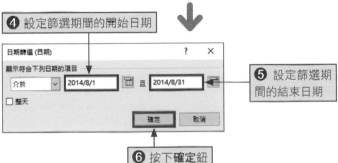

④ 設定篩選期間的開始日期
⑤ 設定篩選期間的結束日期
⑥ 按下確定鈕

Memo 清除日期篩選

如果要清除日期篩選，只要按下**篩選**鈕，執行『**清除" (欄名)的篩選"**』命令即可。

⑦ 只顯示設定期間的資料

	A	B	C	D	E	F
2						
3	加總 - 金額	欄標籤				
4	列標籤	海岸	山手	總計		
5	2014/8/1	423,700	503,390	927,090		
6	2014/8/4	395,620	451,140	846,760		
7	2014/8/8	441,650	495,750	937,400		
8	2014/8/11	415,690	494,290	909,980		
9	2014/8/15	437,540	437,420	874,960		
10	2014/8/18	445,320	470,400	915,720		
11	2014/8/22	430,080	450,230	880,310		
12	2014/8/25	386,120	435,000	821,120		
13	2014/8/29	431,150	470,820	901,970		
14	總計	3,806,870	4,208,440	8,015,310		
15						

Memo 自 Excel 2013 開始提供時間表功能

從 Excel 2013 起，還準備了「時間表」，這是可以篩選統計期間的新功能。將在 Unit 37 詳細介紹，請參考該章節內容。

篩選出達成銷售目標的資料

執行「值篩選」

快速顯示銷售金額超過「7,000,000」元以上的商品

使用「值篩選」，可以從統計結果中篩選出特定範圍的數值。例如，以「超過銷售目標的金額」為條件，進行篩選。如果在列標籤欄位配置「商品」，可篩選出「達成銷售目標的商品」；若配置「門市」，可篩選出「達成銷售目標的門市」，組合條件與列標籤欄位，獲得各種篩選結果。以下將以「7,000,000」為條件，篩選出熱銷商品。

▼執行值篩選之前

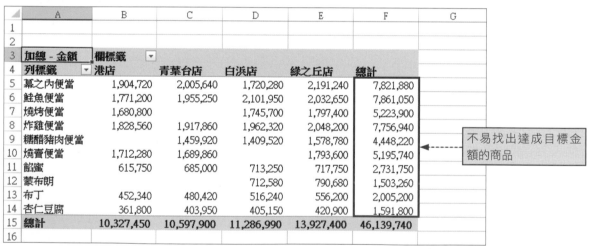

	A	B	C	D	E	F	G
1							
2							
3	加總 - 金額	欄標籤 ▼					
4	列標籤 ▼	港店	青葉台店	白浜店	綠之丘店	總計	
5	幕之內便當	1,904,720	2,005,640	1,720,280	2,191,240	7,821,880	
6	鮭魚便當	1,771,200	1,955,250	2,101,950	2,032,650	7,861,050	
7	燒烤便當	1,680,800		1,745,700	1,797,400	5,223,900	
8	炸雞便當	1,828,560	1,917,860	1,962,320	2,048,200	7,756,940	
9	糖醋豬肉便當		1,459,920	1,409,520	1,578,780	4,448,220	
10	燒賣便當	1,712,280	1,689,860		1,793,600	5,195,740	
11	餡蜜	615,750	685,000	713,250	717,750	2,731,750	
12	蒙布朗			712,580	790,680	1,503,260	
13	布丁	452,340	480,420	516,240	556,200	2,005,200	
14	杏仁豆腐	361,800	403,950	405,150	420,900	1,591,800	
15	總計	10,327,450	10,597,900	11,286,990	13,927,400	46,139,740	
16							

不易找出達成目標金額的商品

▼執行值篩選之後

	A	B	C	D	E	F	G
1							
2							
3	加總 - 金額	欄標籤 ▼					
4	列標籤 ▼	港店	青葉台店	白浜店	綠之丘店	總計	
5	幕之內便當	1,904,720	2,005,640	1,720,280	2,191,240	7,821,880	
6	鮭魚便當	1,771,200	1,955,250	2,101,950	2,032,650	7,861,050	
7	炸雞便當	1,828,560	1,917,860	1,962,320	2,048,200	7,756,940	
8	總計	5,504,480	5,878,750	5,784,550	6,272,090	23,439,870	
9							
10							

篩選出總計「7,000,000」以上的商品，一眼就能看出達成目標金額的商品

1 篩選出銷售金額超過「7,000,000以上」的商品

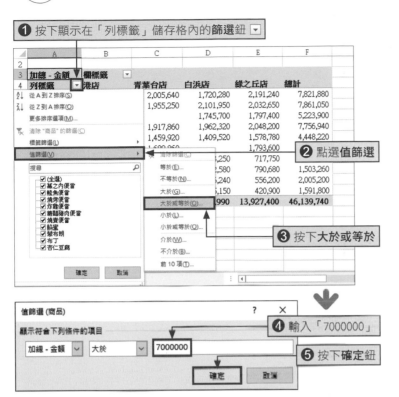

❶ 按下顯示在「列標籤」儲存格內的**篩選**鈕 ▾

❷ 點選**值篩選**

❸ 按下**大於或等於**

值篩選 (商品)

顯示符合下列條件的項目

| 加總 - 金額 ▾ | 大於 ▾ | 7000000 |

❹ 輸入「7000000」

❺ 按下**確定**鈕

❻ 如上一頁的下圖所示，篩選出總計「7,000,000 以上」的商品

📝Memo 「值篩選」與「標籤篩選」

按一下**篩選**鈕 ▾ 時，顯示的清單中，包含**標籤篩選**及**值篩選**。**標籤篩選**是以列標籤 (本例是指商品) 及欄標籤 (本例是指門市) 的項目為條件對象的篩選功能。而**值篩選**是以值欄位的數值為條件對象的篩選功能。

📝Memo 成為條件對象的「總計」數值

以「值篩選」設定的條件對象是「總計」的數值。左圖的範例是篩選出 F 欄的「總計」數值達「7,000,000 以上」的資料列。

📝Memo 清除值篩選

按一下**篩選**鈕 ▾，執行『**清除 " (欄名) 的篩選"**』命令，即可清除篩選，顯示所有資料。

📝Memo **列標籤的「值篩選」與欄標籤的「值篩選」**

如果是交叉統計表，**篩選**鈕 ▾ 會出現在「列標籤」的儲存格及「欄標籤」的儲存格等兩個地方。其中，按一下「列標籤」的**篩選**鈕 ▾，執行『**值篩選**』命令，「總計」欄的數值會成為條件對象，篩選出符合條件的列。

另外，按一下「欄標籤」的**篩選**鈕 ▾，執行『**值篩選**』命令，「總計」列的數值會成為條件對象，篩選出符合條件的欄。

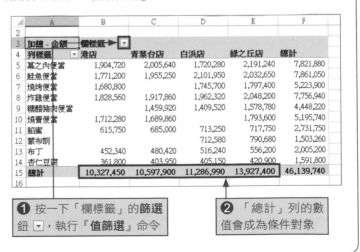

	A	B	C	D	E	F
2						
3	加總 - 金額	欄標籤 ▾				
4	列標籤 ▾	港店	青葉台店	白浜店	綠之丘店	總計
5	冪之內便當	1,904,720	2,005,640	1,720,280	2,191,240	7,821,880
6	鮭魚便當	1,771,200	1,955,250	2,101,950	2,032,650	7,861,050
7	燒烤便當	1,680,800		1,745,700	1,797,400	5,223,900
8	炸雞便當	1,828,560	1,917,860	1,962,320	2,048,200	7,756,940
9	糖醋豬肉便當		1,459,920	1,409,520	1,578,780	4,448,220
10	燒賣便當	1,712,280	1,689,860		1,793,600	5,195,740
11	餡蜜	615,750	685,000	713,250	717,750	2,731,750
12	蒙布朗			712,580	790,680	1,503,260
13	布丁	452,340	480,420	516,240	556,200	2,005,200
14	杏仁豆腐	361,800	403,950	405,150	420,900	1,591,800
15	總計	10,327,450	10,597,900	11,286,990	13,927,400	46,139,740
16						

❶ 按一下「欄標籤」的**篩選**鈕 ▾，執行『**值篩選**』命令

❷ 「總計」列的數值會成為條件對象

篩選出銷售前 5 名的商品

執行「前 10 項」篩選

快速篩選出暢銷商品

假如希望從大量資料中，針對「前 5 名」或「最後 3 名」來做分析，可以使用「前 10 項」篩選功能，篩選出「最前○名」或「最後○名」。例如，以銷售欄位為對象，篩選「最前 5 名」的商品，即可快速顯示熱銷商品，輕鬆分析「受歡迎的祕密」或「暢銷的祕訣」等原因。相對來說，篩選出「最後 5 名」的商品，或許可以找出「顧客不接受的主要原因」。只要設定「最前／最後」及順序即可，操作非常簡單。

▼ 執行「前 10 項」篩選之前

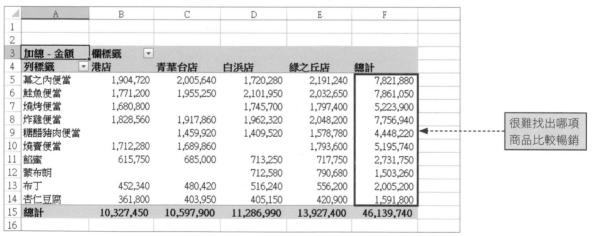

	A	B	C	D	E	F
1						
2						
3	加總 - 金額	欄標籤 ▼				
4	列標籤 ▼	港店	青葉台店	白浜店	綠之丘店	總計
5	幕之內便當	1,904,720	2,005,640	1,720,280	2,191,240	7,821,880
6	鮭魚便當	1,771,200	1,955,250	2,101,950	2,032,650	7,861,050
7	燒烤便當	1,680,800		1,745,700	1,797,400	5,223,900
8	炸雞便當	1,828,560	1,917,860	1,962,320	2,048,200	7,756,940
9	糖醋豬肉便當		1,459,920	1,409,520	1,578,780	4,448,220
10	燒賣便當	1,712,280	1,689,860		1,793,600	5,195,740
11	餡蜜	615,750	685,000	713,250	717,750	2,731,750
12	蒙布朗			712,580	790,680	1,503,260
13	布丁	452,340	480,420	516,240	556,200	2,005,200
14	杏仁豆腐	361,800	403,950	405,150	420,900	1,591,800
15	總計	10,327,450	10,597,900	11,286,990	13,927,400	46,139,740
16						

很難找出哪項商品比較暢銷

▼ 執行「前 10 項」篩選之後

	A	B	C	D	E	F
1						
2						
3	加總 - 金額	欄標籤 ▼				
4	列標籤 ▼	港店	青葉台店	白浜店	綠之丘店	總計
5	幕之內便當	1,904,720	2,005,640	1,720,280	2,191,240	7,821,880
6	鮭魚便當	1,771,200	1,955,250	2,101,950	2,032,650	7,861,050
7	燒烤便當	1,680,800		1,745,700	1,797,400	5,223,900
8	炸雞便當	1,828,560	1,917,860	1,962,320	2,048,200	7,756,940
9	燒賣便當	1,712,280	1,689,860		1,793,600	5,195,740
10	總計	8,897,560	7,568,610	7,530,250	9,863,090	33,859,510
11						

篩選出前 5 名的商品，一眼就能看出哪些是熱門商品

① 篩選出銷售前 5 名的商品

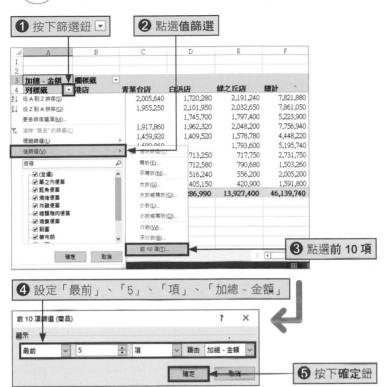

① 按下篩選鈕 ▽

② 點選值篩選

③ 點選前 10 項

④ 設定「最前」、「5」、「項」、「加總－金額」

⑤ 按下確定鈕

⑥ 如上一頁的下圖所示，篩選出銷售前 5 名的商品

Memo 利用列／欄標籤的「值篩選」來篩選列／欄

如果是交叉統計表，會在「列標籤」儲存格及「欄標籤」儲存格等兩個地方顯示**篩選**鈕 ▽。其中，按一下「列標籤」的**篩選**鈕 ▽，執行『**值篩選**』命令時，可以根據「加總」欄的「最前／最後○項」，篩選該列；按一下「欄標籤」的**篩選**鈕 ▽，執行『**值篩選**』命令時，可以根據「加總」列的「最前／最後○項」，篩選該欄。

Memo 「前 10 項」篩選可以設定的單位

在**前 10 項篩選**交談窗中，可以設定「項」、「%」、「加總」等單位。選擇「%」，可以篩選出「最前 10%」或「最後 10%」。若選擇「加總」，可以設定成「最前加總為 10,000,000」來進行篩選。

Step up 依照順序排列前 5 名

只執行**前 10 項**篩選功能並不會自動排序。假如要讓篩選結果按照順序排列，請選取「總計」欄的儲存格，按下**資料**頁次的**從最大到最小排序**鈕。

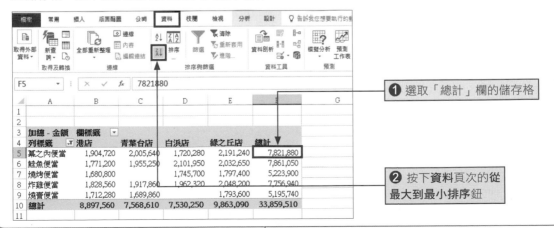

① 選取「總計」欄的儲存格

② 按下**資料**頁次的從最大到最小排序鈕

Unit 33

以 3 維統計表篩選當作統計對象的「門市」

使用報表篩選

可以改變切入點來分析資料

　　樞紐分析表最大的特色是，只要切換欄位，可以依照不同觀點來統計資料。但是有時以固定觀點，徹底分析統計結果也很重要。此時，維持相同觀點，切換統計對象資料，稱作「切片分析」的分析手法，就可以派上用場。例如，從「商品月份統計表」中，就能得知「何時賣了什麼東西」。只要加上「門市」條件，即可進一步分析「○○店何時賣了什麼東西」。像這樣，改變切入點來分析資料的手法，好比從一堆統計表中，切出 (切片) 一張圖表的感覺，就稱作「切片分析」。

▼ 切片分析

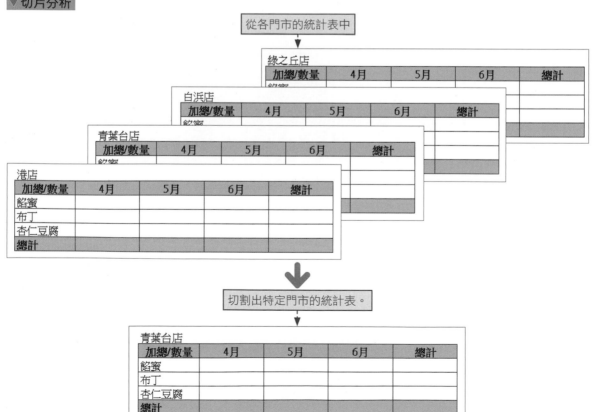

利用樞紐分析表執行切片分析

如果要用樞紐分析表來**進行切片分析**，可以利用**報表篩選欄位**來完成。報表篩選是篩選指定統計對象的功能。例如，在報表篩選欄位配置「門市」時，一般會統計所有門市的資料，但是在報表篩選欄位中，選擇「青葉台店」，樞紐分析表就會快速變成「青葉台店」統計表。

另外，在 Excel 2016／2013／2010 使用交叉分析篩選器，也可以進行切片分析，請參考 Unit 35。

▼ **執行篩選前**

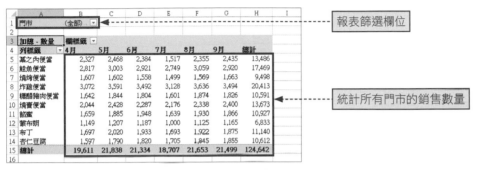

報表篩選欄位

統計所有門市的銷售數量

▼ **執行篩選後**

只統計指定門市的銷售數量

①　在篩選區域配置欄位

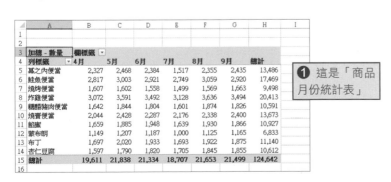

❶ 這是「商品月份統計表」

①Hint　還可以篩選列或欄的項目

報表篩選欄位不僅可以執行 3 維統計篩選，還可以進行列或欄的項目篩選。例如，在報表篩選欄位中，配置商品分類，在列區域欄位配置商品，然後在報表篩選欄位選擇「便當」，就能在列區域欄位單獨顯示「便當」了。

①Hint 以「年」或「月」來篩選

在報表篩選欄位中，無法建立日期群組。請先將日期欄位配置在「列」區域，參考 Unit 21 的操作方式，將「年」或「月」建立群組後，再移動到「報表篩選」區域。

先建立群組再配置，可以用「月」來篩選統計表

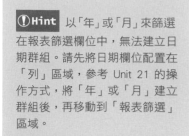

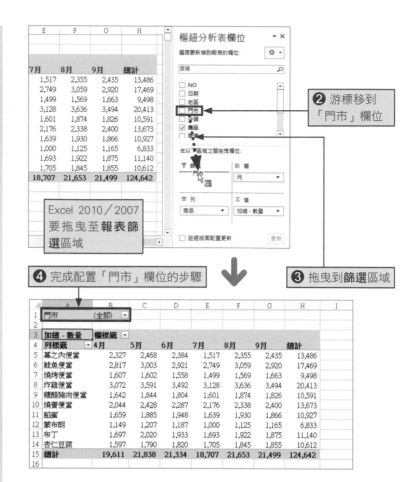

② 游標移到「門市」欄位

Excel 2010 / 2007 要拖曳至 **報表篩選** 區域

④ 完成配置「門市」欄位的步驟

③ 拖曳到**篩選**區域

2　切換成特定門市的統計表

Memo 清除篩選

如果要清除報表篩選，請按一下**篩選**鈕 🔽，選擇「（全部）」，再按一下**確定**鈕。

① 按一下「門市」的**篩選**鈕

② 點選「青葉台店」

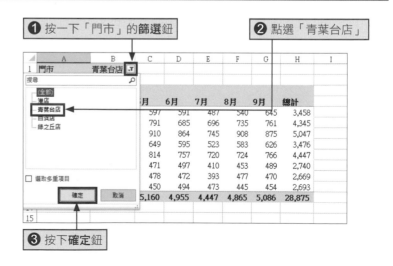

③ 按下**確定**鈕

❹ 只顯示「青葉台店」的統計結果

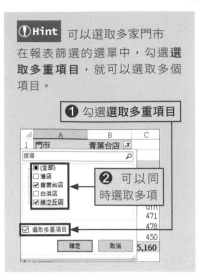

!Hint 可以選取多家門市

在報表篩選的選單中，勾選**選取多重項目**，就可以選取多個項目。

❶ 勾選**選取多重項目**

❷ 可以同時選取多項

📘**Step up** 設定報表篩選欄位的配置

在**篩選**區域配置多個欄位，可以在工作表上直向排列欄位。如果要變成橫向排列，請參考 3-7 頁的 StepUp 說明，開啟**樞紐分析表選項**交談窗，在**版面配置與格式**頁次，將「由上到下」設定成「由左至右」。

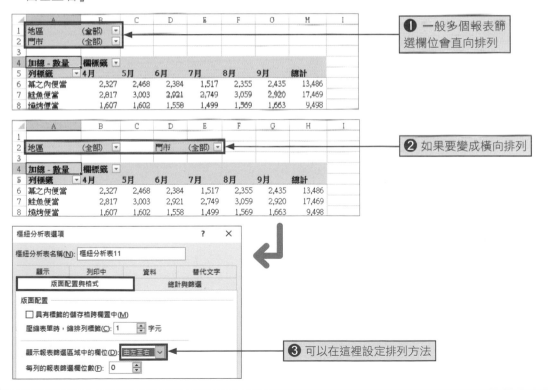

❶ 一般多個報表篩選欄位會直向排列

❷ 如果要變成橫向排列

❸ 可以在這裡設定排列方法

將 3 維門市統計表分離成不同工作表

顯示報表篩選頁面

只要按一下工作表名稱就能切換統計表

如同 Unit 33 介紹過，按一下**報表篩選欄位**的**篩選鈕** ▣，選取選單中的條件，再按一下**確定鈕**，就可以快速切換統計表。可是，假如切換次數較多，即便是這樣，也會覺得很困擾。此時，不妨利用**顯示報表篩選頁面**功能，**將統計表分解成不同的工作表**。如此一來，只要按一下工作表名稱，即可立即切換統計表，想將統計表列印在不同紙張上，也很方便。

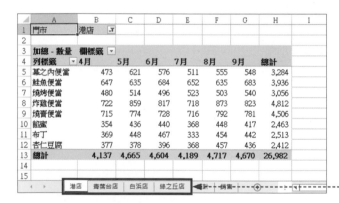

	A	B	C	D	E	F	G	H	I
1	門市	港店							
2									
3	加總 - 數量	欄標籤							
4	列標籤	4月	5月	6月	7月	8月	9月	總計	
5	幕之內便當	473	621	576	511	555	548	3,284	
6	鮭魚便當	647	635	684	652	635	683	3,936	
7	燒烤便當	480	514	496	523	503	540	3,056	
8	炸雞便當	722	859	817	718	873	823	4,812	
9	燒賣便當	715	774	728	716	792	781	4,506	
10	餡蜜	354	436	440	368	448	417	2,463	
11	布丁	369	448	467	333	454	442	2,513	
12	杏仁豆腐	377	378	396	368	457	436	2,412	
13	總計	4,137	4,665	4,604	4,189	4,717	4,670	26,982	
14									
15									

港店　青葉台店　白浜店　綠之丘店

> 在不同工作表中顯示各個門市的統計表，只要按一下就能切換統計表

① 將各門市統計表顯示在不同工作表中

✎Memo　先配置報表篩選欄位

如果要將門市統計表顯示在不同工作表中，必須先配置報表篩選欄位。

❶ 確認報表篩選欄位為「門市」

	A	B	C	D	E	F	G	H	I
1	門市	(全部)							
2									
3	加總 - 數量	欄標籤							
4	列標籤	4月	5月	6月	7月	8月	9月	總計	
5	幕之內便當	2,327	2,468	2,384	1,517	2,355	2,435	13,486	
6	鮭魚便當	2,817	3,003	2,921	2,749	3,059	2,920	17,469	
7	燒烤便當	1,607	1,602	1,558	1,499	1,569	1,663	9,498	
8	炸雞便當	3,072	3,591	3,492	3,128	3,636	3,494	20,413	
9	糖醋豬肉便當	1,642	1,844	1,804	1,601	1,874	1,826	10,591	
10	燒賣便當	2,044	2,428	2,287	2,176	2,338	2,400	13,673	
11	餡蜜	1,659	1,885	1,948	1,639	1,930	1,866	10,927	
12	蒙布朗	1,149	1,207	1,187	1,000	1,125	1,165	6,833	
13	布丁	1,697	2,020	1,933	1,693	1,922	1,875	11,140	
14	杏仁豆腐	1,597	1,790	1,820	1,705	1,845	1,855	10,612	
15	總計	19,611	21,838	21,334	18,707	21,653	21,499	124,642	
16									

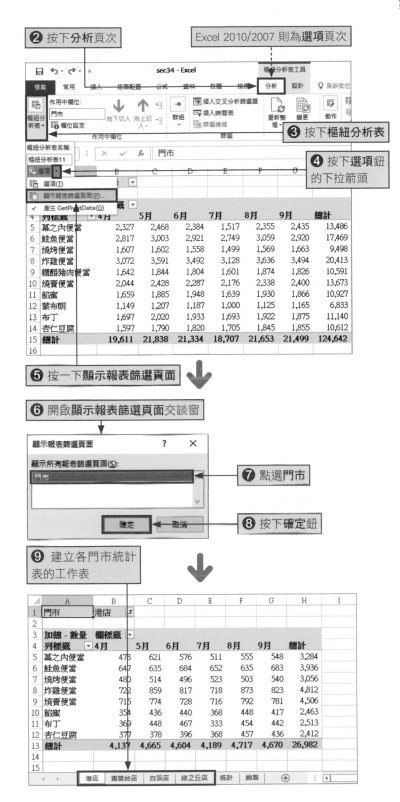

❷ 按下**分析**頁次

Excel 2010/2007 則為**選項**頁次

❸ 按下**樞紐分析表**

❹ 按下**選項**鈕的下拉箭頭

列標籤	4月	5月	6月	7月	8月	9月	總計
5 幕之內便當	2,327	2,468	2,384	1,517	2,355	2,435	13,486
6 鮭魚便當	2,817	3,003	2,921	2,749	3,059	2,920	17,469
7 燒烤便當	1,607	1,602	1,558	1,499	1,569	1,663	9,498
8 炸雞便當	3,072	3,591	3,492	3,128	3,636	3,494	20,413
9 糖醋豬肉便當	1,642	1,844	1,804	1,601	1,874	1,826	10,591
10 燒賣便當	2,044	2,428	2,287	2,176	2,338	2,400	13,673
11 餡蜜	1,659	1,885	1,948	1,639	1,930	1,866	10,927
12 蒙布朗	1,149	1,207	1,187	1,000	1,125	1,165	6,833
13 布丁	1,697	2,020	1,933	1,693	1,922	1,875	11,140
14 杏仁豆腐	1,597	1,790	1,820	1,705	1,845	1,855	10,612
15 總計	19,611	21,838	21,334	18,707	21,653	21,499	124,642

❺ 按一下**顯示報表篩選頁面**

❻ 開啟**顯示報表篩選頁面**交談窗

顯示報表篩選頁面　　? ✕

顯示所有報表篩選頁面(S):

門市

❼ 點選**門市**

❽ 按下**確定**鈕

❾ 建立各門市統計表的工作表

門市	港店							
	A	B	C	D	E	F	G	H	I
3 加總 - 數量	欄標籤							
4 列標籤	4月	5月	6月	7月	8月	9月	總計	
5 幕之內便當	473	621	576	511	555	548	3,284	
6 鮭魚便當	647	635	684	652	635	683	3,936	
7 燒烤便當	480	514	496	523	503	540	3,056	
8 炸雞便當	722	859	817	718	873	823	4,812	
9 燒賣便當	715	774	728	716	792	781	4,506	
10 餡蜜	354	436	440	368	448	417	2,463	
11 布丁	369	448	467	333	454	442	2,513	
12 杏仁豆腐	377	378	396	368	457	436	2,412	
13 總計	4,137	4,665	4,604	4,189	4,717	4,670	26,982	

港店　青葉台店　白浜店　綠之丘店　統計　銷售

Memo 按下「選項」鈕的下拉箭頭

步驟 ❹ 要按一下**選項**鈕右邊的 ▾，別誤按到**選項**鈕本身。

!Hint 多個報表篩選欄位

如果有多個報表篩選欄位，在**顯示報表篩選頁面**交談窗中，會顯示多個欄位，可以設定要以哪個欄位為基準，分離出統計表。

❶ 配置多個報表篩選欄位

	A	B	C	D
1	門市	(全部)		
2	地區	(全部)		
3				
4	加總 - 數量	欄標籤		
5	列標籤	4月	5月	6月
6	幕之內便當	2,327	2,468	2,384
7	鮭魚便當	2,817	3,003	2,921

❷ 設定當作分離基準的欄位

顯示報表篩選頁面　　? ✕

顯示所有報表篩選頁面(S):

地區
門市

確定　　取消

Unit 35 利用 3 維統計輕鬆篩選出
當作統計對象的「門市」

2016
2013
2010

利用「交叉分析篩選器」

只要按一下就可以輕鬆改變分析切入點

在 Unit 33 介紹了以特定切入點分割統計表的「切片分析」。當時是在報表篩選欄位設定分析條件。但是 Excel 2016／2013／2010 除了可以使用報表篩選欄位之外，還能利用**交叉分析篩選器來設定分析條件**。交叉分析篩選器會顯示設定欄位的項目清單，只要按一下，就能輕易切換統計對象的條件。另外，還可以把**多個項目當作條件來統計**。在交叉分析篩選器上，會以不同顏色顯示非統計對象的項目，一眼就能確認目前的篩選條件，非常方便。

▼利用交叉分析篩選器

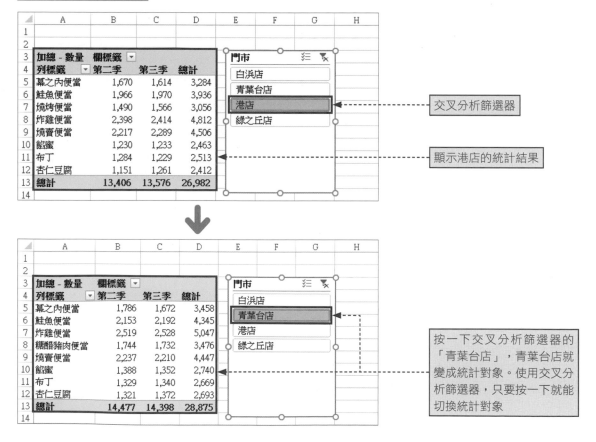

交叉分析篩選器

顯示港店的統計結果

按一下交叉分析篩選器的「青葉台店」，青葉台店就變成統計對象。使用交叉分析篩選器，只要按一下就能切換統計對象

1 插入交叉分析篩選器

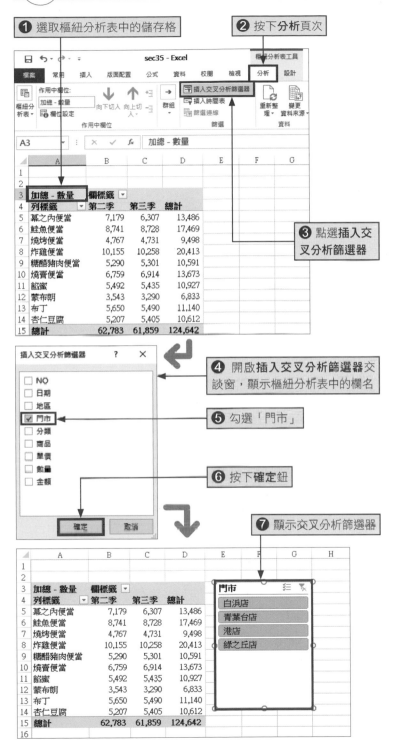

① 選取樞紐分析表中的儲存格

② 按下**分析**頁次

③ 點選**插入交叉分析篩選器**

④ 開啟**插入交叉分析篩選器**交談窗，顯示樞紐分析表中的欄名

⑤ 勾選「門市」

⑥ 按下**確定**鈕

⑦ 顯示交叉分析篩選器

Memo Excel 2010 請使用「選項」頁次

如果是 Excel 2010，請按下**選項**頁次的排序與篩選區中的**插入交叉分析篩選器**鈕的上半部分，取代步驟 ②～③。

Memo 調整交叉分析篩選器的大小

點選交叉分析篩選器，會在四周出現 8 個調整大小的控制點。拖曳控制點，即可調整交叉分析篩選器的大小。

當游標變成這種形狀時再拖曳，就能改變大小

Memo 移動交叉分析篩選器

將游標移動到交叉分析篩選器的外框上，當游標的形狀變成 ↖ 再拖曳。

拖曳交叉分析篩選器，即可移動位置

② 切換成特定門市的統計表

Memo 清除篩選

按一下**交叉分析篩選器**的 ，即可清除篩選，顯示所有門市的統計表。

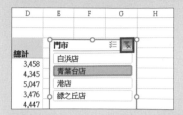

Memo 刪除交叉分析篩選器

按一下交叉分析篩選器，周圍會顯示成粗框，呈現選取狀態。在此狀態按下 Delete 鍵，即可刪除工作表上的交叉分析篩選器。刪除之後，同時也會清除篩選狀態。但是，篩選條件依舊存在，所以一旦把該欄位配置到任何區域，就會執行篩選。假如不需要保留篩選條件，請在刪除交叉分析篩選器之前，清除篩選。

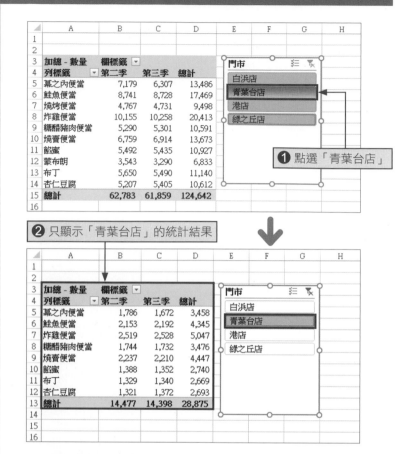

❶ 點選「青葉台店」

❷ 只顯示「青葉台店」的統計結果

③ 以多家門市為統計對象

Memo 在交叉分析篩選器選取多個項目

如果要選取不相鄰的多個項目，請先在第 1 個項目按一下，再按住 Ctrl 鍵不放，再點按選取其他項目。若要統一選取多個相鄰的項目，請先按一下最前面的項目，然後按住 Shift 鍵不放，再點按最後面的項目。

❶ 確認選取了「青葉台店」

❷ 按住 Ctrl 鍵不放，再點進「綠之丘店」

③ 統計「青葉台店」與「綠之丘店」的資料

Step up 使用多個交叉分析篩選器

在**插入交叉分析篩選器**交談窗內，可以選取多個交叉分析篩選器。例如，在月份統計表中，配置「門市」及「商品」的交叉分析篩選器，即可依照「港店」或「燒烤便當」等條件來統計資料。另外，在交叉分析篩選器中，如果該項目沒有統計值，就會顯示成淺色。

❶ 勾選「門市」及「商品」，配置 2 個交叉分析篩選器

❷ 選取門市及商品

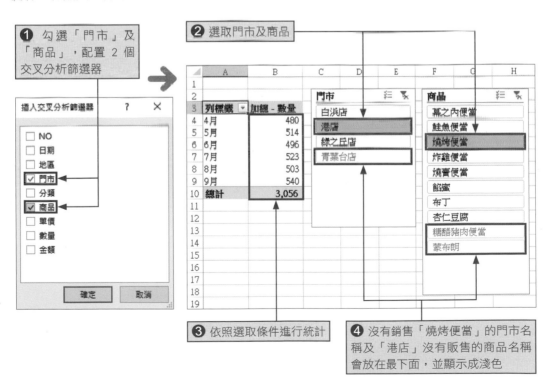

❸ 依照選取條件進行統計

❹ 沒有銷售「燒烤便當」的門市名稱及「港店」沒有販售的商品名稱會放在最下面，並顯示成淺色

Unit
36

讓樞紐分析表共用
交叉分析篩選器

2016
2013
2010

報表連線

多張樞紐分析表可以同時執行切片分析

在工作表內製作多張樞紐分析表，並且執行**報表連線**設定，即可**讓多個樞紐分析表共用一個交叉分析篩選器**。在交叉分析篩選器設定篩選條件項目，可以讓多張樞紐分析表同時進行篩選。這種方法能以相同切入點篩選不同觀點的統計表並同時進行分析，非常方便。以下將在月份統計表及配置交叉分析篩選器的工作表中，另外準備一張樞紐分析表，製作商品統計表。接著利用事先配置的交叉分析篩選器，執行可以操作統計表的**報表連線**設定。

▼設定前

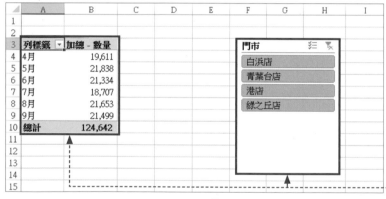

一般用交叉分析篩選器篩選的樞紐分析表只有一個

▼設定報表連線後

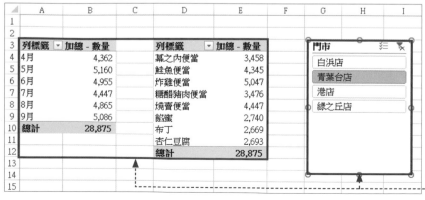

設定**報表連線**後，只要使用一個交叉分析篩選器就可以操作多張樞紐分析表

1 在同一張工作表中建立樞紐分析表

❶ 先確認要建立樞紐分析表的儲存格位置
(本範例是「統計」工作表的 D3 儲存格)

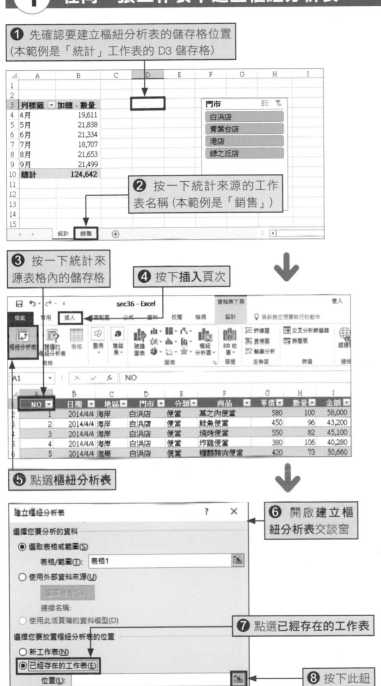

❷ 按一下統計來源的工作表名稱 (本範例是「銷售」)

❸ 按一下統計來源表格內的儲存格

❹ 按下插入頁次

❺ 點選樞紐分析表

❻ 開啟建立樞紐分析表交談窗

❼ 點選已經存在的工作表

❽ 按下此鈕

> **Memo** 子交叉分析篩選器的設定
>
> 在此是從已經建立樞紐分析表及交叉分析篩選器的狀態開始執行操作,關於交叉分析篩選器的製作方法如 Unit 35 的說明,交叉分析篩選器並無特別設定。

> **Hint** 確認樞紐分析表名稱
>
> 在**報表連線**設定中,會依照名稱來歸納樞紐分析表,所以請先把名稱確認清楚。按一下**分析**頁次 (Excel 2010 是**選項**頁次) 的**樞紐分析表**,即可進行確認。

❶ 選取樞紐分析表內的儲存格

❷ 按下樞紐分析表鈕

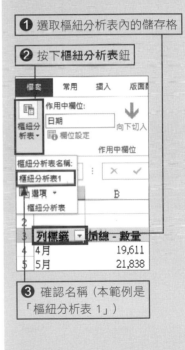

❸ 確認名稱 (本範例是「樞紐分析表 1」)

> **Memo** 將製作目標放在現有的工作表中
>
> 建立樞紐分析表時,可以選擇**新工作表**或**已經存在的工作表**。這裡想建立在「統計」工作表中,所以在步驟 ❼ 選擇**已經存在的工作表**。

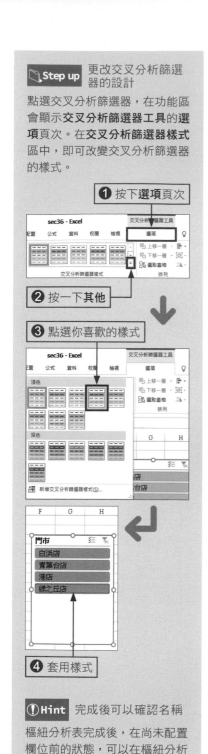

Step up 更改交叉分析篩選器的設計

點選交叉分析篩選器，在功能區會顯示**交叉分析篩選器工具**的**選項**頁次。在**交叉分析篩選器樣式**區中，即可改變交叉分析篩選器的樣式。

① 按下**選項**頁次

② 按一下**其他**

③ 點選你喜歡的樣式

④ 套用樣式

①Hint 完成後可以確認名稱

樞紐分析表完成後，在尚未配置欄位前的狀態，可以在樞紐分析表上確認樞紐分析表的名稱。

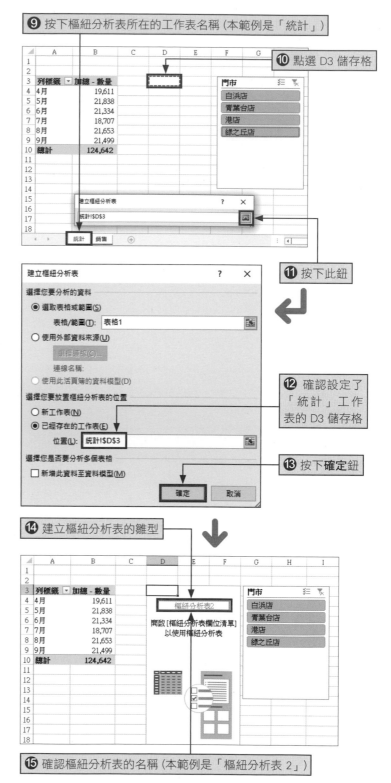

⑨ 按下樞紐分析表所在的工作表名稱 (本範例是「統計」)

⑩ 點選 D3 儲存格

⑪ 按下此鈕

⑫ 確認設定了「統計」工作表的 D3 儲存格

⑬ 按下**確定**鈕

⑭ 建立樞紐分析表的雛型

⑮ 確認樞紐分析表的名稱 (本範例是「樞紐分析表 2」)

2 在剛才建立的樞紐分析表內配置欄位

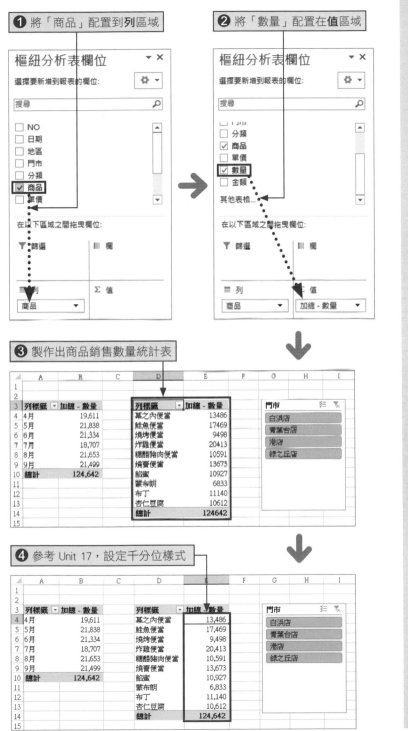

❶ 將「商品」配置到列區域

❷ 將「數量」配置在值區域

❸ 製作出商品銷售數量統計表

❹ 參考 Unit 17，設定千分位樣式

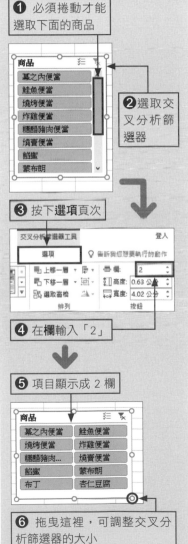

③ 讓交叉分析篩選器與樞紐分析表連線

📝 **Memo** 在樞紐分析表中設定報表連線

右邊的操作步驟是介紹用交叉分析篩選器來執行樞紐分析表連線，但是在樞紐分析表中，也可以完成連線設定。選取「樞紐分析表 2」中的任意儲存格，按照下圖完成設定。如果是 Excel 2010，請按下**選項**頁次的**插入交叉分析篩選器**下半部，再按一下**交叉分析篩選器連線**。

① 選取「樞紐分析表 2」的儲存格

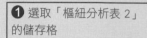

② 按下**分析**頁次的**篩選連線**鈕

③ 勾選要連線的交叉分析篩選器 (本範例是「門市」)

④ 按下**確定**鈕

---

① 按一下「青葉台店」

② 在樞紐分析表 1 統計了「青葉台店」的資料

③ 但是樞紐分析表 2 卻沒有反應

④ 選取交叉分析篩選器

⑤ 按下**選項**頁次

⑥ 點選**報表連線**

⑦ 開啟**報表連線**交談窗

⑧ 確認勾選了「樞紐分析表 1」

⑨ 勾選「樞紐分析表 2」

⑩ 按下**確定**鈕

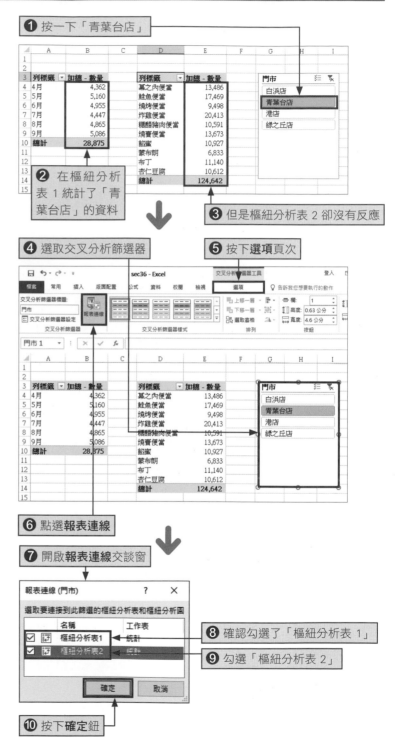

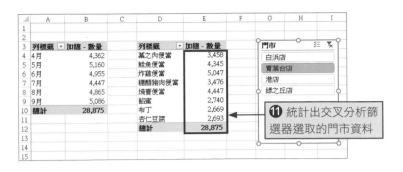

⑪ 統計出交叉分析篩選器選取的門市資料

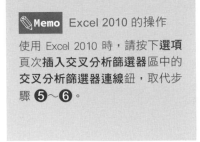

Memo Excel 2010 的操作

使用 Excel 2010 時，請按下**選項**頁次**插入交叉分析篩選器**區中的**交叉分析篩選器連線**鈕，取代步驟 ⑤～⑥。

Step up 交叉分析篩選器的相關設定

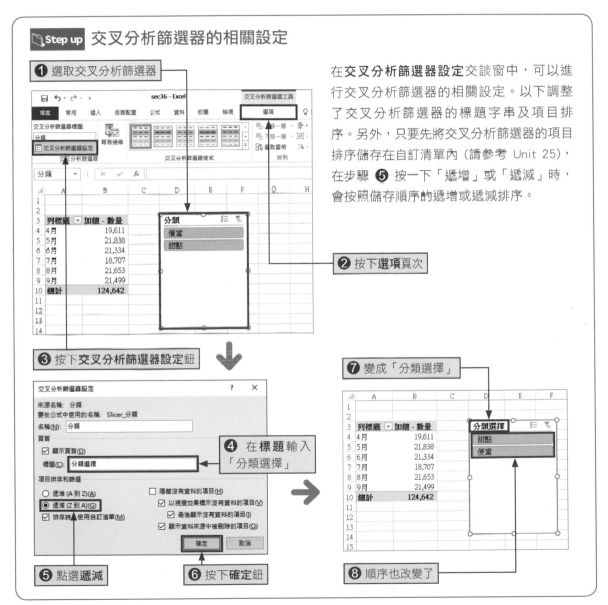

① 選取交叉分析篩選器

② 按下選項頁次

③ 按下交叉分析篩選器設定鈕

④ 在標題輸入「分類選擇」

⑤ 點選遞減

⑥ 按下確定鈕

⑦ 變成「分類選擇」

⑧ 順序也改變了

在**交叉分析篩選器設定**交談窗中，可以進行交叉分析篩選器的相關設定。以下調整了交叉分析篩選器的標題字串及項目排序。另外，只要先將交叉分析篩選器的項目排序儲存在自訂清單內（請參考 Unit 25），在步驟 ⑤ 按一下「遞增」或「遞減」時，會按照儲存順序的遞增或遞減排序。

輕而易舉統計 特定期間的資料

利用時間表

只要使用「時間表」就能輕鬆改變統計期間

使用 Excel 2013 開始新增的「時間表」功能，可以將樞紐分析表的統計期間變得更一目瞭然。操作方法也很簡單，只要按一下或拖曳顯示在時間表上的時間軸，就可以完成設定。統計期間的單位包括「天」、「月」、「季」等，可以輕鬆在時間表上切換。只要檢視時間表，即可清楚分辨這份資料的統計期間是什麼時候，非常方便。

▼以月為單位統計資料

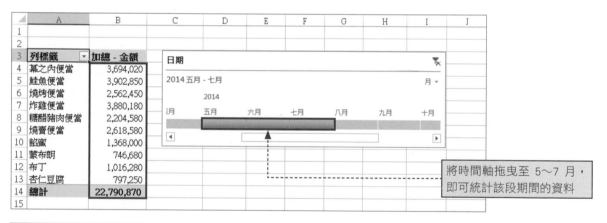

將時間軸拖曳至 5～7 月，即可統計該段期間的資料

▼以天為單位統計資料

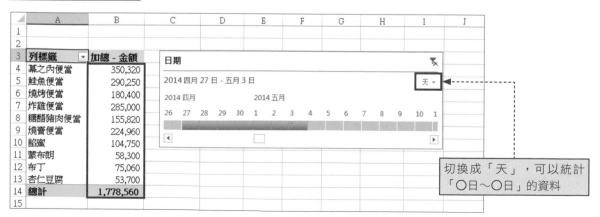

切換成「天」，可以統計「〇日～〇日」的資料

1 顯示時間表

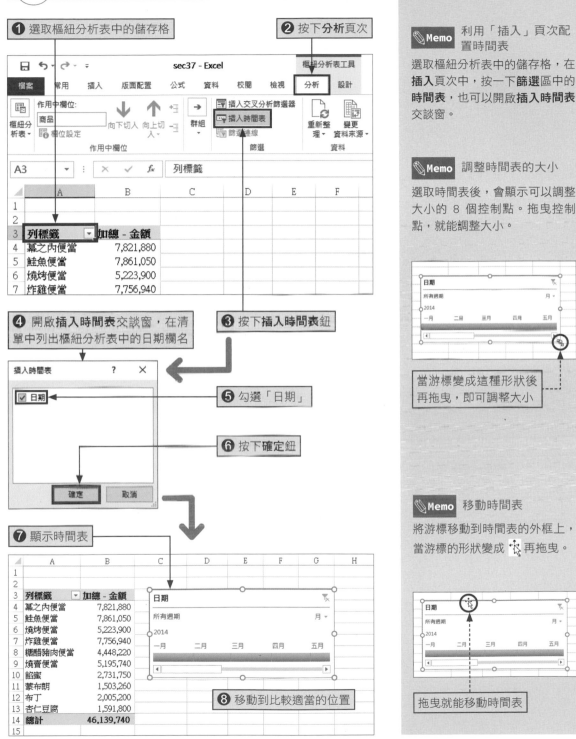

① 選取樞紐分析表中的儲存格

② 按下**分析**頁次

A3 ... 列標籤

	A	B
3	**列標籤** ▼	加總 - 金額
4	幕之肉便當	7,821,880
5	鮭魚便當	7,861,050
6	燒烤便當	5,223,900
7	炸雞便當	7,756,940

④ 開啟**插入時間表**交談窗，在清單中列出樞紐分析表中的日期欄名

③ 按下**插入時間表**鈕

插入時間表

☑ 日期

⑤ 勾選「日期」

⑥ 按下**確定**鈕

確定　取消

⑦ 顯示時間表

	A	B
3	**列標籤** ▼	加總 - 金額
4	幕之肉便當	7,821,880
5	鮭魚便當	7,861,050
6	燒烤便當	5,223,900
7	炸雞便當	7,756,940
8	糖醋豬肉便當	4,448,220
9	燒賣便當	5,195,740
10	餡蜜	2,731,750
11	蒙布朗	1,503,260
12	布丁	2,005,200
13	杏仁豆腐	1,591,800
14	**總計**	46,139,740

⑧ 移動到比較適當的位置

Memo 利用「插入」頁次配置時間表

選取樞紐分析表中的儲存格，在**插入**頁次中，按一下**篩選**區中的**時間表**，也可以開啟**插入時間表**交談窗。

Memo 調整時間表的大小

選取時間表後，會顯示可以調整大小的 8 個控制點。拖曳控制點，就能調整大小。

當游標變成這種形狀後再拖曳，即可調整大小

Memo 移動時間表

將游標移動到時間表的外框上，當游標的形狀變成 ⇖ 再拖曳。

拖曳就能移動時間表

② 統計 5 月的資料

✔ Keyword　時間磚及時間控制項

代表時間的藍色四角形稱作「時間磚」，顯示在時間磚兩側的稱作「時間控制項」。

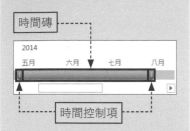

① 按一下 5 月的時間磚

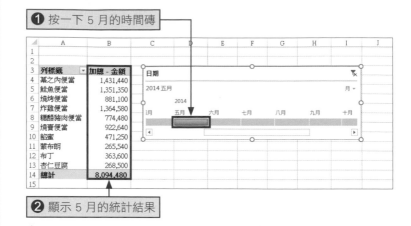

② 顯示 5 月的統計結果

③ 統計 5月～7 月的資料

✐ Memo　清除統計時間

按一下**清除篩選** 🔽，即可清除統計期間，變成統計所有期間內的資料。

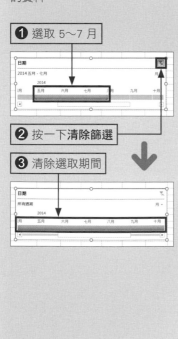

① 選取 5～7 月

② 按一下**清除篩選**

③ 清除選取期間

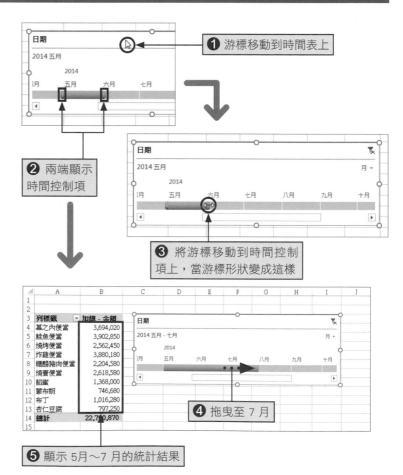

① 游標移動到時間表上

② 兩端顯示時間控制項

③ 將游標移動到時間控制項上，當游標形狀變成這樣

④ 拖曳至 7 月

⑤ 顯示 5月～7 月的統計結果

④ 以天為單位統計資料

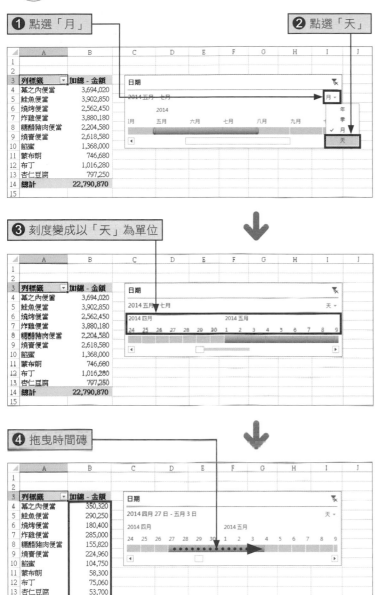

❶ 點選「月」

❷ 點選「天」

❸ 刻度變成以「天」為單位

❹ 拖曳時間磚

❺ 以「天」為單位進行統計

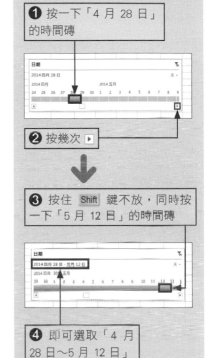

⚠Hint 選取左右被隱藏的日期

按一下時間表下方捲軸的 ◀ 或 ▶，即可顯示隱藏在左右兩邊的日期。利用 Shift 鍵，按照下圖操作，就能以現在顯示的日期為起始日，隱藏中的日期為結束日，有效率地選取統計期間。

❶ 按一下「4 月 28 日」的時間磚

❷ 按幾次 ▶

❸ 按住 Shift 鍵不放，同時按一下「5 月 12 日」的時間磚

❹ 即可選取「4 月 28 日～5 月 12 日」

⚠Hint 與多個樞紐分析表連線

在 Unit 36 介紹過以一個交叉分析篩選器篩選多個樞紐分析表的方法。利用相同的操作方式，也可以讓一個時間表與多個樞紐分析表連線。

以清單顯示統計值的原始資料

調查統計值的明細找出銷售低迷的原因

「銷售量比平常低」、「寫下意料之外的成績」等,從樞紐分析表的統計結果中,找到值得注意的數值時,調查該數值的明細,就能分析原因。但是,要從原始資料庫的大量記錄中,找出特定統計值的來源記錄非常困難。此時,請在樞紐分析表的數值儲存格雙按滑鼠左鍵。插入新工作表,以清單形式顯示原始資料記錄。只要分析該清單,就能找到銷售低迷或成績優異的主因。這種分析統計來源詳細資料的手法,稱作「探鑽分析(Drill Through)」。

▼ 探鑽分析

	A	B	C	D	E	F	G	H	I	J
1	地區	海岸								
2										
3	加總 - 數量	欄標籤								
4	列標籤	4月	5月	6月	7月	8月	9月	總計		
5	幕之內便當	1,055	1,207	1,192	511	1,175	1,110	6,250		
6	鮭魚便當	1,420	1,453	1,436	1,371	1,507	1,420	8,607		
7	燒烤便當	984	1,055	1,030	1,011	1,046	1,104	6,230		
8	炸雞便當	1,499	1,785	1,709	1,511	1,741	1,731	9,976		
9	糖醋豬肉便當	538	580	592	477	615	554	3,356		
10	燒賣便當	715	774	728	716	792	781	4,506		
11	餡蜜	769	943	965	818	929	892	5,316		
12	蒙布朗	559	555	546	463	534	582	3,239		
13	布丁	833	992	944	793	890	929	5,381		
14	杏仁豆腐	772	825	856	814	941	905	5,113		
15	總計	9,144	10,169	9,998	8,485	10,170	10,008	57,974		
16										

發現海岸地區 7 月份「幕之內便當」的銷售數量比其他月份少

	A	B	C	D	E	F	G	H	I	J
1	NO	日期	地區	門市	分類	商品	單價	數量	金額	
2	919	2014/7/4	海岸	港店	便當	幕之內便當	580	57	33060	
3	953	2014/7/7	海岸	港店	便當	幕之內便當	580	70	40600	
4	987	2014/7/11	海岸	港店	便當	幕之內便當	580	78	45240	
5	1021	2014/7/14	海岸	港店	便當	幕之內便當	580	50	29000	
6	1055	2014/7/18	海岸	港店	便當	幕之內便當	580	63	36540	
7	1089	2014/7/21	海岸	港店	便當	幕之內便當	580	73	42340	
8	1123	2014/7/25	海岸	港店	便當	幕之內便當	580	53	30740	
9	1157	2014/7/28	海岸	港店	便當	幕之內便當	580	67	38860	
10										

以清單形式顯示詳細資料,找出銷售低迷的原因

顯示詳細資料

❶ 在海岸地區 7 月幕之內便當的統計值儲存格按兩下

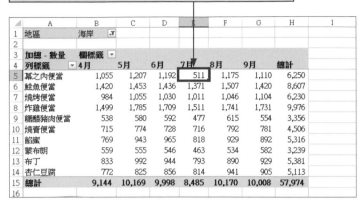

	A	B	C	D	E	F	G	H	I
1	地區	海岸							
2									
3	加總 - 數量	欄標籤							
4	列標籤	4月	5月	6月	7月	8月	9月	總計	
5	幕之內便當	1,055	1,207	1,192	511	1,175	1,110	6,250	
6	鮭魚便當	1,420	1,453	1,436	1,371	1,507	1,420	8,607	
7	燒烤便當	984	1,055	1,030	1,011	1,046	1,104	6,230	
8	炸雞便當	1,499	1,785	1,709	1,511	1,741	1,731	9,976	
9	糖醋豬肉便當	538	580	592	477	615	554	3,356	
10	燒賣便當	715	774	728	716	792	781	4,506	
11	飯糰	769	943	965	818	929	892	5,316	
12	蒙布朗	559	555	546	463	534	582	3,239	
13	布丁	833	992	944	793	890	929	5,381	
14	杏仁豆腐	772	825	856	814	941	905	5,113	
15	總計	9,144	10,169	9,998	8,485	10,170	10,008	57,974	
16									

❷ 在新工作表顯示海岸地區 7 月幕之內便當的詳細資料

⬇

	A	B	C	D	E	F	G	H	I	J
1	NO	日期	地區	門市	分類	商品	單價	數量	金額	
2	1157	2014/7/28	海岸	港店	便當	幕之內便當	580	67	38860	
3	1123	2014/7/25	海岸	港店	便當	幕之內便當	580	53	30740	
4	1089	2014/7/21	海岸	港店	便當	幕之內便當	580	73	42340	
5	1055	2014/7/18	海岸	港店	便當	幕之內便當	580	63	36540	
6	1021	2014/7/14	海岸	港店	便當	幕之內便當	580	50	29000	
7	987	2014/7/11	海岸	港店	便當	幕之內便當	580	78	45240	
8	953	2014/7/7	海岸	港店	便當	幕之內便當	580	70	40600	
9	919	2014/7/4	海岸	港店	便當	幕之內便當	580	57	33060	
10										
11										

工作表1　統計　銷售　⊕

❸ 視狀況調整欄寬或設定排序

✔ Keyword 探鑽

參照統計值來源資料的行為稱作「探鑽」。藉由查看詳細資料，可以執行統計值無法推測的縝密分析。

① Hint 統計值的提示

當游標移動到統計值的儲存格上，列或欄標籤的內容會顯示提示。在難以瞭解列欄位置的大型表格中，有這個功能很方便。

1,785	1,709	1,511	1,741
580	592	477	615
774	72		792
943	96		929
555	54		534
992	944	793	890

加總 - 數量
值: 592
列: 糖醋豬肉便當
欄: 6月

✏ Memo 排序記錄

假如要排序記錄，請選取當作排序基準的欄位儲存格，按一下**從最小到大排序** ↓，或**從最大到最小排序** ↓，詳細內容請參考 2-21 頁的 Hint 說明。

✏ Memo 沒有顯示詳細資料時

假如在統計值儲存格雙按滑鼠左鍵，卻沒有顯示詳細資料時，請參考 3-7 頁的 StepUp，開啟**樞紐分析表選項**交談窗，切換到**資料**頁次，勾選**啟用顯示詳細資料**。

樞紐分析表選項　？ ✕

樞紐分析表名稱(N): 樞紐分析表1

版面配置與格式　　　　總計與篩選
顯示　　列印中　　資料　　替代文字

❶ 切換到**資料**頁次

樞紐分析表資料
☑ 以檔案儲存來源資料(S)
☑ 啟用顯示詳細資料(E)
☐ 檔案開啟時自動更新(R)

❷ 勾選**啟用顯示詳細資料**

保留資料來源中被刪除的項目
每個欄位要保留的項目數(N): 自動 ▽

模擬分析
☐ 在值區域啟用儲存格編輯(E)

展開統計項目分析內容

利用「下探」進行分析

以下探追蹤值得注意的詳細資料

　　想找出銷售低迷的原因…。此時，可以將樞紐分析表的統計項目**由大分類往小分類探尋**，進行「**下探**」分析。例如，如果注意到「7 月便當的銷售量降低」，下探一層，調查「便當」中的哪種商品是造成銷售低迷的原因。如果判斷原因出在「幕之內便當」，就要改變分析觀點，調查哪間門市是「幕之內便當」賣不好的原因。假如是特定門市的「幕之內便當」銷售降低，即可鎖定原因出在該門市。相對來說，如果每家門市的「幕之內便當」銷售量都降低，就該思考「幕之內便當」出現什麼問題。像這樣循序漸進地調查下去，即可找出銷售低迷的原因。

▼ 下探分析

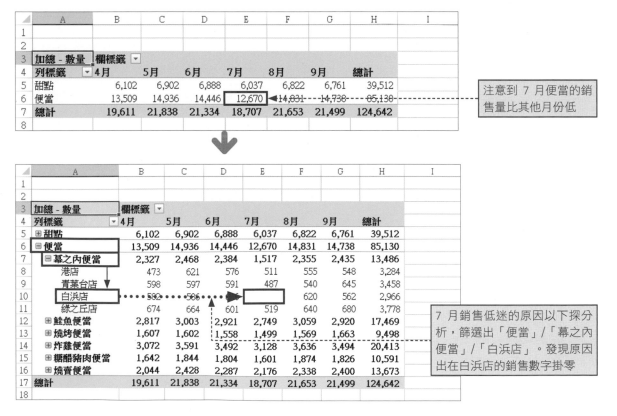

注意到 7 月便當的銷售量比其他月份低

7 月銷售低迷的原因以下探分析，篩選出「便當」/「幕之內便當」/「白浜店」。發現原因出在白浜店的銷售數字掛零

1 挖掘資料進行下探分析

❶ 在「便當」儲存格雙按滑鼠左鍵

❷ 按一下想調查的欄位 (本範例是「商品」)

顯示詳細資料 ? ✕

請選擇包含您想要顯示詳細資料的欄位(S):

NO
日期
地區
門市
商品
單價
數量
金額

確定　　　取消

❸ 按下確定鈕

❹ 顯示「便當」內各個商品的詳細資料

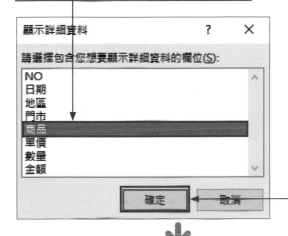

❺ 發現 7 月「幕之內便當」的銷售大幅降低

☑ Keyword 下探

以「商品分類→商品」、「年→月→日」、「地區→門市」的方式,一邊細分觀點,一邊分析的手法,就像以鑽孔機挖洞般,因而稱作「下探」。這種分析方法有助於分析造成問題的原因。

✎ Memo 注意游標的形狀

在儲存格上雙按滑鼠左鍵時,要在游標變成白色十字形 ✛ 的時候,再雙按滑鼠左鍵。請特別注意,若游標移動到儲存格的邊緣,會變成黑色箭頭 ➡,在此狀態下雙按滑鼠左鍵,不會執行下探。

	A	B	C
1			
2			
3	加總 - 數量	欄標籤 ▼	
4	列標籤 ▼	4月	5月
5	甜點	6,102	6,902
6	便當 ⊕	13,509	14,936
7	總計	19,611	21,838
8			

✎ Memo 在欄標籤欄位也可以執行下探

這裡的範例是針對列標籤欄位的項目進行下探,欄標籤欄位也可以執行相同操作。

2 **繼續挖掘資料**

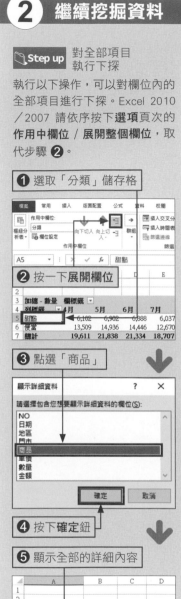

Step up 對全部項目
執行下探

執行以下操作，可以對欄位內的全部項目進行下探。Excel 2010／2007 請依序按下**選項**頁次的**作用中欄位／展開整個欄位**，取代步驟 **②**。

❶ 選取「分類」儲存格

❷ 按一下展開欄位

❸ 點選「商品」

❹ 按下確定鈕

❺ 顯示全部的詳細內容

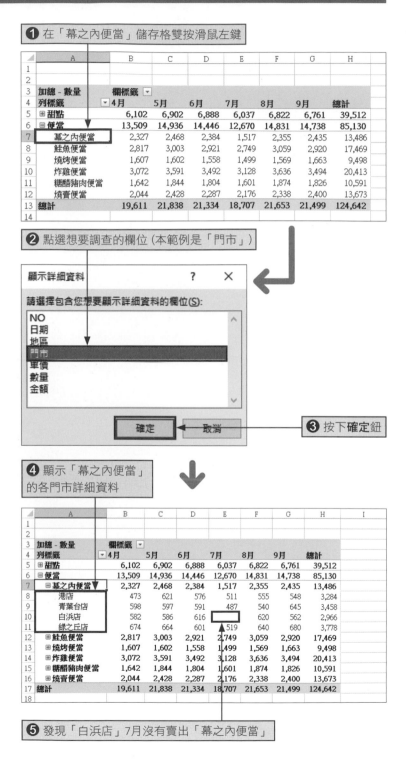

❶ 在「幕之內便當」儲存格雙按滑鼠左鍵

	A	B	C	D	E	F	G	H
1								
2								
3	加總 - 數量	欄標籤						
4	列標籤	4月	5月	6月	7月	8月	9月	總計
5	⊞甜點	6,102	6,902	6,888	6,037	6,822	6,761	39,512
6	⊟便當	13,509	14,936	14,446	12,670	14,831	14,738	85,130
7	幕之內便當	2,327	2,468	2,384	1,517	2,355	2,435	13,486
8	鮭魚便當	2,817	3,003	2,921	2,749	3,059	2,920	17,469
9	燒烤便當	1,607	1,602	1,558	1,499	1,569	1,663	9,498
10	炸雞便當	3,072	3,591	3,492	3,128	3,636	3,494	20,413
11	糖醋豬肉便當	1,642	1,844	1,804	1,601	1,874	1,826	10,591
12	燒賣便當	2,044	2,428	2,287	2,176	2,338	2,400	13,673
13	總計	19,611	21,838	21,334	18,707	21,653	21,499	124,642
14								

❷ 點選想要調查的欄位 (本範例是「門市」)

顯示詳細資料 ? ×

請選擇包含您想要顯示詳細資料的欄位(S):

NO
日期
地區
門市
單價
數量
金額

確定　　取消

❸ 按下確定鈕

❹ 顯示「幕之內便當」的各門市詳細資料

	A	B	C	D	E	F	G	H	I
1									
2									
3	加總 - 數量	欄標籤							
4	列標籤	4月	5月	6月	7月	8月	9月	總計	
5	⊞**甜點**	6,102	6,902	6,888	6,037	6,822	6,761	39,512	
6	⊟便當	13,509	14,936	14,446	12,670	14,831	14,738	85,130	
7	⊟幕之內便當	2,327	2,468	2,384	1,517	2,355	2,435	13,486	
8	港店	473	621	576	511	555	548	3,284	
9	青葉台店	598	597	591	487	540	645	3,458	
10	白浜店	582	586	616		620	562	2,966	
11	綠之丘店	674	664	601	519	640	680	3,778	
12	⊞鮭魚便當	2,817	3,003	2,921	2,749	3,059	2,920	17,469	
13	⊞燒烤便當	1,607	1,602	1,558	1,499	1,569	1,663	9,498	
14	⊞炸雞便當	3,072	3,591	3,492	3,128	3,636	3,494	20,413	
15	⊞糖醋豬肉便當	1,642	1,844	1,804	1,601	1,874	1,826	10,591	
16	⊞燒賣便當	2,044	2,428	2,287	2,176	2,338	2,400	13,673	
17	總計	19,611	21,838	21,334	18,707	21,653	21,499	124,642	
18									

❺ 發現「白浜店」7月沒有賣出「幕之內便當」

③ 調查其他商品的詳細內容

❶ 在「燒烤便當」儲存格雙按滑鼠左鍵

▲	A	B	C	D	E	F	G	H	I
1									
2									
3	加總 - 數量	欄標籤 ▼							
4	列標籤 ▼	4月	5月	6月	7月	8月	9月	總計	
5	⊞甜點	6,102	6,902	6,888	6,037	6,822	6,761	39,512	
6	⊟便當	13,509	14,936	14,446	12,670	14,831	14,738	85,130	
7	⊟幕之內便當	2,327	2,468	2,384	1,517	2,355	2,435	13,486	
8	港店	473	621	576	511	555	548	3,284	
9	青葉台店	598	597	591	487	540	645	3,458	
10	白浜店	582	586	616		620	562	2,966	
11	綠之丘店	674	664	601	519	640	680	3,778	
12	⊞鮭魚便當	2,817	3,003	2,921	2,749	3,059	2,920	17,469	
13	⊞燒烤便當	1,607	1,602	1,558	1,499	1,569	1,663	9,498	
14	⊞炸雞便當	3,072	3,591	3,492	3,128	3,636	3,494	20,413	
15	⊞糖醋豬肉便當	1,642	1,844	1,804	1,601	1,874	1,826	10,591	
16	⊞燒賣便當	2,044	2,428	2,287	2,176	2,338	2,400	13,673	
17	總計	19,611	21,838	21,334	18,707	21,653	21,499	124,642	
18									

❷ 顯示「燒烤便當」的門市詳細內容

▲	A	B	C	D	E	F	G	H	I
1									
2									
3	加總 - 數量	欄標籤 ▼							
4	列標籤 ▼	4月	5月	6月	7月	8月	9月	總計	
5	⊞甜點	6,102	6,902	6,888	6,037	6,822	6,761	39,512	
6	⊟便當	13,509	14,936	14,446	12,670	14,831	14,738	85,130	
7	⊟幕之內便當	2,327	2,468	2,384	1,517	2,355	2,435	13,486	
8	港店	473	621	576	511	555	548	3,284	
9	青葉台店	598	597	591	487	540	645	3,458	
10	白浜店	582	586	616		620	562	2,966	
11	綠之丘店	674	664	601	519	640	680	3,778	
12	⊞鮭魚便當	2,817	3,003	2,921	2,749	3,059	2,920	17,469	
13	⊟燒烤便當	1,607	1,602	1,558	1,499	1,569	1,663	9,498	
14	港店	480	514	496	523	503	540	3,056	
15	白浜店	504	541	534	488	543	564	3,174	
16	綠之丘店	623	547	528	488	523	559	3,268	
17	⊞炸雞便當	3,072	3,591	3,492	3,128	3,636	3,494	20,413	
18	⊞糖醋豬肉便當	1,642	1,844	1,804	1,601	1,874	1,826	10,591	
19	⊞燒賣便當	2,044	2,428	2,287	2,176	2,338	2,400	13,673	
20	總計	19,611	21,838	21,334	18,707	21,653	21,499	124,642	

④ 摺疊詳細資料進行上探

❶ 在「燒烤便當」儲存格雙按滑鼠左鍵

▲	A	B	C	D	E	F	G	H	I
1									
2									
3	加總 - 數量	欄標籤 ▼							
4	列標籤 ▼	4月	5月	6月	7月	8月	9月	總計	
5	⊞甜點	6,102	6,902	6,888	6,037	6,822	6,761	39,512	
6	⊟便當	13,509	14,936	14,446	12,670	14,831	14,738	85,130	
7	⊟幕之內便當	2,327	2,468	2,384	1,517	2,355	2,435	13,486	
8	港店	473	621	576	511	555	548	3,284	
9	青葉台店	598	597	591	487	540	645	3,458	
10	白浜店	582	586	616		620	562	2,966	
11	綠之丘店	674	664	601	519	640	680	3,778	
12	⊞鮭魚便當	2,817	3,003	2,921	2,749	3,059	2,920	17,469	
13	⊟燒烤便當	1,607	1,602	1,558	1,499	1,569	1,663	9,498	
14	港店	480	514	496	523	503	540	3,056	
15	白浜店	504	541	534	488	543	564	3,174	
16	綠之丘店	623	547	528	488	523	559	3,268	
17	⊞炸雞便當	3,072	3,591	3,492	3,128	3,636	3,494	20,413	
18	⊞糖醋豬肉便當	1,642	1,844	1,804	1,601	1,874	1,826	10,591	
19	⊞燒賣便當	2,044	2,428	2,287	2,176	2,338	2,400	13,673	
20	總計	19,611	21,838	21,334	18,707	21,653	21,499	124,642	

Memo 之後只要雙按滑鼠左鍵即可顯示

只要設定一次下探欄位，其他項目只要雙按滑鼠左鍵，就可以進行下探。左圖在「幕之內便當」雙按滑鼠左鍵後，設定「門市」欄位，所以「燒烤便當」只要雙按滑鼠左鍵，即可顯示門市詳細資料。

Hint 依其他欄位進行下探

只要設定一次下探欄位，其他欄位會新增在「列」區域。假如「要下探的是地區而非門市」時，請刪除「列」區域的「門市」欄位，重新下探「地區」欄位。

Keyword 上探

與下探相反，一邊整合詳細資料，一邊以較廣的觀點分析資料的手法，稱作「上探」。掌握事物的動向或趨勢，驗證原因時，就可以使用這種方法。

❷ 摺疊「燒烤便當」的詳細資料

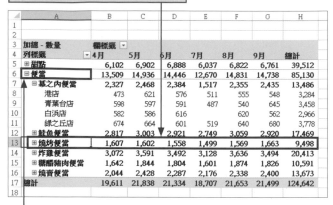

加總 - 數量　　欄標籤

列標籤	4月	5月	6月	7月	8月	9月	總計
⊞ 甜點	6,102	6,902	6,888	6,037	6,822	6,761	39,512
⊟ 便當	13,509	14,936	14,446	12,670	14,831	14,738	85,130
⊟ 幕之內便當	2,327	2,468	2,384	1,517	2,355	2,435	13,486
港店	473	621	576	511	555	548	3,284
青葉台店	598	597	591	487	540	645	3,458
白浜店	582	586	616		620	562	2,966
綠之丘店	674	664	601	519	640	680	3,778
⊞ 鮭魚便當	2,817	3,003	2,921	2,749	3,059	2,920	17,469
⊞ 燒烤便當	1,607	1,602	1,558	1,499	1,569	1,663	9,498
⊞ 炸雞便當	3,072	3,591	3,492	3,128	3,636	3,494	20,413
⊞ 糖醋豬肉便當	1,642	1,844	1,804	1,601	1,874	1,826	10,591
⊞ 燒賣便當	2,044	2,428	2,287	2,176	2,338	2,400	13,673
總計	19,611	21,838	21,334	18,707	21,653	21,499	124,642

❸ 在「便當」儲存格雙按滑鼠左鍵

❹「便當」以下的階層都摺疊起來

加總 - 數量　欄標籤

列標籤	4月	5月	6月	7月	8月	9月	總計
⊞ 甜點	6,102	6,902	6,888	6,037	6,822	6,761	39,512
⊞ 便當	13,509	14,936	14,446	12,670	14,831	14,738	85,130
總計	19,611	21,838	21,334	18,707	21,653	21,499	124,642

✎Memo 摺疊全部的欄位

重複操作展開、摺疊詳細資
料，有時樞紐分析表會變得
亂七八糟。選取最下層的儲
存格，按下數次**分析**頁次的
摺疊欄位鈕（Excel 2010／
2007 是**選項**頁次／**作用中
欄位／摺疊整個欄位**），即
可由下層開始依序摺疊全部
欄位。

❶ 選取「港店」儲存格

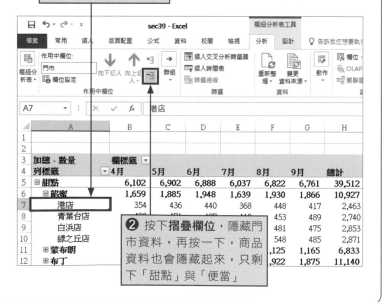

**❷ 按下摺疊欄位，隱藏門
市資料，再按一下，商品
資料也會隱藏起來，只剩
下「甜點」與「便當」**

第 **6** 章

利用各種計算方法統計資料

統計方法及計算種類概要

利用本單元記住操作重點

多個值欄位

一張統計表中，可以列出多種統計值，而且排列方法可以選擇橫排或直排其中一種 (請參考 Unit 42)，例如「數量與金額」、「金額加總與累計」等。

	A	B	C	D	E	F	G	H
1								
2								
3		欄標籤 ▼						
4		甜點		便當		加總 - 數量 的加總	加總 - 金額 的加總	
5	列標籤 ▼	加總 - 數量	加總 - 金額	加總 - 數量	加總 - 金額			
6	港店	7,388	1,429,890	19,594	8,897,560	26,982	10,327,450	
7	青葉台店	8,102	1,569,370	20,773	9,028,530	28,875	10,597,900	
8	白浜店	11,661	2,347,220	19,331	8,939,770	30,992	11,286,990	
9	綠之丘店	12,361	2,485,530	25,432	11,441,870	37,793	13,927,400	
10	總計	39,512	7,832,010	85,130	38,307,730	124,642	46,139,740	
11								

在一張統計表中可以統計「數量」與「金額」(請參考 Unit 42)

更改統計方法

統計數值資料欄位，可以計算加總。除此之外，還能更改成加總以外的統計方法。可選擇的統計方法包括：計數、平均、最大、最小等 (請參考 Unit 43)。

	A	B	C	D	E	F	G	H	I
1									
2									
3	明細件數	欄標籤 ▼							
4	列標籤 ▼	4月	5月	6月	7月	8月	9月	總計	
5	港店	64	72	72	64	72	72	416	
6	青葉台店	64	72	72	64	72	72	416	
7	白浜店	72	81	81	64	81	81	460	
8	綠之丘店	80	90	90	80	90	90	520	
9	總計	280	315	315	272	315	315	1812	
10									
11									

樞紐分析表欄位 ▼ ✕

選擇要新增到報表的欄位： ⚙ ▼

搜尋 🔍

☑ NO
☑ 日期
☐ 地區
☑ 門市
☐ 分類

在以下區域之間拖曳欄位：

統計資料筆數 (請參考 Unit 43)

設定計算種類

編修統計結果數值，執行各種計算。例如，把總計當作 100%，計算銷售結構比 (請參考 Unit 44～Unit 46)，或以上個月的銷售為基準，計算每月的上月比 (請參考 Unit 47)，還可以計算累計或排名 (請參考 Unit 48、Unit 49)。改變各種計算種類，即可增加以樞紐分析表分析資料的廣度。

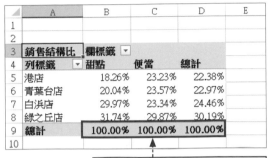

計算銷售結構比 (請參考 Unit 45)

計算銷售的上月比 (請參考 Unit 47)

計算銷售累計 (請參考 Unit 48)

計算銷售排名 (請參考 Unit 49)

增加新欄位或項目

列標籤	加總 - 數量	差分
炸雞便當	20,413	10,413
鮭魚便當	17,469	7,469
燒賣便當	13,673	3,673
幕之內便當	13,486	3,486
布丁	11,140	1,140
餡蜜	10,927	927
杏仁豆腐	10,612	612
糖醋豬肉便當	10,591	591
核算基準	10,000	
燒烤便當	9,498	-502
蒙布朗	6,833	-3,167

建立公式，可以新增統計來源沒有的新欄位 (請參考 Unit 50)。另外，在現有的欄位中，也可以增加新項目 (請參考 Unit 51)。只要組合這些功能，即可完成需要花點功夫的複雜計算 (請參考 Unit 52)。

在「商品」欄位中，新增「核算基準」項目，並建立「差分」欄位，計算核算基準與實際銷售差異

更改值欄位的名稱

更改項目名稱，調整成讓人一目瞭然的統計表

　　本單元要利用值欄位進行各種計算，顯示在樞紐分析表中的值欄位，是以「加總 – 數量」、「計數 – 數量」等組合統計方法及欄名來顯示標題。自動顯示的標題有時會讓人覺得冗長或無法瞭解計算內容。遇到這種狀況，請將值欄位的欄名更改成簡潔易懂的名稱。以下要將「列標籤」的名稱改成比較清楚的項目名稱。

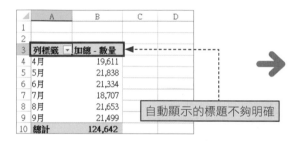

自動顯示的標題不夠明確

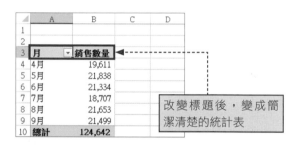

改變標題後，變成簡潔清楚的統計表

1　更改值欄位的欄名

📝 **Memo**　使用 Excel 2010／2007

如果是 Excel 2010，按下**選項**頁次的**作用中欄位**，即可確認／設定欄名。若是 Excel 2007，可以在**選項**頁次的**作用中欄位**，確認／設定欄名。

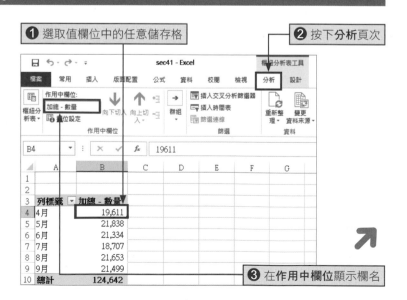

❶ 選取值欄位中的任意儲存格

❷ 按下**分析**頁次

❸ 在作用中欄位顯示欄名

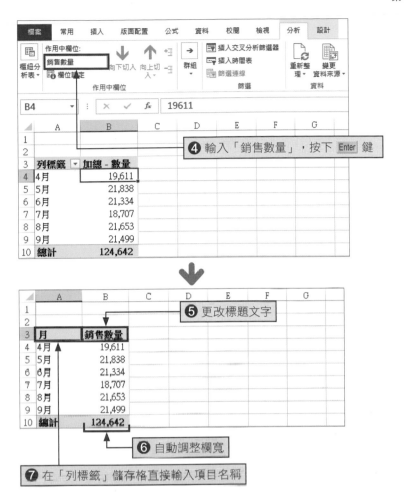

❹ 輸入「銷售數量」，按下 Enter 鍵

❺ 更改標題文字

❻ 自動調整欄寬

❼ 在「列標籤」儲存格直接輸入項目名稱

!Hint 可以直接編輯儲存格

按一下「加總－數量」的儲存格，輸入「銷售數量」，也可以更改欄名。但是這樣不會自動調整欄寬。

✎Memo 更改統計項目

在「列標題」輸入「月」之後，刪除「日期」欄位，配置其他欄位，「月」這個名稱不會產生變化。因此請記得適當修改「列標籤」或「欄標籤」的文字。

✎Memo 利用「值欄位設定」交談窗也可以修改欄名

更改統計方法時，開啟**值欄位設定**交談窗也可以更改欄名。如果要調整統計方法，請在這個交談窗內，一併更改欄名。交談窗的顯示及設定方法請參考 Unit 43 的說明。

統計數量及金額等兩個欄位

增加值欄位

用一張統計表計算「數量」與「金額」兩個欄位

在「值」區域配置多個欄位，可以在一張統計表內顯示多個統計結果。以下將配置「數量」欄位與「金額」欄位，統計「門市商品分類」資料。統計這兩個欄位，可以觀察「銷售金額與數量成正比」、「數量少但銷售金額高」等情況。「數量」與「金額」呈橫向排列，但也可以顯示成直向排列，請依照狀況來調整。

▼ 橫向排列的統計表

	A	B	C	D	E	F	G	H
1								
2								
3		欄標籤 ▼						
4		甜點		便當		加總 - 數量 的加總	加總 - 金額 的加總	
5	列標籤 ▼	加總 - 數量	加總 - 金額	加總 - 數量	加總 - 金額			
6	港店	7,388	1,429,890	19,594	8,897,560	26,982	10,327,450	
7	青葉台店	8,102	1,569,370	20,773	9,028,530	28,875	10,597,900	
8	白浜店	11,661	2,347,220	19,331	8,939,770	30,992	11,286,990	
9	綠之丘店	12,361	2,485,530	25,432	11,441,870	37,793	13,927,400	
10	總計	39,512	7,832,010	85,130	38,307,730	124,642	46,139,740	

統計「數量」與「金額」等兩個欄位，即可看出數量與銷售金額的關係

▼ 直向排列的統計表

	A	B	C	D	E
1					
2					
3		欄標籤 ▼			
4	列標籤 ▼	甜點	便當	總計	
5	港店				
6	加總 - 數量	7,388	19,594	26,982	
7	加總 - 金額	1,429,890	8,897,560	10,327,450	
8	青葉台店				
9	加總 - 數量	8,102	20,773	28,875	
10	加總 - 金額	1,569,370	9,028,530	10,597,900	
11	白浜店				
12	加總 - 數量	11,661	19,331	30,992	
13	加總 - 金額	2,347,220	8,939,770	11,286,990	
14	綠之丘店				
15	加總 - 數量	12,361	25,432	37,793	
16	加總 - 金額	2,485,530	11,441,870	13,927,400	
17	加總 - 數量 的加總	39,512	85,130	124,642	
18	加總 - 金額 的加總	7,832,010	38,307,730	46,139,740	

「數量」與「金額」的排列方法可以從橫向改成直向

① 在「值」區域增加第 2 個欄位

❶ 在「門市商品分類」
統計「金額」

❷ 選取樞紐分析表中的儲存格

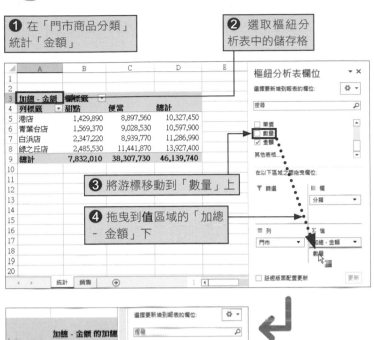

❸ 將游標移動到「數量」上

❹ 拖曳到**值**區域的「加總 - 金額」下

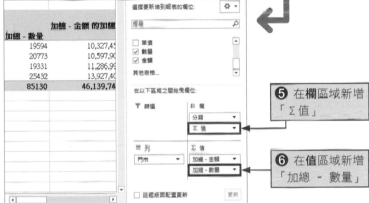

❺ 在**欄**區域新增「Σ 值」

❻ 在**值**區域新增「加總 - 數量」

❼ 欄標籤欄位的項目分別顯示「加總 - 金額」與「加總 - 數量」

	欄標籤		便當		加總 - 金額 的加總	加總 - 數量 的加總
	甜點					
列標籤	加總 - 金額	加總 - 數量	加總 - 金額	加總 - 數量		
港店	1,429,890	7,388	8,897,560	19,594	10,327,450	26,982
菁葉台店	1,569,370	8,102	9,028,530	20,773	10,597,900	28,875
白浜店	2,347,220	11,661	8,939,770	19,331	11,286,990	30,992
綠之丘店	2,485,530	12,361	11,441,870	25,432	13,927,400	37,793
總計	7,832,010	39,512	38,307,730	85,130	46,139,740	124,642

❽ 參考 Unit 17 的說明，設定千分位樣式

📝**Memo** 新增「Σ 值」

在「值」區域配置多個欄位時，會自動在「欄」區域新增「Σ 值」。這是用來改變統計值版面配置的欄位。

操作此欄位可以設定統計值的版面配置

⚠️**Hint** 改變顯示格式

如果要調整顯示格式，請參考 Unit 17 的說明進行設定。此時，選取「加總 - 數量」的一個數值儲存格來設定，可以一次設定所有數量的統計值。

❶ 選取其中一個數量儲存格，設定顯示格式

❷ 所有數量的儲存格都會套用相同顯示格式

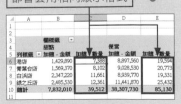

2 改變「金額」與「數量」的順序

✐Memo 上面的欄位會顯示在左邊

在**值**區域配置多個欄位時，配置在上面的欄位會顯示在樞紐分析表的左邊。下圖由上往下配置了「加總 - 數量」、「加總 - 金額」，所以樞紐分析表左起依序顯示為「加總 - 數量」、「加總 - 金額」。

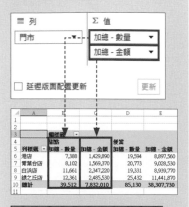

上面的欄位顯示在左邊，下面的欄位顯示在右邊

①Hint 可以直接拖曳儲存格

拖曳「加總 - 金額」儲存格，到「加總 - 數量」儲存格右邊顯示粗線的位置放開，也可以交換「加總 - 金額」及「加總 - 數量」的順序。只要拖曳其中一個部分，就能改變全部「加總 - 金額」及「加總 - 數量」的順序。

將金額儲存格拖曳到數量的右邊

❶ 目前是依「加總 - 金額」及「加總 - 數量」排列

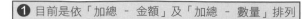

❷ 選取樞紐分析表中的儲存格

❸ 拖曳「加總 - 金額」，移動到「加總 - 數量」的下方

❹ 顛倒「加總 - 金額」與「加總 - 數量」的順序

	欄標籤				加總 - 數量 的加總
	甜點		便當		
列標籤	加總 - 數量	加總 - 金額	加總 - 數量	加總 - 金額	
港店	7,388	1,429,890	19,594	8,897,560	26,982
青葉台店	8,102	1,569,370	20,773	9,028,530	28,875
白浜店	11,661	2,347,220	19,331	8,939,770	30,992
綠之丘店	12,361	2,485,530	25,432	11,441,870	37,793
總計	39,512	7,832,010	85,130	38,307,730	124,642

③ 將統計值的版面配置由橫向改成直向

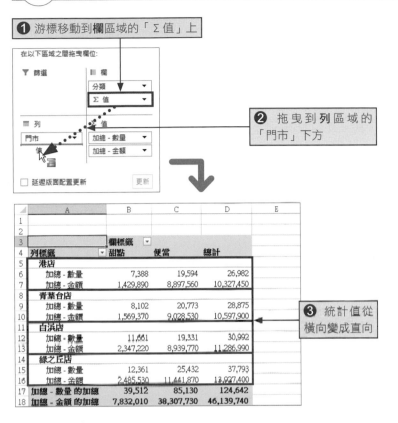

❶ 游標移動到欄區域的「Σ值」上

❷ 拖曳到**列**區域的「門市」下方

❸ 統計值從橫向變成直向

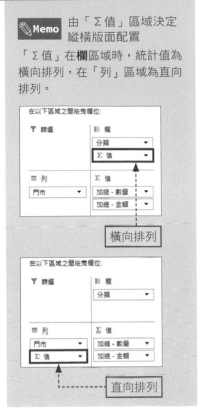

Memo 由「Σ值」區域決定縱橫版面配置

「Σ值」在**欄**區域時，統計值為橫向排列，在「**列**」區域為直向排列。

橫向排列

直向排列

!Hint 利用「Σ值」的上下位置改變階層結構

在**欄**區域或**列**區域中，把「Σ值」放在其他欄位上或下，會改變統計表的階層。例如，依照「Σ值」與「門市」的順序配置，統計表的下層就會顯示成門市。

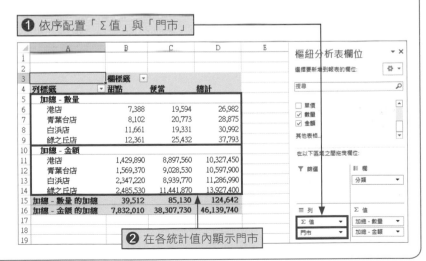

❶ 依序配置「Σ值」與「門市」

❷ 在各統計值內顯示門市

計算資料筆數

改變統計方法

利用「計數」可以瞭解「明細件數」及「訂單件數」

在樞紐分析表中的「值」區域配置數值欄位，可以計算出加總，配置文字欄位，能算出資料筆數。但是，根據分析目的，也可能需要以自動加總以外的方法來統計資料。統計方法包括加總、計數、平均值、最大、最小等，設定完成後，仍可以隨意調整。改變統計方法，可以計算出問卷調查中，各年齡的作答者人數 (計數)，或從考試資料中，算出選取科目的平均值、最大、最小等各種統計結果。以下將使用「計數」，計算各門市的「明細件數」。

	A	B	C	D	E	F	G	H	I
1									
2									
3	加總 - NO	欄標籤 ▼							
4	列標籤 ▼	4月	5月	6月	7月	8月	9月	總計	
5	港店	8704	31212	53892	66656	96156	118836	375456	
6	青葉台店	9856	32508	55188	67808	97452	120132	382944	
7	白浜店	9180	34425	59940	66144	107487	133002	410178	
8	綠之丘店	11600	39825	68175	84040	121005	149355	474000	
9	總計	39340	137970	237195	284648	422100	521325	1642578	
10									

在值欄位配置「NO」(明細編號)，計算加總，但是「NO」的加總是毫無意義的數值

把欄位名稱改成「明細件數」，即可傳達這份統計資料的意義

	A	B	C	D	E	F	G	I
1								
2								
3	明細件數	欄標籤 ▼						
4	列標籤 ▼	4月	5月	6月	7月	8月	9月	總計
5	港店	64	72	72	64	72	72	416
6	青葉台店	64	72	72	64	72	72	416
7	白浜店	72	81	81	64	81	81	460
8	綠之丘店	80	90	90	80	90	90	520
9	總計	280	315	315	272	315	315	1812
10								

將統計方法從「加總」改變成「計數」，可以算出各門市每月的明細件數

① 確認目前的統計方法

❶ 顯示統計來源表格，確認「NO」欄裡已經輸入數值

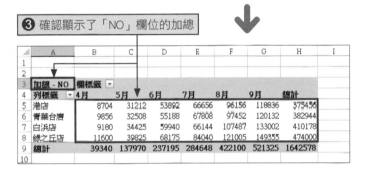

❷ 按下樞紐分析表所在的工作表名稱 (本範例是「統計」工作表)

❸ 確認顯示了「NO」欄位的加總

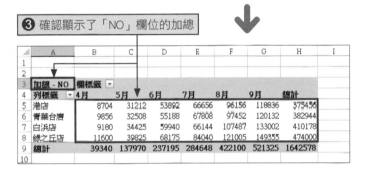

📝 **Memo** 使用「NO」計算件數

若要計算記錄數量，必須利用沒有空欄的欄位計算資料。一般會使用如「NO」這種已經輸入記錄固定值的欄位。

📝 **Memo** 根據資料種類決定統計方法

在樞紐分析表中，於**值**區域配置數值欄位時，會自動計算出加總。這個範例配置了輸入數值的「NO」欄位，所以統計出「NO」的數值。

---

② 更改統計方法

❶ 選取值欄位的任意儲存格

❷ 按下**分析**頁次

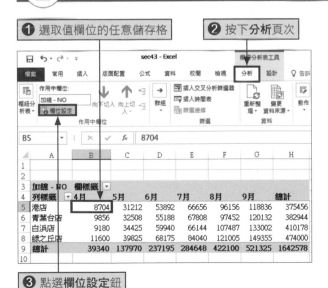

❸ 點選欄位設定鈕

📝 **Memo** 使用 Excel 2010／Excel 2007

如果是 Excel 2010，請依序按下**選項**頁次／**作用中欄位**／**欄位設定**，取代步驟 ❷～❸。若是 Excel 2007，請在**選項**頁次中，按一下**作用中欄位**區的**欄位設定**，取代步驟 ❷～❸。

Memo Excel 2010 可以在功能頁次完成設定

在 Excel 2010 依序按下**選項**頁次的**計算**／**摘要值方式**／**項目個數**，也可以計算資料的數量。

	8月	9月	總計
6	96156	118836	375456

(!)Hint 統計方法的種類

在**值欄位設定**交談窗中，可以選擇計數、平均值、最大、最小、乘積、數字項個數、標準差、母體標準差、變異數、母體變異值等方法。

 Memo 改變統計方法並更改名稱

將統計方法改成「計數」之後，欄名會自動變成「計數 - NO」。即使先輸入「明細件數」，一旦更改統計方法，仍會自動改變名稱，所以請先設定統計方法，再輸入欄名。

1 欄名自動變化

2 改變統計方法

4 開啟值欄位設定交談窗

5 切換到**摘要值方式**頁次

6 點選**計數**

7 輸入「明細件數」當作欄名

8 按下**確定**鈕

9 計算「NO」欄位的資料筆數

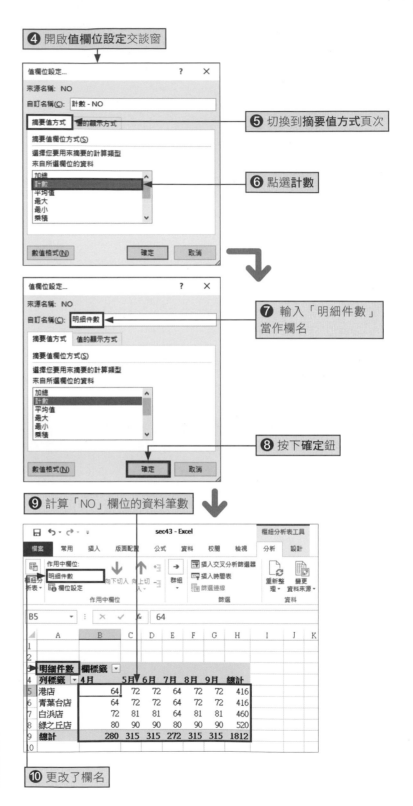

列標籤	4月	5月	6月	7月	8月	9月	總計
港店	64	72	72	64	72	72	416
青葉台店	64	72	72	64	72	72	416
白浜店	72	81	81	64	81	81	460
綠之丘店	80	90	90	80	90	90	520
總計	280	315	315	272	315	315	1812

10 更改了欄名

①Hint 還可以使用鍵盤快速鍵

在值欄位的任意儲存格按下滑鼠右鍵，利用**摘要值方式**的子選單，也可以更改統計方法。選項只有加總、項目個數、平均值、最大值、最小值、乘積等 6 種，但是可以比交談窗更快完成設定。

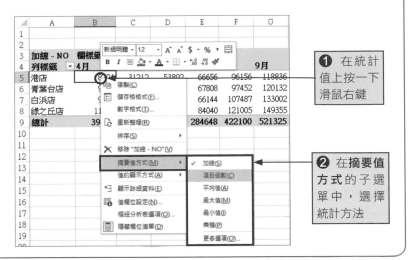

❶ 在統計值上按一下滑鼠右鍵

❷ 在**摘要值方式**的子選單中，選擇統計方法

①Hint 以多個統計方法計算相同欄位

有時需要以考試分數資料為主，計算「分數」的平均值、最高分、最低分。此時，將「分數」欄位拖曳至「值」區域 3 次。在統計表中，會顯示「加總 – 分數」、「加總 – 分數 2」、「加總 – 分數 3」等 3 欄。接著分別將統計方法改成「平均值」、「最大」、「最小」，參考 Unit 17，將平均分數設定成小數點以下 1 位數。

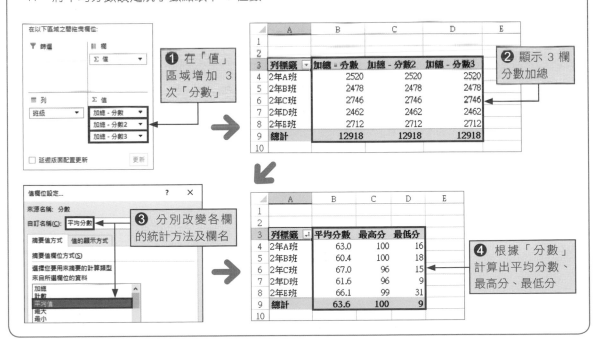

❶ 在「值」區域增加 3 次「分數」

❷ 顯示 3 欄分數加總

列標籤	加總 - 分數	加總 - 分數2	加總 - 分數3
2年A班	2520	2520	2520
2年B班	2478	2478	2478
2年C班	2746	2746	2746
2年D班	2462	2462	2462
2年E班	2712	2712	2712
總計	12918	12918	12918

❸ 分別改變各欄的統計方法及欄名

列標籤	平均分數	最高分	最低分
2年A班	63.0	100	16
2年B班	60.4	100	18
2年C班	67.0	96	15
2年D班	61.6	96	9
2年E班	66.1	99	31
總計	63.6	100	9

❹ 根據「分數」計算出平均分數、最高分、最低分

Unit 44 以總計為基準計算銷售結構比

總計百分比

瞭解各地區各商品的銷售趨勢

如果想分析各商品或各地區對整體銷售的貢獻度，與其比較銷售金額，不如**比較占整體比例**
（**結構比**）更為明確。在樞紐分析表中，可以使用加總或計數等統計結果來計算出比例。以下要
計算各地區、各商品占整體銷售的銷售結構比。在「值的顯示方式」設定「**總計百分比**」，會以
交叉統計表的右下方「總計」為 100%，顯示各儲存格的比例。

▼原本的統計表

▲ 不清楚哪個地區的哪種商品貢獻度較高

▼計算總計百分比

以總計（D9 儲存格）為 100%，計算銷售結構比，即可清楚掌握貢獻度

① 計算總計百分比

Memo 使用 Excel 2010／2007

如果是 Excel 2010，依序按下**選項**頁次的**作用中欄位／欄位設定**，取代步驟 ❷～❸。
若是 Excel 2007，請在**選項**頁次中，按下**作用中欄位**區的**欄位設定**，取代步驟 ❷～❸。並且選擇「**總計百分比**」，取代步驟 ❻。

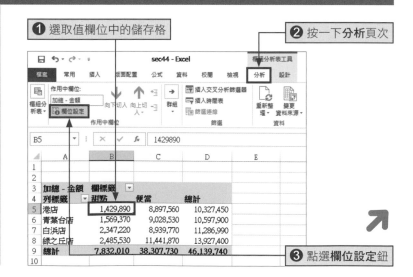

❶ 選取值欄位中的儲存格

❷ 按一下**分析**頁次

❸ 點選**欄位設定**鈕

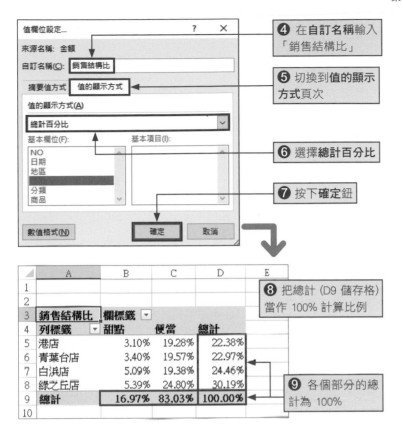

④ 在**自訂名稱**輸入「銷售結構比」

⑤ 切換到**值的顯示方式**頁次

⑥ 選擇**總計百分比**

⑦ 按下**確定**鈕

⑧ 把總計 (D9 儲存格) 當作 100% 計算比例

⑨ 各個部分的總計為 100%

Memo 「摘要值方式」與「值的顯示方式」之差異

在值欄位中，可以設定**摘要值方式** (請參考 Unit 43) 與**值的顯示方式**等兩種方式。**摘要值方式**是統計資料庫的記錄，設定計算時的方法，可以選擇加總、計數、平均值等方式。而**值的顯示方式**是以計算出來的總計或資料個數等數值為基礎，計算比例或累計的功能。**值的顯示方式**在預設狀態為「無計算」，此時會直接顯示**摘要值方式**設定的計算結果。

Hint 讓值的顯示方式恢復原狀

在**值欄位設定**交談窗的**值的顯示方式**頁次中，將**值的顯示方式**設定為**無計算**，即可恢復原狀。

Hint 配合目的選擇值的顯示方式

下表是在**值欄位設定**交談窗的**值的顯示方式**頁次中，可以設定的主要種類。請依照目的來選擇適當的選項。

值的顯示方式	說明 (使用範例說明的章節)
無計算	直接顯示**摘要值方式**設定的計算結果
總計百分比	以總計 (表右下方的儲存格) 為 100% 來顯示比例 (請參考 Unit 44)
欄總和百分比	各欄總計分別為 100%，顯示各欄比例 (請參考 Unit 45)
列總和百分比	各列總計分別為 100%，顯示各列比例 (請參考 Unit 45)
百分比	以「基本欄位」的「基本項目」設定值為 100% 來顯示比例 (請參考 Unit 47)
差異	顯示與「基本欄位」的「基本項目」設定值之間的差異 (請參考 Unit 52)
差異百分比	以「基本欄位」的「基本項目」設定值為 100%，顯示計算出來的比例減去 100% 後的數值 (請參考 Unit 47)
父項總和百分比	以「基本欄位」設定值為 100% 來顯示比例 (請參考 Unit 46)
計算加總至	顯示「基本欄位」的數值累計 (請參考 Unit 48)
最小到最大排列	由小到大顯示欄位的數值 (請參考 Unit 49)
最大到最小排列	由大到小顯示欄位的數值 (請參考 Unit 49)

以加總列為基準 計算銷售結構比

欄總和百分比

清楚掌控各門市的貢獻度

在 Unit 44 計算出以總計為 100% 的銷售結構比，不過設定成「**欄總和百分比**」或「**列總和百分比**」，可以分別求出**各欄或各列的銷售結構比**。在門市商品交叉統計表中，把各商品的銷售總計當作 100% 來計算比例，即可像「門市甜點銷售結構比」或「門市便當銷售結構比」等，計算出各商品的銷售結構比。按照商品調查哪間門市對銷售有貢獻。

▼原本的統計表

▼計算欄總和百分比

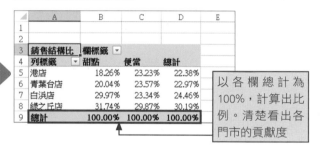

以各欄總計為 100%，計算出比例。清楚看出各門市的貢獻度

計算欄總和百分比

📝Memo 使用 Excel 2010／2007

如果是 Excel 2010，依序按下**選項**頁次的**作用中欄位／欄位設定**，取代步驟 ❷～❸。
若是 Excel 2007，請在**選項**頁次中，按下**作用中欄位**區的**欄位設定**，取代步驟 ❷～❸。並且選擇「總欄數的百分比」，取代步驟 ❻。

❶ 選取值欄位中的任意儲存格

❷ 按下分析頁次

❸ 點選欄位設定鈕

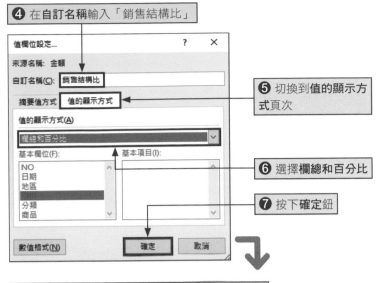

④ 在**自訂名稱**輸入「銷售結構比」

⑤ 切換到**值的顯示方式**頁次

⑥ 選擇**欄總和百分比**

⑦ 按下**確定**鈕

①Hint 可以使用滑鼠右鍵

在值欄位中的儲存格按一下滑鼠右鍵，在**值的顯示方式**子選單中，也可以改變種類。

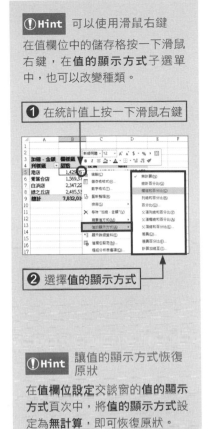

① 在統計值上按一下滑鼠右鍵

② 選擇**值的顯示方式**

①Hint 讓值的顯示方式恢復原狀

在**值欄位設定**交談窗的**值的顯示方式**頁次中，將值的顯示方式設定為**無計算**，即可恢復原狀。

⑧ 把總計 (B9:D9 儲存格) 當作 100% 計算比例

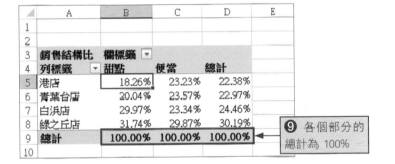

	A	B	C	D	E
1					
2					
3	**銷售結構比**	**欄標籤** ▼			
4	**列標籤** ▼	**甜點**	**便當**	**總計**	
5	港店	18.26%	23.23%	22.38%	
6	青葉台店	20.04%	23.57%	22.97%	
7	白浜店	29.97%	23.34%	24.46%	
8	綠之丘店	31.74%	29.87%	30.19%	
9	**總計**	**100.00%**	**100.00%**	**100.00%**	
10					

⑨ 各個部分的總計為 100%

---

①Hint 計算列總和百分比

這個範例設定了**欄總和百分比**，不過若設定成**列總和百分比**（Excel 2007 是設定「總列數的百分比」），可以將各門市的銷售總計當作 100%，計算出銷售結構比。依照各門市調查哪種商品對銷售比較有貢獻。

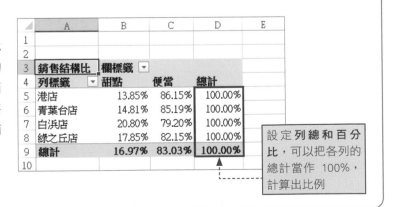

	A	B	C	D	E
1					
2					
3	**銷售結構比**	**欄標籤** ▼			
4	**列標籤** ▼	**甜點**	**便當**	**總計**	
5	港店	13.85%	86.15%	100.00%	
6	青葉台店	14.81%	85.19%	100.00%	
7	白浜店	20.80%	79.20%	100.00%	
8	綠之丘店	17.85%	82.15%	100.00%	
9	**總計**	**16.97%**	**83.03%**	**100.00%**	
10					

設定**列總和百分比**，可以把各列的總計當作 100%，計算出比例

以小計列為基準
計算銷售結構比

父項總和百分比

依照階層計算銷售結構比

在階層結構統計表中，以「**父項總和百分比**」來進行統計，可以把小計當作 100%，**依照階層計算結構比例**。以下將以在列標籤欄位配置「商品分類」及「商品」的統計表，計算各商品分類的商品銷售結構比。設定「父項總和百分比」時，主要關鍵取決於要把「基本欄位」設定成「分類」。

▼ 原本的統計表　　　　　　　　　　　　　▼ 計算父項總和百分比

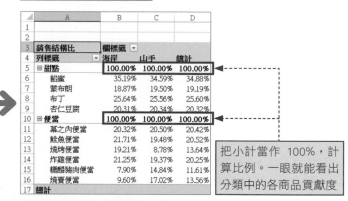

把小計當作 100%，計算比例。一眼就能看出分類中的各商品貢獻度

---

1 計算父項總和百分比

Memo 使用 Excel 2010

如果是 Excel 2010，依序按下**選項**頁次的**作用中欄位／欄位設定**，取代步驟 **2**～**3**。

❶ 選取值欄位中的任意儲存格

❷ 按下**分析**頁次

❸ 點選**欄位設定**鈕

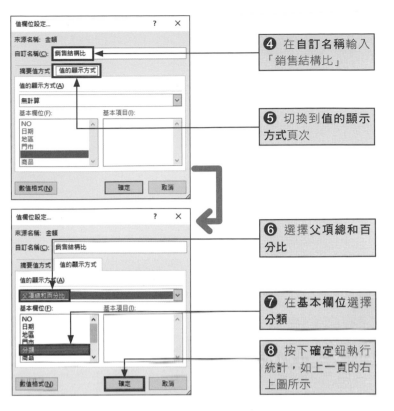

④ 在**自訂名稱**輸入「銷售結構比」

⑤ 切換到**值的顯示方式**頁次

⑥ 選擇**父項總和百分比**

⑦ 在**基本欄位**選擇**分類**

⑧ 按下**確定**鈕執行統計，如上一頁的右上圖所示

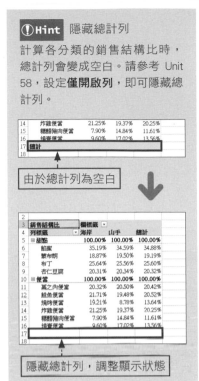

①Hint 隱藏總計列

計算各分類的銷售結構比時，總計列會變成空白。請參考 Unit 58，設定**僅開啟列**，即可隱藏總計列。

14	炸雞便當	21.25%	19.37%	20.25%
15	糖醋豬肉便當	7.90%	14.84%	11.61%
16	燒賣便當	9.60%	17.02%	13.56%
17	總計			
18				

由於總計列為空白

2				
3	**銷售結構比**	欄標籤		
4	列標籤	海岸	山手	總計
5	⊟**甜點**	100.00%	100.00%	100.00%
6	餡蜜	35.19%	34.59%	34.88%
7	蒙布朗	18.87%	19.50%	19.19%
8	布丁	25.64%	25.56%	25.60%
9	杏仁豆腐	20.31%	20.34%	20.32%
10	⊟**便當**	100.00%	100.00%	100.00%
11	幕之內便當	20.32%	20.50%	20.42%
12	鮭魚便當	21.71%	19.48%	20.52%
13	燒烤便當	19.21%	8.78%	13.64%
14	炸雞便當	21.25%	19.37%	20.25%
15	糖醋豬肉便當	7.90%	14.84%	11.61%
16	燒賣便當	9.60%	17.02%	13.56%
17				
18				

隱藏總計列，調整顯示狀態

①Hint 「**基本欄位**」要設定以列或欄的小計為基準

計算父項總和百分比時，必須在**基本欄位**設定要當作計算基準的欄位。在列與欄兩者都有小計的統計表，請在**基本欄位**中，設定列小計或欄小計。右圖是在**基本欄位**設定「地區」的統計表。

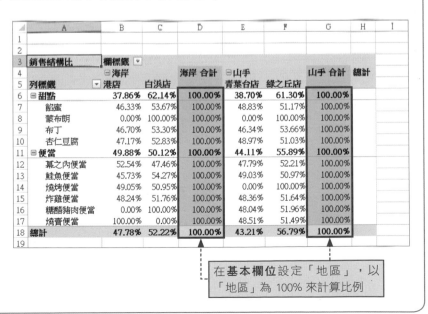

	A	B	C	D	E	F	G	H	I
1									
2									
3	**銷售結構比**	欄標籤							
4		⊟海岸		海岸 合計	⊟山手		山手 合計	總計	
5	列標籤	港店	白浜店		青葉台店	綠之丘店			
6	⊟**甜點**	37.86%	62.14%	**100.00%**	38.70%	61.30%	**100.00%**		
7	餡蜜	46.33%	53.67%	100.00%	48.83%	51.17%	100.00%		
8	蒙布朗	0.00%	100.00%	100.00%	0.00%	100.00%	100.00%		
9	布丁	46.70%	53.30%	100.00%	46.34%	53.66%	100.00%		
10	杏仁豆腐	47.17%	52.83%	100.00%	48.97%	51.03%	100.00%		
11	⊟**便當**	49.88%	50.12%	**100.00%**	44.11%	55.89%	**100.00%**		
12	幕之內便當	52.54%	47.46%	100.00%	47.79%	52.21%	100.00%		
13	鮭魚便當	45.73%	54.27%	100.00%	49.03%	50.97%	100.00%		
14	燒烤便當	49.05%	50.95%	100.00%	0.00%	100.00%	100.00%		
15	炸雞便當	48.24%	51.76%	100.00%	48.36%	51.64%	100.00%		
16	糖醋豬肉便當	0.00%	100.00%	100.00%	48.04%	51.96%	100.00%		
17	燒賣便當	100.00%	0.00%	100.00%	48.51%	51.49%	100.00%		
18	總計	47.78%	52.22%	**100.00%**	43.21%	56.79%	**100.00%**		
19									

在**基本欄位**設定「地區」，以「地區」為 100% 來計算比例

計算上月比

以上個月為基準計算比例，可以瞭解銷售成長幅度

　　如果想分析每月的業績成長幅度，可以使用「百分比」計算方法，計算出以上個月銷售額為基準的比例。「大於 100% 代表正成長」、「低於 100% 代表負成長」，這樣就能一眼看出成長幅度。如下圖所示，顯示銷售及比例，即可製作出銷售與成長幅度一目瞭然的統計表。

▼ 原本的統計表

	A	B	C	D
1				
2				
3	列標籤 ▼	加總 - 金額	加總 - 金額2	
4	4月	7,347,420	7347420	
5	5月	8,094,480	8094480	
6	6月	7,876,850	7876850	
7	7月	6,819,540	6819540	
8	8月	8,015,310	8015310	
9	9月	7,986,140	7986140	
10	總計	46,139,740	46139740	
11				

▼ 計算百分比

	A	B	C	D
1				
2				
3	列標籤 ▼	加總 - 金額	上月比	
4	4月	7,347,420	100.00%	
5	5月	8,094,480	110.17%	
6	6月	7,876,850	97.31%	
7	7月	6,819,540	86.58%	
8	8月	8,015,310	117.53%	
9	9月	7,986,140	99.64%	
10	總計	46,139,740		
11				

以上個月的銷售金額為 100%，計算比例。一眼看出與上個月相比的成長幅度

① 計算百分比

📝 **Memo** 新增 2 次「金額」欄位
在「值」區域配置相同欄位時，為了區別各個欄位，會在欄名末尾加上數字，如「加總 - 金額2」。這個範例在「值」區域新增了 2 次「金額」欄位，其中一個顯示銷售金額，另一個用來計算與上月比。

❶ 配置 2 個「金額」欄位

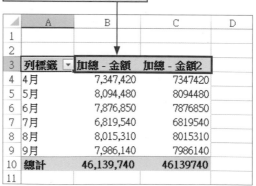

	A	B	C	D
1				
2				
3	列標籤 ▼	加總 - 金額	加總 - 金額2	
4	4月	7,347,420	7347420	
5	5月	8,094,480	8094480	
6	6月	7,876,850	7876850	
7	7月	6,819,540	6819540	
8	8月	8,015,310	8015310	
9	9月	7,986,140	7986140	
10	總計	46,139,740	46139740	
11				

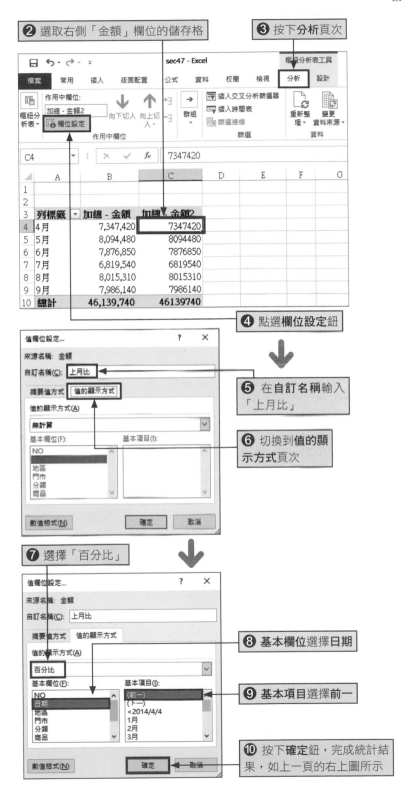

❷ 選取右側「金額」欄位的儲存格

❸ 按下**分析**頁次

❹ 點選**欄位設定**鈕

❺ 在**自訂名稱**輸入「上月比」

❻ 切換到**值的顯示方式**頁次

❼ 選擇「百分比」

❽ **基本欄位**選擇**日期**

❾ **基本項目**選擇**前一**

❿ 按下**確定**鈕，完成統計結果，如上一頁的右上圖所示

Memo 使用 Excel 2010／2007

如果是 Excel 2010，依序按下**選項**頁次的**作用中欄位／欄位設定**，取代步驟 ❸～❹。
若是 Excel 2007，請在**選項**頁次中，按下**作用中欄位**區的**欄位設定**，取代步驟 ❸～❹。

Hint 計算「成長率」

在**值的顯示方式**設定**差異百分比**，**基本欄位**設定**日期**，**基本項目**設定**前一**，可以計算成長率。成長率是，上月比減去「100%」的數值。例如，上月比為「110.17%」，成長率就是「10.17%」。

▲	A	B	C	D
1				
2				
3	列標籤 ▼	加總 - 金額	成長率	
4	4月	7,347,420		
5	5月	8,094,480	10.17%	
6	6月	7,876,850	-2.69%	
7	7月	6,819,540	-13.42%	
8	8月	8,015,310	17.53%	
9	9月	7,986,140	-0.36%	
10	總計	46,139,740		
11				

如果是正值，即可判斷銷售成長，若是負值，表示銷售衰退

Hint 讓值的顯示方式恢復原狀

在**值欄位設定**交談窗的**值的顯示方式**頁次中，將**值的顯示方式**設定為**無計算**，即可恢復原狀。

計算銷售累計

計算加總至

計算累計就能一眼看出達成半年目標的月份！

樞紐分析表具有計算累計的功能。算出每月銷售累計，就能輕易執行「第 5 個月就達成半年目標 3,500 萬元」、「還差 2,000 萬元就能達到年銷售目標」等分析。另外，如果必須在有限預算或經費等內完成工作，只要計算出累計，就能輕鬆管理。在各種情況累計資料都能派上用場，所以請先記住計算方法。

▼ 原本的統計表　　　　　　　　　　　　　　　　　　▼ 計算累計

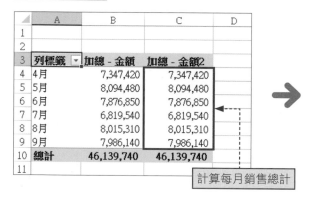

	A	B	C	D
1				
2				
3	列標籤 ▼	加總 - 金額	加總 - 金額2	
4	4月	7,347,420	7,347,420	
5	5月	8,094,480	8,094,480	
6	6月	7,876,850	7,876,850	
7	7月	6,819,540	6,819,540	
8	8月	8,015,310	8,015,310	
9	9月	7,986,140	7,986,140	
10	總計	46,139,740	46,139,740	
11				

計算每月銷售總計

	A	B	C	D
1				
2				
3	列標籤 ▼	加總 - 金額	累計	
4	4月	7,347,420	7,347,420	
5	5月	8,094,480	15,441,900	
6	6月	7,876,850	23,318,750	
7	7月	6,819,540	30,138,290	
8	8月	8,015,310	38,153,600	
9	9月	7,986,140	46,139,740	
10	總計	46,139,740		
11				

計算累計，即可瞭解到這個月為止的銷售總計

1　計算加總至

📝Memo　新增 2 次「金額」欄

在「值」區域配置相同欄位時，為了區別各個欄位，會在欄名末尾加上數字，如「加總 - 金額 2」。這個範例在「值」區域新增了 2 次「金額」欄位，其中一個顯示銷售金額，另一個用來計算累計。

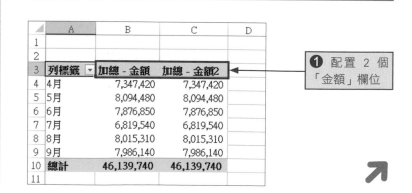

	A	B	C	D
1				
2				
3	列標籤 ▼	加總 - 金額	加總 - 金額2	
4	4月	7,347,420	7,347,420	
5	5月	8,094,480	8,094,480	
6	6月	7,876,850	7,876,850	
7	7月	6,819,540	6,819,540	
8	8月	8,015,310	8,015,310	
9	9月	7,986,140	7,986,140	
10	總計	46,139,740	46,139,740	
11				

❶ 配置 2 個「金額」欄位

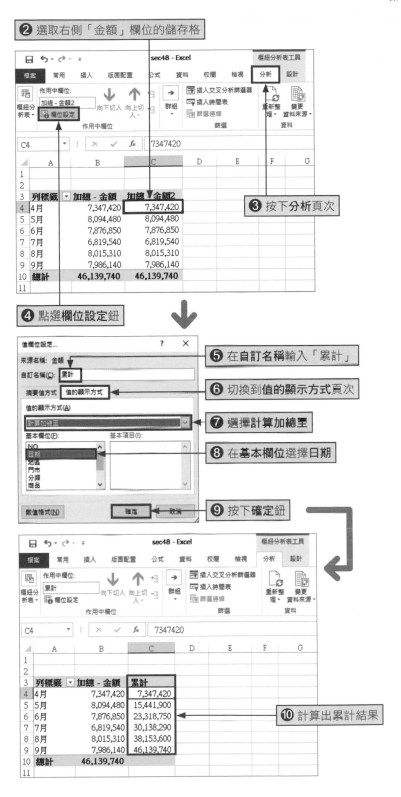

❷ 選取右側「金額」欄位的儲存格

❸ 按下分析頁次

❹ 點選欄位設定鈕

❺ 在自訂名稱輸入「累計」

❻ 切換到值的顯示方式頁次

❼ 選擇計算加總至

❽ 在基本欄位選擇日期

❾ 按下確定鈕

❿ 計算出累計結果

✎ Memo　使用 Excel 2010／2007

如果是 Excel 2010，依序按下選項頁次的作用中欄位/欄位設定，取代步驟 ❸〜❹。
若是 Excel 2007，請在選項頁次中，按下作用中欄位區的欄位設定，取代步驟 ❸〜❹。

⚠ Hint　交叉統計表可選擇累計方向

這個單元是在 1 維統計表顯示累計結果，如果是交叉統計表，可以在基本欄位設定累計的方向為直向或橫向。

在基本欄位設定日期，會變成直向累計

在基本欄位設定地區，會變成橫向累計

Unit
49

由高至低計算出銷售順序

2016
2013
2010

計算排名

依照地區排序即可瞭解地區排名及整體排名！

使用**排序** (請參考 Unit 24) 功能，可以輕易瞭解熱門商品或業績較好的門市。由於 Excel 2016／2013／2010 提供了顯示**排名**的功能，看起來就更清楚了。尤其是下圖這種交叉統計表，依照總計排序商品，可以瞭解整體排名，但是只看銷售金額，很難掌控整體排名與各地區排名的關係。如果能按照各個地區排名，即可輕易分析出「在海岸地區銷售第一名的鮭魚便當，整體排名也是第一名。」、「蒙布朗都是最後 1 名。」等。加上編號「1、2、3⋯」，就能**直接傳達各地區商品的定位**。

▼ 原本的統計表

	A	B	C	D	E	F	G
1							
2							
3		欄標籤 ▼					
4		海岸		山手		加總 - 金額 的加總	加總 - 金額2 的加總
5	列標籤 ▼	加總 - 金額	加總 - 金額2	加總 - 金額	加總 - 金額2		
6	鮭魚便當	3,873,150	3873150	3,987,900	3987900	7,861,050	7861050
7	幕之內便當	3,625,000	3625000	4,196,880	4196880	7,821,880	7821880
8	炸雞便當	3,790,880	3790880	3,966,060	3966060	7,756,940	7756940
9	燒烤便當	3,426,500	3426500	1,797,400	1797400	5,223,900	5223900
10	燒賣便當	1,712,280	1712280	3,483,460	3483460	5,195,740	5195740
11	糖醋豬肉便當	1,409,520	1409520	3,038,700	3038700	4,448,220	4448220
12	餡蜜	1,329,000	1329000	1,402,750	1402750	2,731,750	2731750
13	布丁	968,580	968580	1,036,620	1036620	2,005,200	2005200
14	杏仁豆腐	766,950	766950	824,850	824850	1,591,800	1591800
15	蒙布朗	712,580	712580	790,680	790680	1,503,260	1503260
16	總計	21,614,440	21614440	24,525,300	24525300	46,139,740	46139740

只依照總計高低排名，無法掌握與各地區排名的關係。先增加 2 個「金額」欄位，當作依照各地區排名的準備

▼ 加上排名

	A	B	C	D	E	F	G
1							
2							
3		欄標籤 ▼					
4		海岸		山手		加總 - 金額 的加總	排名 的加總
5	列標籤 ▼	加總 - 金額	排名	加總 - 金額	排名		
6	鮭魚便當	3,873,150	1	3,987,900	2	7,861,050	1
7	幕之內便當	3,625,000	3	4,196,880	1	7,821,880	2
8	炸雞便當	3,790,880	2	3,966,060	3	7,756,940	3
9	燒烤便當	3,426,500	4	1,797,400	6	5,223,900	4
10	燒賣便當	1,712,280	5	3,483,460	4	5,195,740	5
11	糖醋豬肉便當	1,409,520	6	3,038,700	5	4,448,220	6
12	餡蜜	1,329,000	7	1,402,750	7	2,731,750	7
13	布丁	968,580	8	1,036,620	8	2,005,200	8
14	杏仁豆腐	766,950	9	824,850	9	1,591,800	9
15	蒙布朗	712,580	10	790,680	10	1,503,260	10
16	總計	21,614,440		24,525,300		46,139,740	

依照各地區排名，可以清楚顯示與整體排名的關係

① 列出排名

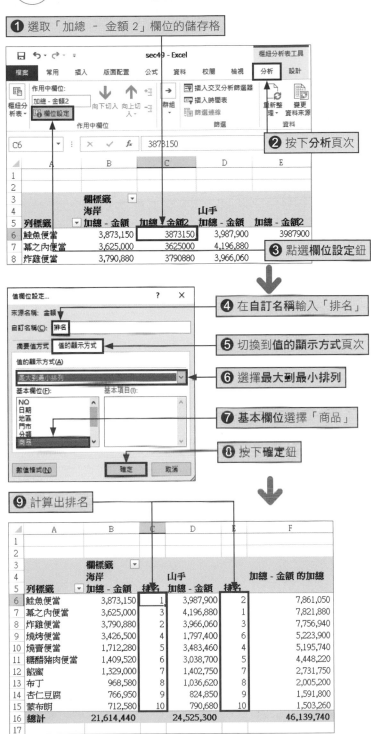

❶ 選取「加總 - 金額 2」欄位的儲存格

❷ 按下分析頁次

❸ 點選欄位設定鈕

❹ 在自訂名稱輸入「排名」

❺ 切換到值的顯示方式頁次

❻ 選擇最大到最小排列

❼ 基本欄位選擇「商品」

❽ 按下確定鈕

❾ 計算出排名

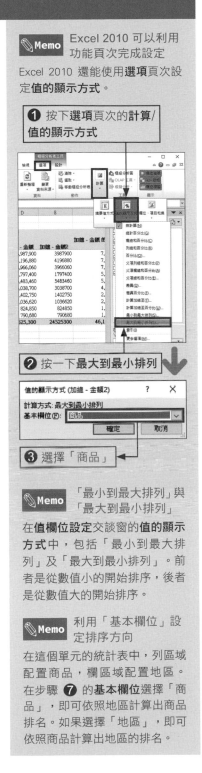

Memo Excel 2010 可以利用功能頁次完成設定

Excel 2010 還能使用**選項**頁次設定**值**的顯示方式。

❶ 按下**選項**頁次的計算/值的顯示方式

❷ 按一下**最大到最小排列**

❸ 選擇「商品」

Memo 「最小到最大排列」與「最大到最小排列」

在**值欄位設定**交談窗的**值的顯示方式**中，包括「最小到最大排列」及「最大到最小排列」。前者是從數值小的開始排序，後者是從數值大的開始排序。

Memo 利用「基本欄位」設定排序方向

在這個單元的統計表中，列區域配置商品，欄區域配置地區。在步驟 ❼ 的**基本欄位**選擇「商品」，即可依照地區計算出商品排名。如果選擇「地區」，即可依照商品計算出地區的排名。

以金額欄位為主，計算並建立新欄位

插入計算欄位

在樞紐分析表中能以計算結果來進行計算

有時會需要使用樞紐分析表的計算結果來進行計算。此時，計算欄位功能就能派上用場。使用這個功能，可以根據計算結果，在樞紐分析表上建立值欄位用的新欄位。例如，各門市月銷售金額的 5% 要支付給總公司當作權利金，只要把公式「金額×5%」命名為「權利金」，儲存起來，就能在樞紐分析表中的「權利金」欄位顯示「金額×5%」的數值。改變列、欄的欄位結構，統計欄位的配置及計算結果也會隨之變化。因為計算欄位可以當作樞紐分析表的項目來顯示計算結果。

▼插入計算欄位前

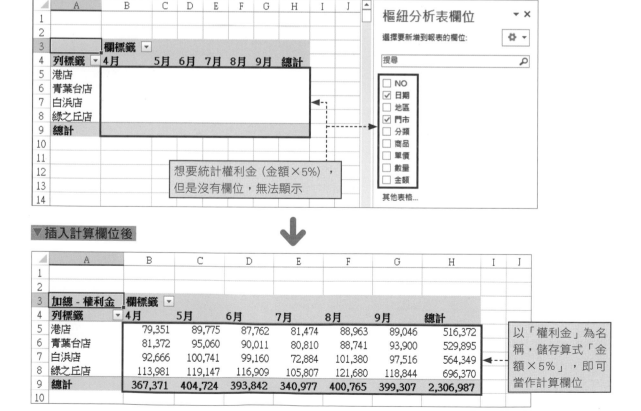

想要統計權利金（金額×5%），但是沒有欄位，無法顯示

▼插入計算欄位後

列標籤	4月	5月	6月	7月	8月	9月	總計
港店	79,351	89,775	87,762	81,474	88,963	89,046	516,372
青葉台店	81,372	95,060	90,011	80,810	88,741	93,900	529,895
白浜店	92,666	100,741	99,160	72,884	101,380	97,516	564,349
綠之丘店	113,981	119,147	116,909	105,807	121,680	118,844	696,370
總計	367,371	404,724	393,842	340,977	400,765	399,307	2,306,987

加總 - 權利金

以「權利金」為名稱，儲存算式「金額×5%」，即可當作計算欄位

① 建立計算欄位

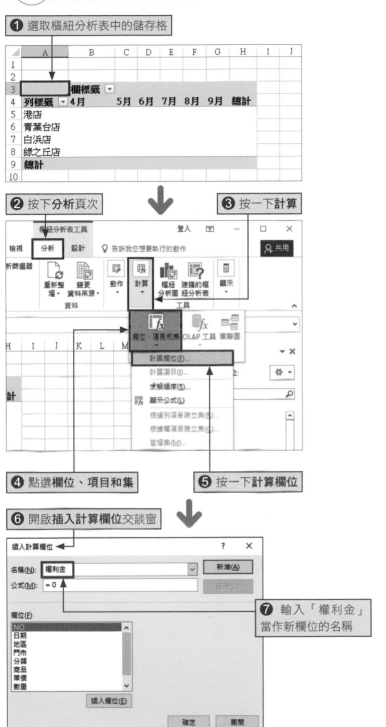

① 選取樞紐分析表中的儲存格

② 按下分析頁次

③ 按一下計算

④ 點選欄位、項目和集

⑤ 按一下計算欄位

⑥ 開啟插入計算欄位交談窗

⑦ 輸入「權利金」當作新欄位的名稱

✎Memo **不用先配置「金額」**

當作計算欄位的基礎欄位,即使沒有出現在樞紐分析表上也沒有關係。這個範例以「金額」欄位為基礎來計算「權利金」,但是沒有配置「金額」欄位也可以執行計算。

✎Memo **使用 Excel 2010**

如果是 Excel 2010,請按下**選項**頁次來取代步驟 **②**。

✎Memo **使用 Excel 2007**

如果是 Excel 2007,在**選項**頁次按一下**工具**區的**公式**,選擇**計算欄位**,取代步驟 **②~⑤**。

① 按下**選項**頁次

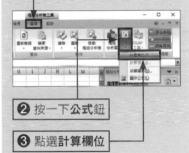

② 按一下**公式**鈕

③ 點選**計算欄位**

✔Keyword **INT 函數**

INT 函數是設定「數值」的小數點以下捨去,變成整數的函數。設定成正值,會刪除小數點以下的數值。例如,「INT(9.87)」的結果會變成「9」。

格式:INT(數值)

8 在「公式」輸入「=INT(」

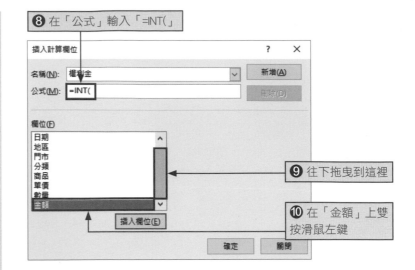

9 往下拖曳到這裡

10 在「金額」上雙按滑鼠左鍵

Memo 使用算術運算子及函數

在計算欄位的公式中,可以使用「+」、「-」、「*」、「/」等算術運算子及函數。本範例是在「金額」欄位乘上 0.05,捨去小數點以下的部分,所以輸入公式「=INT(金額*0.05)」。另外,步驟 10 在「欄位」中的「金額」雙按滑鼠左鍵,插入該欄位,不過也可以直接用鍵盤輸入「金額」。

Memo 統計值成為計算對象

計算欄位的公式並非用於使用公式的欄位資料,而是使用於計算結果。例如,「金額*0.05」並非各個記錄的金額乘上 0.05 的總計,而是金額總計乘上 0.05。

11 輸入「金額」

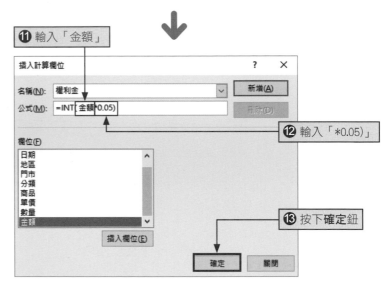

12 輸入「*0.05)」

13 按下確定鈕

Memo 只能配置在「值」區域

建立的計算欄位會新增到欄位清單中,但是只能配置在「值」區域。拖曳到「欄」區域或「列」區域,會顯示錯誤訊息。

Microsoft Excel

⚠ 您正在移動的欄位無法放在報表的該區域。

確定

14 顯示「權利金」欄位

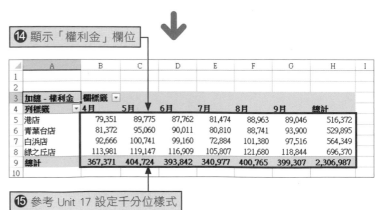

	A	B	C	D	E	F	G	H	I
1									
2									
3	加總 - 權利金	欄標籤 ▾							
4	列標籤 ▾	4月	5月	6月	7月	8月	9月	總計	
5	港店	79,351	89,775	87,762	81,474	88,963	89,046	516,372	
6	青葉台店	81,372	95,060	90,011	80,810	88,741	93,900	529,895	
7	白浜店	92,666	100,741	99,160	72,884	101,380	97,516	564,349	
8	綠之丘店	113,981	119,147	116,909	105,807	121,680	118,844	696,370	
9	總計	367,371	404,724	393,842	340,977	400,765	399,307	2,306,987	
10									

15 參考 Unit 17 設定千分位樣式

② 改變計算項目

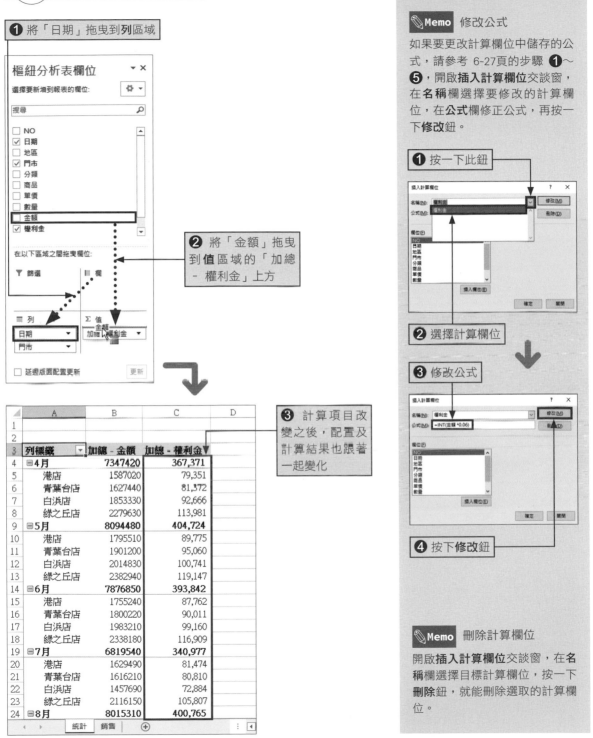

❶ 將「日期」拖曳到**列**區域

樞紐分析表欄位

選擇要新增到報表的欄位：

搜尋

- ☐ NO
- ☑ 日期
- ☐ 地區
- ☑ 門市
- ☐ 分類
- ☐ 商品
- ☐ 單價
- ☐ 數量
- ☐ 金額
- ☑ 權利金

在以下區域之間拖曳欄位：

▼ 篩選　　　⊞ 欄

☰ 列　　　Σ 值
日期　　　金額
門市　　　加總 - 權利金

☐ 延遲版面配置更新　　更新

❷ 將「金額」拖曳到**值**區域的「加總 - 權利金」上方

❸ 計算項目改變之後，配置及計算結果也跟著一起變化

	A	B	C	D
1				
2				
3	列標籤	加總 - 金額	加總 - 權利金	
4	⊟4月	7347420	367,371	
5	港店	1587020	79,351	
6	青葉台店	1627440	81,372	
7	白浜店	1853330	92,666	
8	綠之丘店	2279630	113,981	
9	⊟5月	8094480	404,724	
10	港店	1795510	89,775	
11	青葉台店	1901200	95,060	
12	白浜店	2014830	100,741	
13	綠之丘店	2382940	119,147	
14	⊟6月	7876850	393,842	
15	港店	1755240	87,762	
16	青葉台店	1800220	90,011	
17	白浜店	1983210	99,160	
18	綠之丘店	2338180	116,909	
19	⊟7月	6819540	340,977	
20	港店	1629490	81,474	
21	青葉台店	1616210	80,810	
22	白浜店	1457690	72,884	
23	綠之丘店	2116150	105,807	
24	⊟8月	8015310	400,765	

統計　銷售　⊕

✎**Memo** 修改公式

如果要更改計算欄位中儲存的公式，請參考 6-27頁的步驟 ❶～❺，開啟**插入計算欄位**交談窗，在**名稱**欄選擇要修改的計算欄位，在**公式**欄修正公式，再按一下**修改**鈕。

❶ 按一下此鈕

插入計算欄位

名稱(N)：權利金
公式(M)：

欄位(F)：
NO
日期
地區
門市
分類
商品
單價
數量

插入欄位(E)

確定　關閉

❷ 選擇計算欄位

❸ 修改公式

插入計算欄位

名稱(N)：權利金
公式(M)：=INT(金額 *0.06)

欄位(F)：
NO
日期
地區
門市
分類
商品
單價
數量

插入欄位(E)

確定　關閉

❹ 按下**修改**鈕

✎**Memo** 刪除計算欄位

開啟**插入計算欄位**交談窗，在**名稱**欄選擇目標計算欄位，按一下**刪除**鈕，就能刪除選取的計算欄位。

在欄位內新增項目

插入計算項目

欄位內可以新增項目

「希望在統計表的商品欄中，新增預定推出的新商品，模擬銷售狀況⋯」。如果是一般資料表，可以在表中插入新列，輸入新商品的銷售預估金額。但是**樞紐分析表無法直接插入新列，任意輸入資料**。此時，可以使用**計算項目**功能。這個功能**可以在現有欄位中增加新項目**。以下範例將在「商品」欄位插入「營養均衡便當」項目。該商品的營業額預估是銷售金額最高的「鮭魚便當」的 80%。利用這個功能，即可完成推出新商品時的整體銷售預測。

▼ 一般統計表

加總 - 金額	欄標籤				總計
列標籤	港店	青葉台店	白浜店	綠之丘店	總計
幕之內便當	1,904,720	2,005,640	1,720,280	2,191,240	7,821,880
鮭魚便當	1,771,200	1,955,250	2,101,950	2,032,650	7,861,050
燒烤便當	1,680,800		1,745,700	1,797,400	5,223,900
炸雞便當	1,828,560	1,917,860	1,962,320	2,048,200	7,756,940
糖醋豬肉便當		1,459,920	1,409,520	1,578,780	4,448,220
燒賣便當	1,712,280	1,689,860		1,793,600	5,195,740
餡蜜	615,750	685,000	713,250	717,750	2,731,750
蒙布朗			712,580	790,680	1,503,260
布丁	452,340	480,420	516,240	556,200	2,005,200
杏仁豆腐	361,800	403,950	405,150	420,900	1,591,800
總計	10,327,450	10,597,900	11,286,990	13,927,400	46,139,740

一般只會顯示包含在「商品」欄位內的項目

▼ 新增計算項目後的統計表

加總 - 金額	欄標籤				總計
列標籤	港店	青葉台店	白浜店	綠之丘店	總計
幕之內便當	1,904,720	2,005,640	1,720,280	2,191,240	7,821,880
鮭魚便當	1,771,200	1,955,250	2,101,950	2,032,650	7,861,050
燒烤便當	1,680,800		1,745,700	1,797,400	5,223,900
炸雞便當	1,828,560	1,917,860	1,962,320	2,048,200	7,756,940
糖醋豬肉便當		1,459,920	1,409,520	1,578,780	4,448,220
燒賣便當	1,712,280	1,689,860		1,793,600	5,195,740
餡蜜	615,750	685,000	713,250	717,750	2,731,750
蒙布朗			712,580	790,680	1,503,260
布丁	452,340	480,420	516,240	556,200	2,005,200
杏仁豆腐	361,800	403,950	405,150	420,900	1,591,800
營養均衡便當	1,416,960	1,564,200	1,681,560	1,626,120	6,288,840
總計	11,744,410	12,162,100	12,968,550	15,553,520	52,428,580

可以將「營養均衡便當」顯示為「商品」欄位中的項目，模擬推出「營養均衡便當」後的整體銷售狀況

① 建立計算項目

❶ 選取「商品」欄位中的任意儲存格

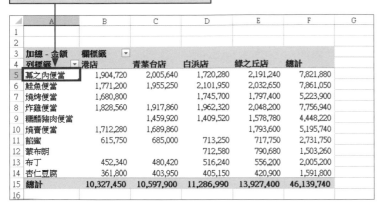

	A	B	C	D	E	F	G
1							
2							
3	加總 - 金額	欄標籤 ▼					
4	列標籤 ▼	港店	青葉台店	白浜店	綠之丘店	總計	
5	幕之內便當	1,904,720	2,005,640	1,720,280	2,191,240	7,821,880	
6	鮭魚便當	1,771,200	1,955,250	2,101,950	2,032,650	7,861,050	
7	燒烤便當	1,680,800		1,745,700	1,797,400	5,223,900	
8	炸雞便當	1,828,560	1,917,860	1,962,320	2,048,200	7,756,940	
9	糖醋豬肉便當		1,459,920	1,409,520	1,578,780	4,448,220	
10	燒賣便當	1,712,280	1,689,860		1,793,600	5,195,740	
11	餡蜜	615,750	685,000	713,250	717,750	2,731,750	
12	蒙布朗			712,580	790,680	1,503,260	
13	布丁	452,340	480,420	516,240	556,200	2,005,200	
14	杏仁豆腐	361,800	403,950	405,150	420,900	1,591,800	
15	總計	10,327,450	10,597,900	11,286,990	13,927,400	46,139,740	
16							

❷ 按下**分析**頁次　　　　**❸** 按一下**計算**

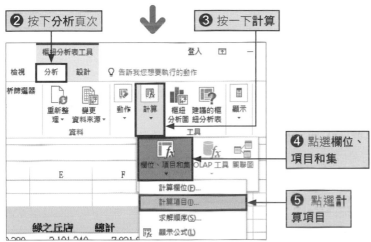

❹ 點選**欄位、項目和集**

❺ 點選**計算項目**

❻ 開啟將欲計算的項目加到 "商品"交談窗

將欲計算的項目加入到 "商品"　　　? ✕

名稱(N): 營養均衡便當　　　▼　　新增(A)

公式(M): = 0　　　　　　　　　刪除(D)

❼ 輸入「營養均衡便當」當作項目名稱

欄位(F)
NO
日期
地區
門市
分類
商品
單價
數量

項目(I)
幕之內便當
鮭魚便當
燒烤便當
炸雞便當
糖醋豬肉便當
燒賣便當
餡蜜
蒙布朗

插入欄位(E)　　　插入項目(I)

確定　　　關閉

Memo 先選取商品的儲存格

插入計算項目時，請先選取插入目標欄位（本範例是「商品」欄位）的任何一個儲存格，再開始操作。

Memo 使用 Excel 2010

如果是 Excel 2010，請按下**選項**頁次，取代步驟 **❷**。

Memo 使用 Excel 2007

如果是 Excel 2007 請按下**選項**頁次**工具**區中的**公式**，再選擇**計算項目**。取代步驟 **❷** ~ **❺**。

❶ 按一下**選項**頁次

❷ 按一下**公式**

❸ 按一下**計算項目**

Memo 出現錯誤訊息時

假如樞紐分析表內含有群組化的欄位，就會出現錯誤訊息，無法新增計算項目。請先暫時將群組化的欄位配置在「列」區域或「欄」區域，再依照 4-5 頁的 Memo 說明，取消群組，即可新增計算項目。

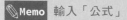

Memo 輸入「公式」

輸入公式時，讓游標顯示在「公式」欄內，在「項目」欄的項目上雙按滑鼠左鍵，就可以在游標所在位置插入該項目的名稱。

Memo 修改公式

若要更改計算欄位中儲存的公式，請參考上一頁的步驟 ❶～❺，開啟**將欲計算的項目加到 "商品"**交談窗，在**名稱**欄選擇要修改公式的項目，在「公式」欄修正公式，再按下**修改**鈕。

❶ 選擇計算項目

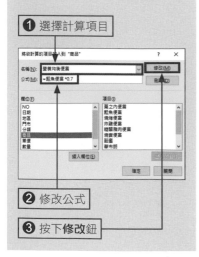

❷ 修改公式

❸ 按下**修改**鈕

❽ 在「公式」輸入「=」

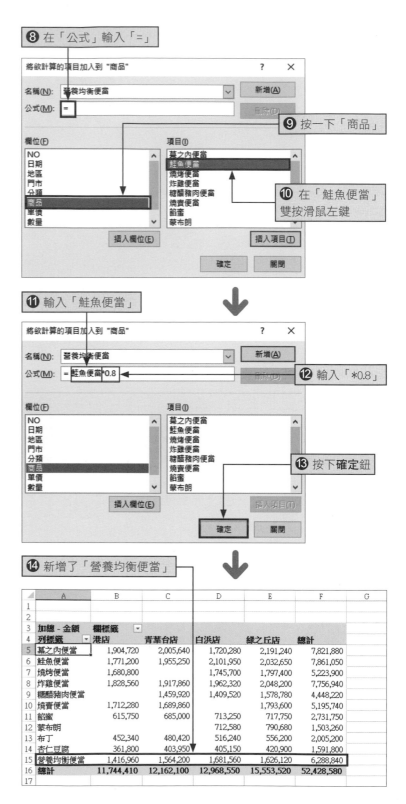

將欲計算的項目加入到 "商品"   ?   ×

名稱(N): 營養均衡便當 ▽   新增(A)
公式(M): =   刪除(D)

❾ 按一下「商品」

欄位(F)
NO
日期
地區
門市
分類
商品
單價
數量

項目(I)
幕之內便當
鮭魚便當
燒烤便當
炸雞便當
糖醋豬肉便當
燒賣便當
餡蜜
蒙布朗

❿ 在「鮭魚便當」雙按滑鼠左鍵

插入欄位(E)   插入項目(I)

確定   關閉

⓫ 輸入「鮭魚便當」

將欲計算的項目加入到 "商品"   ?   ×

名稱(N): 營養均衡便當 ▽   新增(A)
公式(M): = 鮭魚便當*0.8   刪除(D)

⓬ 輸入「*0.8」

欄位(F)
NO
日期
地區
門市
分類
商品
單價
數量

項目(I)
幕之內便當
鮭魚便當
燒烤便當
炸雞便當
糖醋豬肉便當
燒賣便當
餡蜜
蒙布朗

⓭ 按下**確定**鈕

插入欄位(E)   插入項目(I)

確定   關閉

⓮ 新增了「營養均衡便當」

	A	B	C	D	E	F	G
1							
2							
3	加總 - 金額	欄標籤 ▽					
4	列標籤 ▽	港店	青葉台店	白浜店	綠之丘店	總計	
5	幕之內便當	1,904,720	2,005,640	1,720,280	2,191,240	7,821,880	
6	鮭魚便當	1,771,200	1,955,250	2,101,950	2,032,650	7,861,050	
7	燒烤便當	1,680,800		1,745,700	1,797,400	5,223,900	
8	炸雞便當	1,828,560	1,917,860	1,962,320	2,048,200	7,756,940	
9	糖醋豬肉便當		1,459,920	1,409,520	1,578,780	4,448,220	
10	燒賣便當	1,712,280	1,689,860		1,793,600	5,195,740	
11	餡蜜	615,750	685,000	713,250	717,750	2,731,750	
12	蒙布朗			712,580	790,680	1,503,260	
13	布丁	452,340	480,420	516,240	556,200	2,005,200	
14	杏仁豆腐	361,800	403,950	405,150	420,900	1,591,800	
15	營養均衡便當	1,416,960	1,564,200	1,681,560	1,626,120	6,288,840	
16	總計	11,744,410	12,162,100	12,968,550	15,553,520	52,428,580	
17							

② 突顯計算項目

① 選取「營養均衡便當」的列儲存格

 Memo　一般的儲存格也可以設定顏色

樞紐分析表的儲存格和一般儲存格一樣，可以設定填滿色彩或字型色彩。但是，在樞紐分析表中刪除「商品」欄位之後，就會取消先前設定的顏色。關於格式設定請參考 Unit 56 的詳細說明。

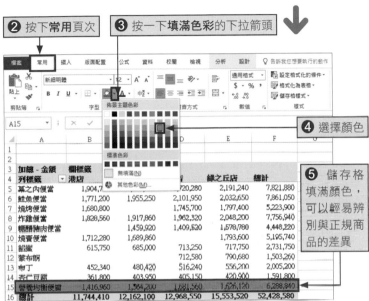

② 按下**常用**頁次

③ 按一下**填滿色彩**的下拉箭頭

④ 選擇顏色

⑤ 儲存格填滿顏色，可以輕易辨別與正規商品的差異

Memo　刪除計算項目

即使從樞紐分析表中刪除「商品」欄位，先前新增的計算項目仍會保留下來。因此，下次要統計各個商品的銷售狀況時，可能發生出現「營養均衡便當」的奇怪狀況。所以請記得刪除不再需要的計算項目。開啟**將欲計算的項目加到 "商品"** 交談窗，在**名稱**欄選擇計算項目，按下**刪除**鈕，即可刪除。

📖 Step up　可以依照儲存格更改計算項目的公式

這個範例將計算項目的公式設定為「=鮭魚便當*0.8」，其實還可以依照各個儲存格來調整公式。例如，只有「青葉台店」的「營養均衡便當」銷售預測是「鮭魚便當」的 70%，此時要選取「青葉台店」的「營養均衡便當」儲存格，在公式列中，把公式從「=鮭魚便當*0.8」改成「=鮭魚便當*0.7」。

① 選取「青葉台店」的「營養均衡便當」儲存格

② 在公式列顯示公式

③ 修改公式列中的公式

④ 只有「青葉台店」的統計結果出現變化

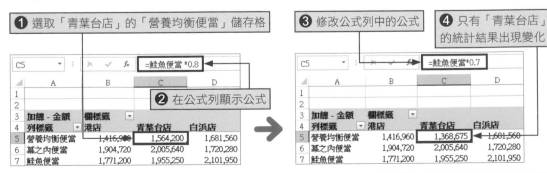

把統計項目當作基準值計算「差分」

運用計算項目與計算欄位

組合計算項目與計算欄位達成複雜計算的目標！

Unit 51 介紹的計算項目是可以在欄位內增加新項目的方便功能，但是由於這是把原始資料庫中沒有的資料當作新增項目，所以在樞紐分析表中，會產生各種限制。例如，一般可以在「值」區域配置相同欄位，一方面加總，一方面顯示結構比或累計。但是新增了計算項目後，就無法配置多個欄位。假如要配置多個欄位，要在該欄位建立計算欄位再配置。以下將在「商品」欄位加上「核算基準」計算項目，把該數值當作基準值，計算與各商品之間的差分。

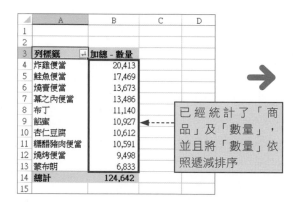

已經統計了「商品」及「數量」，並且將「數量」依照遞減排序

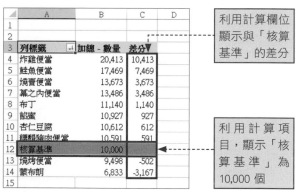

利用計算欄位顯示與「核算基準」的差分

利用計算項目，顯示「核算基準」為 10,000 個

1 製作計算項目，在統計表中顯示「核算基準」

📝Memo 先選取商品的儲存格

插入計算項目時，請先選取插入目標欄位（本範例是「商品」欄位）的任何一個儲存格，再開始操作。

	A	B	C	D
1				
2				
3	列標籤	加總 - 數量		
4	炸雞便當	20,413		
5	鮭魚便當	17,469		
6	燒賣便當	13,673		
7	幕之內便當	13,486		
8	布丁	11,140		
9	餡蜜	10,927		
10	杏仁豆腐	10,612		
11	糖醋豬肉便當	10,591		
12	燒烤便當	9,498		
13	蒙布朗	6,833		
14	總計	124,642		
15				

❶ 選取「商品」欄位中的任意儲存格

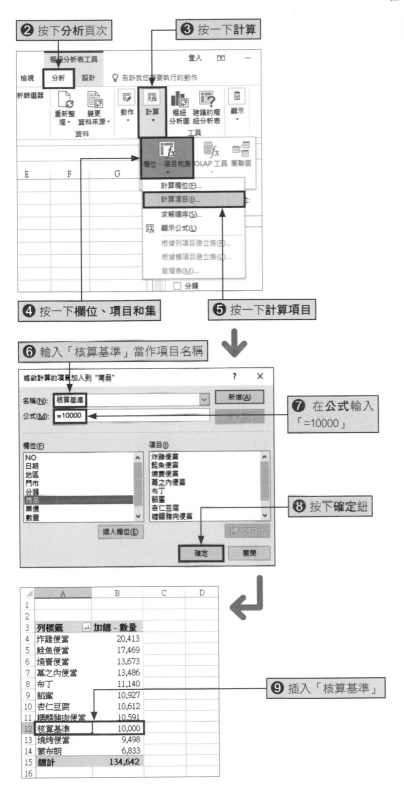

② 按下**分析**頁次

③ 按一下**計算**

④ 按一下**欄位、項目和集**

⑤ 按一下**計算項目**

⑥ 輸入「核算基準」當作項目名稱

⑦ 在公式輸入「=10000」

⑧ 按下**確定**鈕

⑨ 插入「核算基準」

Memo 使用 Excel 2010／2007

如果是 Excel 2010，請按下**選項**頁次，取代步驟 ②。
如果是 Excel 2007 請按下**選項**頁次**工具**區中的**公式**，選擇**計算項目**，取代步驟 ②～⑤。

Memo 核算基準會插入在「從最大到最小排序」的位置

這個單元的範例已經事先讓「數量」依照「從最大到最小排序」，因此新增的「核算基準」也會插入在「從最大到最小排序」的位置。

假如沒有排序，「核算基準」會顯示在「商品」欄位的項目最下列。選取「核算基準」儲存格，將游標移動到外框上拖曳儲存格，即可隨意移動位置。

拖曳就可以移動「核算基準」列

② 建立計算欄位，在統計表顯示「數量 2」欄位

📝 Memo 只要選取樞紐分析表的儲存格

插入「計算項目」時，必須事先選取在樞紐分析表插入對象欄位的儲存格。但是插入「計算欄位」時，可以選取樞紐分析表上的任何一個儲存格。

📝 Memo 使用 Excel 2010／2007

如果是 Excel 2010，請按下**選項**頁次，取代步驟 ②。
如果是 Excel 2007 請按下**選項**頁次**工具**區中的**公式**，選擇**計算欄位**，取代步驟 ②～⑤。

📝 Memo 「數量」欄位

建立「數量 2」欄位時，設定公式為「=數量」，所以在「數量 2」欄位中，會顯示和「數量」欄位一樣的數值。
另外，刻意建立擁有和「數量」欄位相同數值的「數量 2」欄位，是因為在計算項目存在時，可以在「值」區域配置多個欄位的關係。

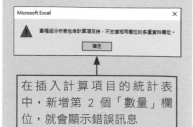

在插入計算項目的統計表中，新增第 2 個「數量」欄位，就會顯示錯誤訊息

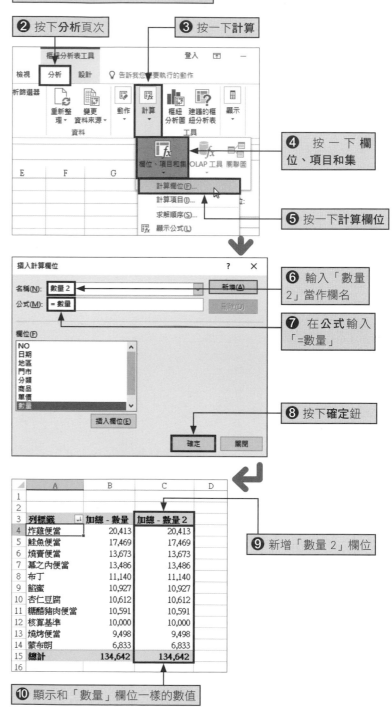

❶ 接著先選取樞紐分析表內的儲存格

❷ 按下**分析**頁次

❸ 按一下**計算**

❹ 按一下**欄位、項目和集**

❺ 按一下**計算欄位**

❻ 輸入「數量 2」當作欄名

❼ 在**公式**輸入「=數量」

❽ 按下**確定**鈕

❾ 新增「數量 2」欄位

❿ 顯示和「數量」欄位一樣的數值

③ 計算與「核算基準」的差分

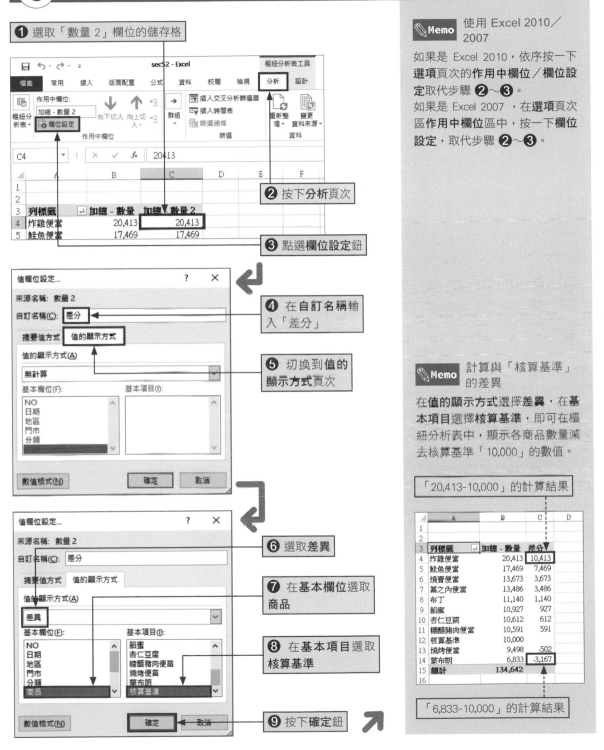

❶ 選取「數量 2」欄位的儲存格

❷ 按下分析頁次

❸ 點選欄位設定鈕

❹ 在自訂名稱輸入「差分」

❺ 切換到值的顯示方式頁次

❻ 選取差異

❼ 在基本欄位選取商品

❽ 在基本項目選取核算基準

❾ 按下確定鈕

Memo 使用 Excel 2010／2007

如果是 Excel 2010，依序按一下選項頁次的作用中欄位／欄位設定取代步驟 ❷～❸。
如果是 Excel 2007，在選項頁次區作用中欄位區中，按一下欄位設定，取代步驟 ❷～❸。

Memo 計算與「核算基準」的差異

在值的顯示方式選擇差異，在基本項目選擇核算基準，即可在樞紐分析表中，顯示各商品數量減去核算基準「10,000」的數值。

「20,413-10,000」的計算結果

列標籤	加總 - 數量	差分
炸雞便當	20,413	10,413
鮭魚便當	17,469	7,469
燒賣便當	13,673	3,673
幕之內便當	13,486	3,486
布丁	11,140	1,140
飴蜜	10,927	927
杏仁豆腐	10,612	612
糖醋豬肉便當	10,591	591
核算基準	10,000	
燒烤便當	9,498	-502
蒙布朗	6,833	-3,167
總計	134,642	

「6,833-10,000」的計算結果

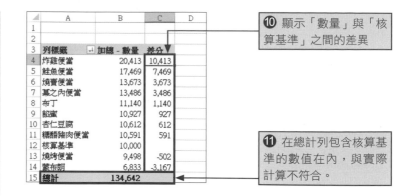

⑩ 顯示「數量」與「核算基準」之間的差異

⑪ 在總計列包含核算基準的數值在內,與實際計算不符合。

✎Memo 必須注意總計數值

計算項目不存在於原始資料庫之中,所以插入計算項目後,總計與實際統計來源的計算結果不符。因此,為了避免發生誤會,請依照以下步驟隱藏總計列。另外,總計的顯示/隱藏方式請參考 Unit 58 的說明。

---

4 讓樞紐分析表更清楚

①Hint 顯示計算欄位及計算項目

當忘記在哪個欄位中新增了計算項目時,使用「顯示公式」功能,即可確認計算欄位及計算項目。請依序按一下**分析**頁次(Excel 2010 是**選項**頁次)的**計算/欄位、項目和集/顯示公式**。Excel 2007 是依序按一下**選項**頁次的**公式/顯示公式**。

	A	B	C	D
1	*計算欄位*			
2	**求解順序**	**欄位**	**公式**	
3	1	數量2	=數量	
4				
5	*計算項目*			
6	**求解順序**	**項目**	**公式**	
7	1	核算基準	=10000	
8				

工作表1 統計 銷售

使用**顯示公式**會在新工作表中顯示計算欄位及計算項目

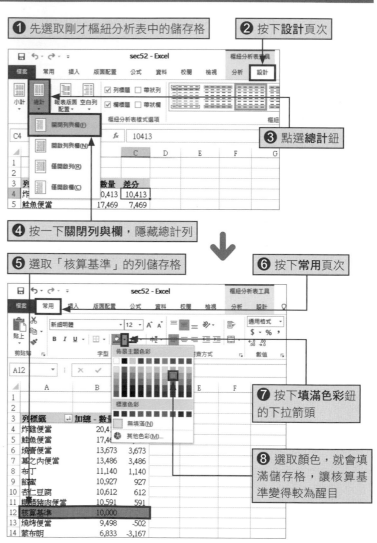

① 先選取剛才樞紐分析表中的儲存格

② 按下**設計**頁次

③ 點選**總計**鈕

④ 按一下**關閉列與欄**,隱藏總計列

⑤ 選取「核算基準」的列儲存格

⑥ 按下**常用**頁次

⑦ 按下**填滿色彩**鈕的下拉箭頭

⑧ 選取顏色,就會填滿儲存格,讓核算基準變得較為醒目

第 7 章

讓樞紐分析表
變得更一目瞭然

樞紐分析表的格式設定概要

利用本單元記住操作重點

樞紐分析表的格式設定

樞紐分析表準備了種類豐富的洗練設計，只要用滑鼠點選，就能輕鬆套用在整個樞紐分析表中 (請參考 Unit 54)。另外，也提供儲存個人自訂設定的功能 (請參考 Unit 55)。只要遵守應注意的重點，還可以將樞紐分析表內的其中一部分設定成不同格式 (請參考 Unit 56)。

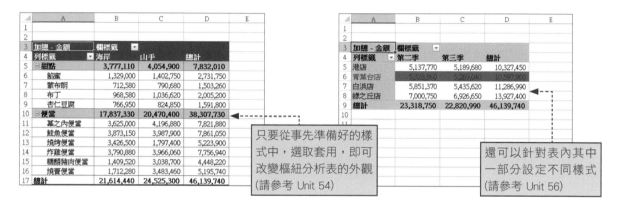

只要從事先準備好的樣式中，選取套用，即可改變樞紐分析表的外觀 (請參考 Unit 54)

還可以針對表內其中一部分設定不同樣式 (請參考 Unit 56)

更改樞紐分析表的版面配置

含有階層的樞紐分析表有 3 種版面配置模式，包括「壓縮模式」、「大綱模式」、「列表方式」 (請參考 Unit 57)。預設的版面配置是上下階層都顯示在同一欄的「壓縮模式」，當改成「大綱模式」或「列表方式」後，可以依照階層分欄顯示。

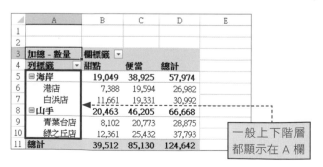

一般上下階層都顯示在 A 欄

更改版面配置後，各個階層可以顯示在不同欄位中 (請參考 Unit 57)

利用詳細顯示設定讓樞紐分析表更容易辨別

在樞紐分析表中，準備了各種能讓人一目瞭然的設計，包括切換顯示 / 隱藏總計或小計 (請參考 Unit 58、Unit 59)，或在各個階層插入空白列 (請參考 Unit 60)。

另外，在樞紐分析表中，如果沒有統計資料，儲存格會顯示成空白，假如一整列全都變成空白，會將該列隱藏起來。請先學會填滿空欄的方法 (請參考 Unit 61) 及不隱藏列的方法 (請參考 Unit 62)，以靈活調整樞紐分析表的外觀。

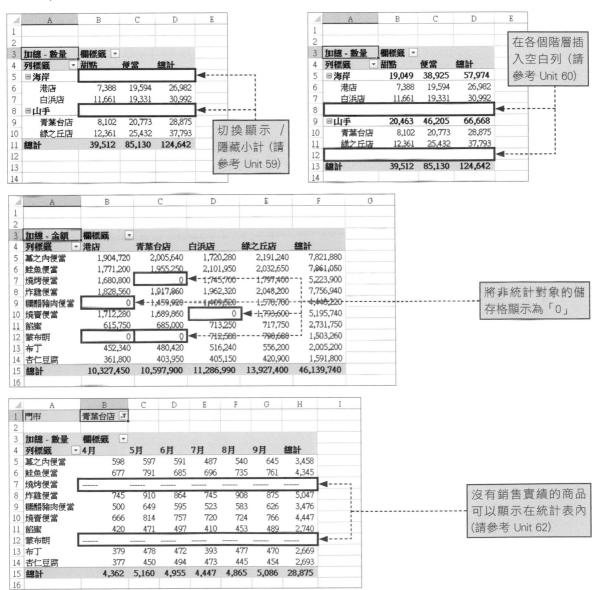

為統計表設定美觀的樣式

套用樞紐分析表樣式

瞬間變成美觀的統計表

使用樞紐分析表，轉換成簡報資料時，必須注意到樞紐分析表的外觀。利用**樞紐分析表樣式**功能，就能瞬間完成美麗的**樣式設定**。只要從清單中挑選適合的樣式，無須經過繁複的步驟，即可完成套用。以手動方式設定樞紐分析表的儲存格格式時，根據設定方法，套用了篩選器或改變版面配置之後，可能出現破壞格式的情況。但是**樞紐分析表樣式**是樞紐分析表專用的**格式功能**，因此即使改變版面配置，仍然可以套用。

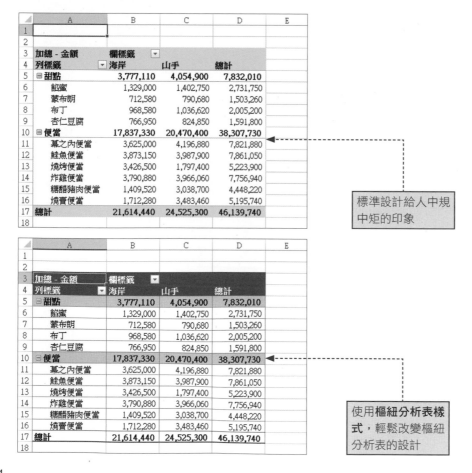

標準設計給人中規中矩的印象

使用**樞紐分析表樣式**，輕鬆改變樞紐分析表的設計

① 套用樞紐分析表樣式

❶ 選取樞紐分析表中的儲存格

❷ 按一下**設計**頁次

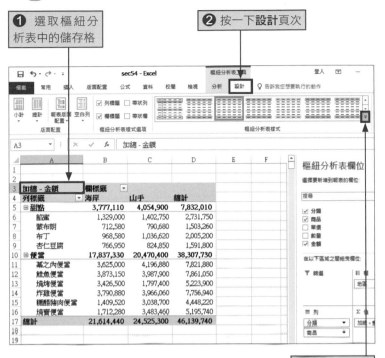

❸ 按一下**其他**

❹ 按一下選取你喜歡的設計 (本範例是選擇樞紐分析表樣式中等深淺 10)

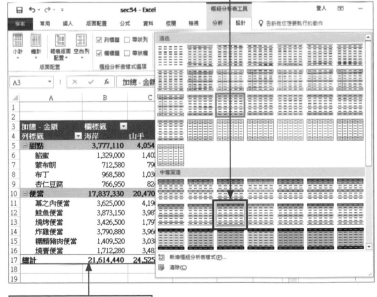

❺ 在樞紐分析表套用樣式

Memo 有 3 種深淺不同的背景色

樞紐分析表樣式的設計分成「淺色」、「中等深淺」、「深色」。如果要列印成書面資料，選擇「淺色」；若要在簡報上顯示畫面，就選擇「中等深淺」，請依照用途選擇適合的設計。

Memo 即時預覽

將游標移動至**樞紐分析表樣式**的選項上，就會在樞紐分析表中，顯示套用了該樣式的狀態。嘗試各種樣式，找到喜歡的種類之後，請按一下確定套用。

Hint 設定自訂顏色

假如希望隨意套用各種顏色，請選取**樞紐分析表樣式**最前面的「無」，就會變成沒有背景樣式的樞紐分析表。接著，請參考 Unit 56，自訂樣式。

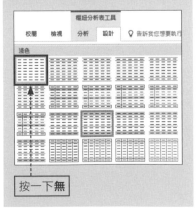

按一下**無**

② 套用樞紐分析表樣式選項

❶ 按一下設計頁次

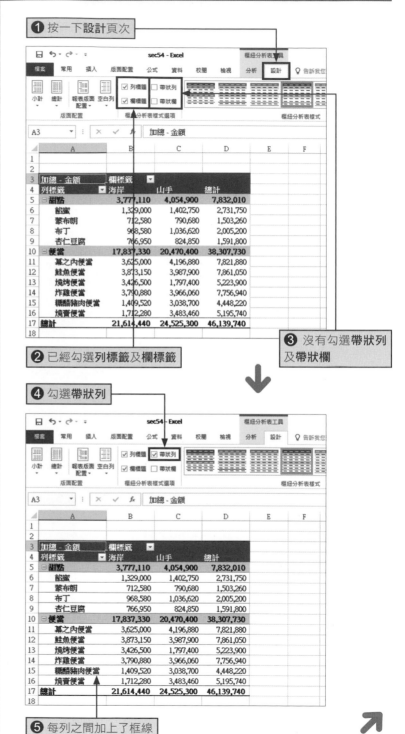

❷ 已經勾選列標籤及欄標籤

❸ 沒有勾選帶狀列及帶狀欄

❹ 勾選帶狀列

❺ 每列之間加上了框線

✎Memo 「列標題」與「欄標題」

步驟 ❷ 的「列標題」與「欄標題」是強調列或欄標題用的設定。預設狀態為開啟，標題會設定成填滿及粗體等格式。這裡的樣式會隨著套用的樞紐分析表樣式而改變。下圖是套用**樞紐分析表樣式深色 23**的範例。

開啟「列標題」及「欄標題」的狀態

只開啟「欄標題」的狀態

只開啟「列標題」的狀態

✎Memo 「帶狀列」與「帶狀欄」

在**樞紐分析表樣式選項**的**帶狀列**是清楚區別偶數列及奇數列，**帶狀欄**是區別偶數欄及奇數欄的設定。區別狀態會隨著套用的樞紐分析表樣式而改變。右圖是以框線來區別，但也能利用填滿儲存格，變成帶狀模樣來分別。

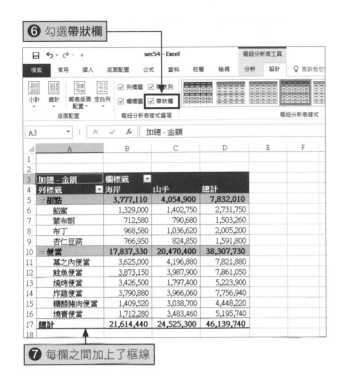

⑥ 勾選**帶狀欄**

⑦ 每欄之間加上了框線

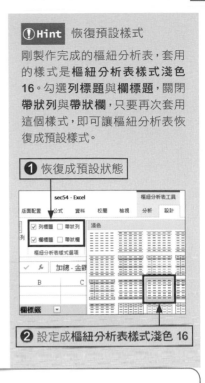

！Hint　恢復預設樣式

剛製作完成的樞紐分析表，套用的樣式是**樞紐分析表樣式淺色 16**。勾選**列標題**與**欄標題**，關閉**帶狀列**與**帶狀欄**，只要再次套用這個樣式，即可讓樞紐分析表恢復成預設樣式。

① 恢復成預設狀態

② 設定成**樞紐分析表樣式淺色 16**

！Hint　利用有無階層改變設計印象

在**樞紐分析表樣式**清單中，會顯示列出現階層結構時的設計範本。乍看之下，像是帶狀設計，其實這不是帶狀，而是上階層與下階層的格式。因此，可能出現樞紐分析表沒有階層，使外觀顯得單調，或各欄包含階層而出現範本中沒有的顏色設定等情況。

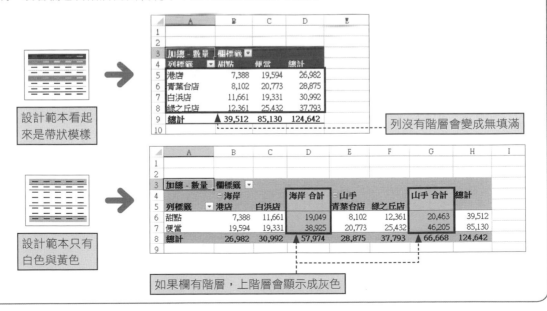

設計範本看起來是帶狀模樣

列沒有階層會變成無填滿

設計範本只有白色與黃色

如果欄有階層，上階層會顯示成灰色

7-7

儲存自訂樣式
並套用在統計表上

使用快速樣式

儲存自己專用的樣式，修飾樞紐分析表

「希望會議上要用的樞紐分析表套用公司的標準色。」、「找不到喜歡的**樞紐分析表樣式**。」遇到這種情況，可以**自訂樣式**，並且儲存在「**樞紐分析表樣式**」中。不是對儲存格設定樣式，而是針對「標題列的格式」、「總計列的格式」等，**依照樞紐分析表的格式來設定樣式**，所以即使改變樞紐分析表的版面配置，也不會破壞格式。可以設定的項目種類豐富，也能進行複雜設定，所以如果要在簡報中使用樞紐分析表，可以挑戰自訂設計。

▼ 設定自訂設計

	A	B	C	D	E	F
1						
2						
3	加總 - 金額	欄標籤				
4	列標籤	海岸	山手	總計		
5	⊟ 甜點	3,777,110	4,054,900	7,832,010		
6	蜜豆	1,329,000	1,402,750	2,731,750		
7	蒙布朗	712,580	790,680	1,503,260		
8	布丁	968,580	1,036,620	2,005,200		
9	杏仁豆腐	766,950	824,850	1,591,800		
10	⊟ 便當	17,837,330	20,470,400	38,307,730		
11	幕之內便當	3,625,000	4,196,880	7,821,880		
12	鮭魚便當	3,873,150	3,987,900	7,861,050		
13	燒烤便當	3,426,500	1,797,400	5,223,900		
14	炸雞便當	3,790,880	3,966,060	7,756,940		
15	糖醋豬肉便當	1,409,520	3,038,700	4,448,220		
16	燒賣便當	1,712,280	3,483,460	5,195,740		
17	總計	21,614,440	24,525,300	46,139,740		

> 儲存自訂設計，可以改變統計表的外觀

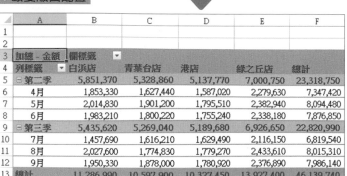

▼ 改變版面配置

	A	B	C	D	E	F
1						
2						
3	加總 - 金額	欄標籤				
4	列標籤	白浜店	青葉台店	港店	綠之丘店	總計
5	⊟ 第二季	5,851,370	5,328,860	5,137,770	7,000,750	23,318,750
6	4月	1,853,330	1,627,440	1,587,020	2,279,630	7,347,420
7	5月	2,014,830	1,901,200	1,795,510	2,382,940	8,094,480
8	6月	1,983,210	1,800,220	1,755,240	2,338,180	7,876,850
9	⊟ 第三季	5,435,620	5,269,040	5,189,680	6,926,650	22,820,990
10	7月	1,457,690	1,616,210	1,629,490	2,116,150	6,819,540
11	8月	2,027,600	1,774,830	1,779,270	2,433,610	8,015,310
12	9月	1,950,330	1,878,000	1,780,920	2,376,890	7,986,140
13	總計	11,286,990	10,597,900	10,327,450	13,927,400	46,139,740

> 儲存設計之後，即使改變版面配置，仍能維持原本的格式

1 儲存樞紐分析表樣式

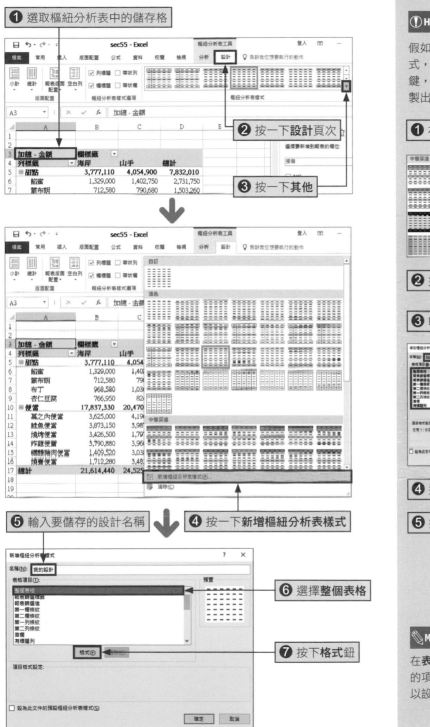

❶ 選取樞紐分析表中的儲存格

❷ 按一下設計頁次

❸ 按一下其他

❹ 按一下新增樞紐分析表樣式

❺ 輸入要儲存的設計名稱

❻ 選擇整個表格

❼ 按下格式鈕

①Hint 調整現有樣式的部分設定

假如只想改變現有樣式的部分格式，可以在該樣式按一下滑鼠右鍵，執行『**複製**』命令，修改複製出來的設計並另存新檔即可。

❶ 在現有樣式按一下滑鼠右鍵

❷ 按一下複製

❸ 輸入儲存名稱

❹ 選擇項目

❺ 按下格式鈕，設定格式

✎Memo 何謂「整個表格」

在**表格項目**中，列出了可以設定的項目名稱。選擇**整個表格**，可以設定在整個表格套用樣式。

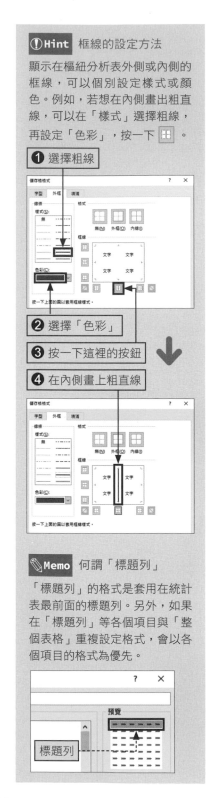

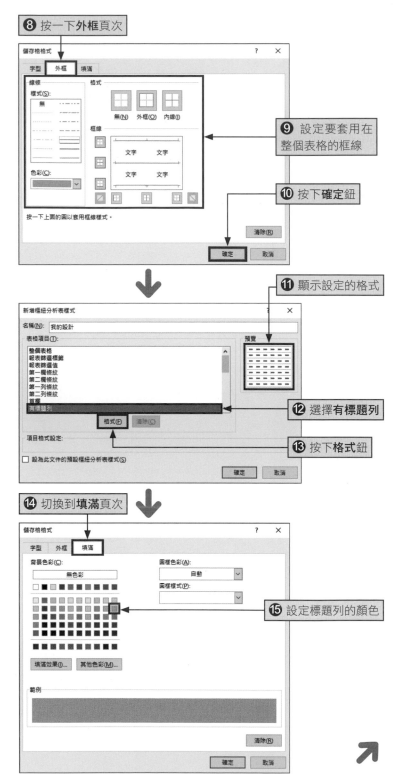

❽ 按一下**外框**頁次

❾ 設定要套用在整個表格的框線

❿ 按下**確定**鈕

⓫ 顯示設定的格式

⓬ 選擇**有標題列**

⓭ 按下**格式**鈕

⓮ 切換到**填滿**頁次

⓯ 設定標題列的顏色

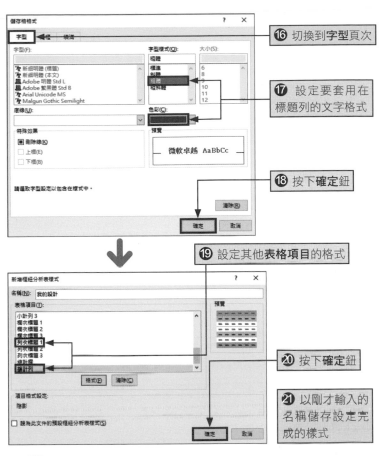

⑯ 切換到**字型**頁次

⑰ 設定要套用在標題列的文字格式

⑱ 按下**確定**鈕

⑲ 設定其他**表格項目**的格式

⑳ 按下**確定**鈕

㉑ 以剛才輸入的名稱儲存設定完成的樣式

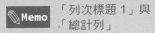

Memo 「列次標題 1」與「總計列」

步驟 ⑲ 設定了「列次標題 1」與「總計列」的格式。「列次標題 1」的格式是在設定多個列標籤欄位時，套用在最上階層列。「總計列」的格式是套用在最下列的總計。

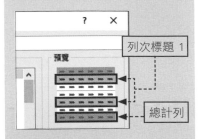

列次標題 1

總計列

Step up 在各列設定帶狀樣式

在「表格項目」及「第一欄條紋」與「第二欄條紋」設定不同顏色，可以製作出帶狀樣式。如果要將帶狀樣式套用在樞紐分析表上，必須參考 7-6 頁勾選**帶狀列**。

② 套用自訂的樞紐分析表樣式

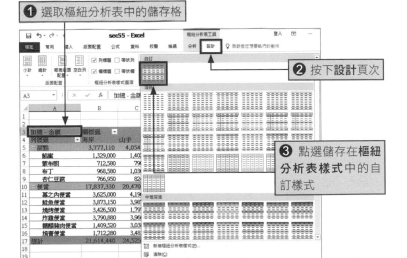

❶ 選取樞紐分析表中的儲存格

❷ 按下**設計**頁次

❸ 點選儲存在**樞紐分析表樣式**中的自訂樣式

Hint 更改、刪除自訂樣式

自訂樣式會顯示在**樞紐分析表樣式**的**自訂**之中。在自訂樣式上按一下滑鼠右鍵，執行『**修改**』或『**刪除**』命令，即可修改或刪除自訂樣式。

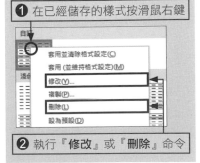

❶ 在已經儲存的樣式按滑鼠右鍵

套用並清除格式設定(C)
套用 (並維持格式設定)(M)
修改(Y)...
複製(P)...
刪除(L)
設為預設(D)

❷ 執行『**修改**』或『**刪除**』命令

改變統計表的部分格式

自動套用格式與選取項目

盡量維持個別設定的格式

就算以手動方式對樞紐分析表中的儲存格設定格式，一旦使用篩選或改變版面配置，就可能受到影響。但是，有時仍有強化門市或主力商品等需要單獨對統計表中的部分儲存格設定特別格式的情況。因此，為了能盡量維持格式，必須先確認清楚設定狀態。另外，還要先瞭解在特定列套用格式，與在樞紐分析表的項目套用格式的維持方法有何差異。

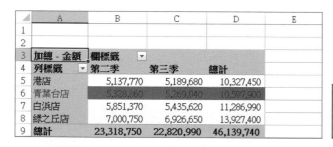

確認在特定列、標題、總計列套用的顏色是否分別維持原狀

1 確認已經設定了自動套用格式

使用 Excel 2010 / 2007

如果是 Excel 2010，請按一下**選項**頁次，取代步驟 ❷。若是 Excel 2007 請按一下**選項**頁次，再按一下**樞紐分析表**區的**選項**，取代步驟 ❷~❹。

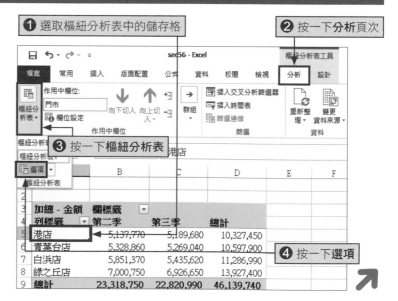

❶ 選取樞紐分析表中的儲存格

❷ 按一下**分析**頁次

❸ 按一下**樞紐分析表**

❹ 按一下**選項**

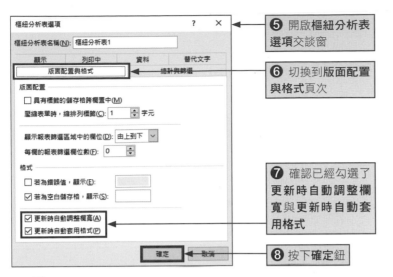

❺ 開啟樞紐分析表選項交談窗

❻ 切換到**版面配置與格式**頁次

❼ 確認已經勾選了**更新時自動調整欄寬**與**更新時自動套用格式**

❽ 按下**確定**鈕

✏️**Memo** 自動調整欄寬與自動套用格式

在樞紐分析表既定的設定中，改變版面配置時，欄寬會配合資料自動調整，並且盡量套用儲存格已經設定格式。這裡先確認這些設定是否維持原狀。

② 套用格式特別突顯特定項目列

❶ 選取要強調的項目列

❷ 按一下**常用**頁次

❸ 點選**填滿色彩**及**字型色彩**

❹ 設定填滿色彩及字型色彩

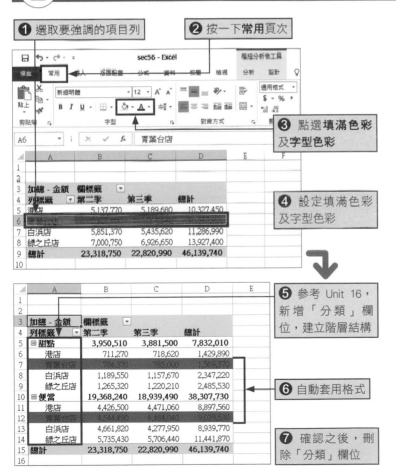

❺ 參考 Unit 16，新增「分類」欄位，建立階層結構

❻ 自動套用格式

❼ 確認之後，刪除「分類」欄位

❗**Hint** 快速選取統計表中的整列資料

當游標移動到「青葉台店」儲存格的左側時，就會變成 ➡ 形狀。在此狀態按一下滑鼠左鍵，即可選取樞紐分析表中的整列。

✏️**Memo** 關閉自動套用格式就會清除格式

關閉了**樞紐分析表選項**交談窗內的**更新時自動套用格式**之後，一旦更改樞紐分析表的版面配置，就會清除格式。

✏️**Memo** 刪除樞紐分析表中的欄位就會清除格式

刪除了樞紐分析表中的「門市」欄位後，即使開啟**更新時自動套用格式**，仍會清除格式。

3 樞紐分析表的格式設定

Memo 使用 Excel 2010 / 2007

Excel 2010 / 2007 請依序按一下**選項**頁次 / **選取**/ **整個樞紐分析表**，取代步驟 ❷～❺。

❶ 按一下**選項**

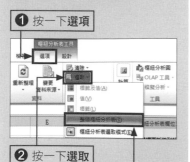

❷ 按一下**選取**

❸ 按一下**整個樞紐分析表**

Memo 不選取整個樞紐分析表無法選取標籤

在**選取**選單中，最初除了**整個樞紐分析表**，其他項目都顯示成淺色。點選**整個樞紐分析表**，選取整個樞紐分析表後，在**選取**選單中，就可選取**標籤**或**值**等項目。

Hint 按一下值即可選取統計值

按一下**選取**選單中的**值**，就會選取樞紐分析表中的統計值儲存格。這個功能對於「只想調整數值的字型」時，非常方便。

按一下**選取**選單中的**值**，即可選取數值儲存格

---

❶ 選取樞紐分析表中的儲存格

❷ 按一下**分析**頁次

❸ 點選**動作**鈕

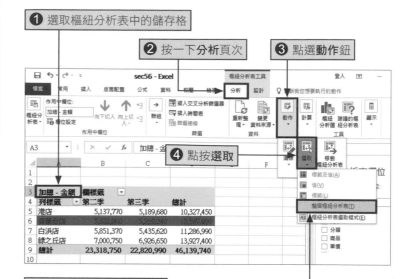

❹ 點按**選取**

❺ 按一下**整個樞紐分析表**

❻ 選取了整個樞紐分析表

❼ 按一下**選取**鈕

（此處為 sec56 - Excel 樞紐分析表畫面）

❽ 點選**標籤**

❾ 選取了樞紐分析表的標題列與標題欄

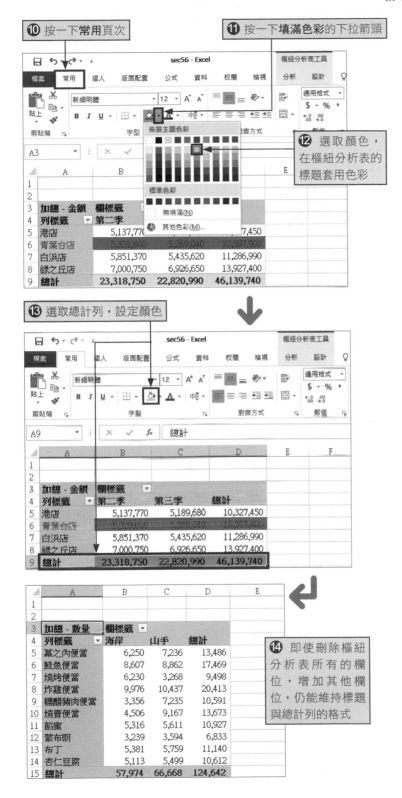

⑩ 按一下**常用**頁次

⑪ 按一下**填滿色彩**的下拉箭頭

⑫ 選取顏色，在樞紐分析表的標題套用色彩

⑬ 選取總計列，設定顏色

⑭ 即使刪除樞紐分析表所有的欄位，增加其他欄位，仍能維持標題與總計列的格式

Hint 快速選取總計列或總計欄

當游標靠近總計列儲存格的左側，會變成 ➡ 形狀；當游標靠近總計欄儲存格的上方，會變成 ⬇ 形狀。在此狀態按一下滑鼠左鍵，就能選取整個總計列或總計欄。

Memo 游標的形狀沒有變化

假如游標的形狀不會變成 ➡ 或 ⬇，請開啟**選取**選單中的**樞紐分析表選取模式**。

Memo 整個改變仍會維持格式設定

利用這裡介紹的方法，選取標題再套用色彩後，即使將整個欄位換掉，仍會維持設定的顏色。另外，選取總計列或總計欄再套用色彩，也一樣能維持設定。

調整階層結構統計表的版面配置

報表版面配置

配合目的使用版面配置

在「列」區域配置多個欄位時，會以階層結構顯示列標題。預設的版面配置為「壓縮模式」，所有列標題都顯示在 A 欄，階層較低的列標題以縮排方式區別。這種顯示方式的優點是，即使階層變多，樞紐分析表也不會往橫向延伸。但是如果要將樞紐分析表複製到其他工作表或文字檔案中，就會無法分辨階層。此時，只要將版面配置改成「大綱模式」或「列表方式」，列標題就會顯示在不同欄，可以清楚辨別階層，而且這種模式還有一個優點是，會清楚標示出欄名。

▼ 壓縮模式

	A	B	C	D	E
1					
2					
3	加總▼數量	欄標籤 ▼			
4	列標籤 ▼	甜點	便當	總計	
5	⊟海岸	19,049	38,925	57,974	
6	港店	7,388	19,594	26,982	
7	白浜店	11,661	19,331	30,992	
8	⊟山手	20,463	46,205	66,668	
9	青葉台店	8,102	20,773	28,875	
10	綠之丘店	12,361	25,432	37,793	
11	總計	39,512	85,130	124,642	

以「列標籤」、「欄標籤」等取代欄名

地區名稱及門市名稱都顯示在 A 欄

▼ 大綱模式

	A	B	C	D	E
1					
2					
3	加總 - 數量		分類 ▼		
4	地區 ▼	門市 ▼	甜點	便當	總計
5	⊟海岸		19,049	38,925	57,974
6		港店	7,388	19,594	26,982
7		白浜店	11,661	19,331	30,992
8	⊟山手		20,463	46,205	66,668
9		青葉台店	8,102	20,773	28,875
10		綠之丘店	12,361	25,432	37,793
11	總計		39,512	85,130	124,642

▼ 列表方式

	A	B	C	D	E
1					
2					
3	加總 - 數量		分類 ▼		
4	地區 ▼	門市 ▼	甜點	便當	總計
5	⊟海岸	港店	7,388	19,594	26,982
6		白浜店	11,661	19,331	30,992
7	海岸 合計		19,049	38,925	57,974
8	⊟山手	青葉台店	8,102	20,773	28,875
9		綠之丘店	12,361	25,432	37,793
10	山手 合計		20,463	46,205	66,668
11	總計		39,512	85,130	124,642

地區名稱顯示在 A 欄，門市名稱顯示在 B 欄，分別顯示欄名

若要將樞紐分析表複製到其他工作表中，改變成大綱模式或列表方式再複製比較方便

1　更改成大綱模式

① 選取樞紐分析表中的儲存格

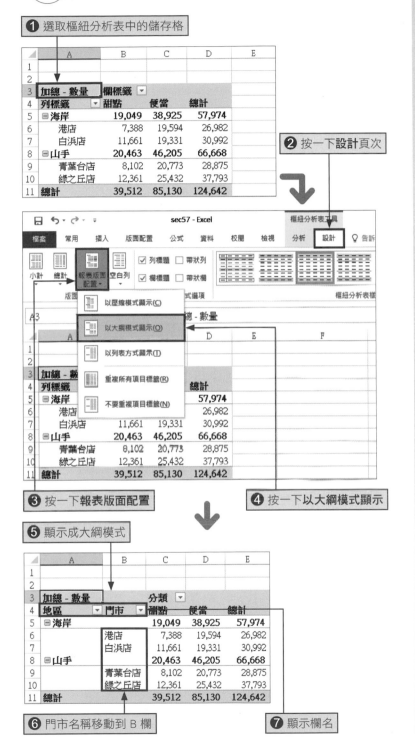

② 按一下設計頁次

③ 按一下報表版面配置

④ 按一下以大綱模式顯示

⑤ 顯示成大綱模式

⑥ 門市名稱移動到 B 欄

⑦ 顯示欄名

Memo　恢復成壓縮模式

按一下**設計**頁次**版面配置**區的**報表版面配置**，再按一下**以壓縮模式顯示**，版面配置就可以恢復成壓縮模式了。

按一下以壓縮模式顯示

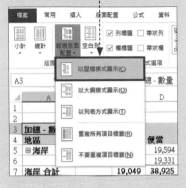

Hint　設定壓縮模式的縮排寬度

以壓縮模式顯示時，如果要設定低階層的列標題縮排寬度，請參考 3-7 頁的 StepUp，開啟**樞紐分析表選項**交談窗，在**版面配置與格式**頁次的**壓縮表單時，縮排列標籤**，設定縮排字元數。

設定縮排字元數

② 更改成列表方式

❶Hint 重複上階層的標題

在 Excel 2016 / 2013 / 2010 中，設定成大綱模式或列表方式時，可以重複顯示上階層的標題。按一下**設計**頁次版面配置區的**報表版面配置**，選擇**重複所有項目標籤**。相對地，若要隱藏，請選擇**不要重複項目標籤**。

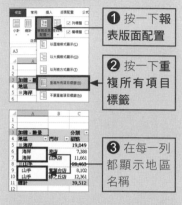

❶ 按一下**報表版面配置**

❷ 按一下**重複所有項目標籤**

❸ 在每一列都顯示地區名稱

✎Memo 顯示 / 隱藏小計列的位置

在顯示成壓縮模式及大綱模式時，小計列預設顯示在地區開頭的位置，但是也可以移動到末尾（請參考 Unit 59）。列表方式的小計列固定顯示在地區的末尾。

❶ 選取樞紐分析表中的儲存格

❷ 按一下**設計**頁次

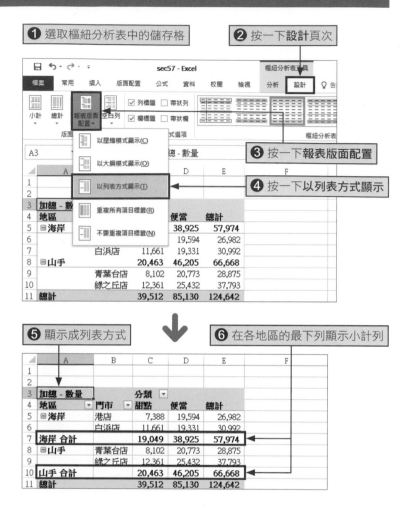

❸ 按一下**報表版面配置**

❹ 按一下**以列表方式顯示**

❺ 顯示成列表方式

❻ 在各地區的最下列顯示小計列

	A	B	C	D	E	F
1						
2						
3	加總 - 數量		分類			
4	地區	門市	甜點	便當	總計	
5	⊟海岸	港店	7,388	19,594	26,982	
6		白浜店	11,661	19,331	30,992	
7	海岸 合計		19,049	38,925	57,974	
8	⊟山手	青葉台店	8,102	20,773	28,875	
9		綠之丘店	12,361	25,432	37,793	
10	山手 合計		20,463	46,205	66,668	
11	總計		39,512	85,130	124,642	

---

❶Hint 若要複製至其他工作表，選擇列表方式比較方便

有時需要將樞紐分析表複製到其他工作表，自動篩選再分析或製作成圖表。將樞紐分析表切換成列表方式，參考左上的 Hint 說明，設定**重複所有項目標籤**，參考 Unit 59，隱藏小計再複製，即可輕鬆執行自動篩選或變成製作圖表。

❶ 全部階層都包含在同一欄，不適合執行自動篩選

❷ 中間出現小計，複製後很難製作成圖表

❸ 切換成列表方式，並且隱藏小計再複製，就能輕鬆處理

📂 Step up 合併列表方式的上階層標題儲存格

樞紐分析表的儲存格無法合併。但是，列表方式的上階層儲存格可以參考 3-7 頁 StepUp 的說明，開啟**樞紐分析表選項**交談窗，在**版面配置與格式**交談窗內，勾選**具有標籤的儲存格跨欄置中**，就可以合併。項目名稱會顯示在中央，比較容易檢視。

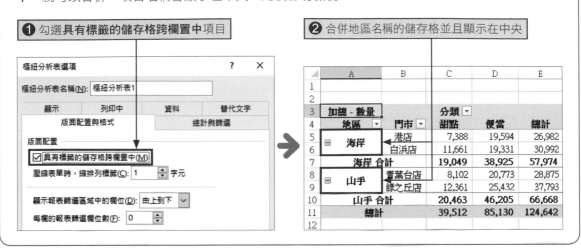

❶ 勾選**具有標籤的儲存格跨欄置中**項目

❷ 合併地區名稱的儲存格並且顯示在中央

📂 Step up 依照各個階層設定版面配置

階層超過 3 層以上，可以依照各階層設定不同的版面配置。例如，在「地區」、「門市」、「分類」等 3 個階層中，以大綱模式顯示「門市」，可以單獨讓分類名稱顯示在 B 欄。如果要顯示成大綱模式，選取「門市」儲存格，參考 Unit 62，開啟**欄位設定**交談窗，在**版面配置與列印**頁次中，取消勾選**在相同欄中顯示下一個欄位的標籤 (壓縮表單)**。

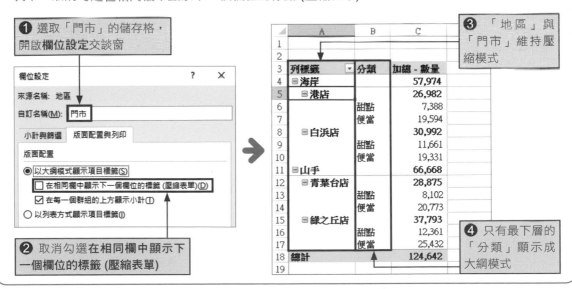

❶ 選取「門市」的儲存格，開啟**欄位設定**交談窗

❷ 取消勾選**在相同欄中顯示下一個欄位的標籤 (壓縮表單)**

❸ 「地區」與「門市」維持壓縮模式

❹ 只有最下層的「分類」顯示成大綱模式

切換顯示 / 隱藏總計

顯示 / 隱藏總計

視狀況切換顯示 / 隱藏總計

利用樞紐分析表計算資料合計時，一般會在各列各欄的末尾顯示總計。可是，計算比例、累計、排名等時候，有時並不需要總計。另外，若要將統計表複製到其他工作表時，有時不包括以公式計算的資料，比較方便。**總計列、總計欄可以輕鬆切換顯示或隱藏，請視狀況加以運用。**以下將以在計算累計的樞紐分析表中，單獨刪除總計列為例，說明操作步驟。

	A	B	C	D	E	F
1						
2						
3	**數量累計**	欄標籤 ▼				
4	列標籤 ▼	港店	青葉台店	白浜店	綠之丘店	總計
5	4月	4,137	4,362	5,007	6,105	19,611
6	5月	8,802	9,522	10,511	12,614	41,449
7	6月	13,406	14,477	15,905	18,995	62,783
8	7月	17,595	18,924	20,201	24,770	81,490
9	8月	22,312	23,789	25,654	31,388	103,143
10	9月	26,982	28,875	30,992	37,793	124,642
11	**總計**					
12						

這是計算累計的樞紐分析表，計算累計之後，總計列變成空白

	A	B	C	D	E	F
1						
2						
3	**數量累計**	欄標籤 ▼				
4	列標籤 ▼	港店	青葉台店	白浜店	綠之丘店	總計
5	4月	4,137	4,362	5,007	6,105	19,611
6	5月	8,802	9,522	10,511	12,614	41,449
7	6月	13,406	14,477	15,905	18,995	62,783
8	7月	17,595	18,924	20,201	24,770	81,490
9	8月	22,312	23,789	25,654	31,388	103,143
10	9月	26,982	28,875	30,992	37,793	124,642
11						

可以隱藏多餘的總計列

1 隱藏總計列

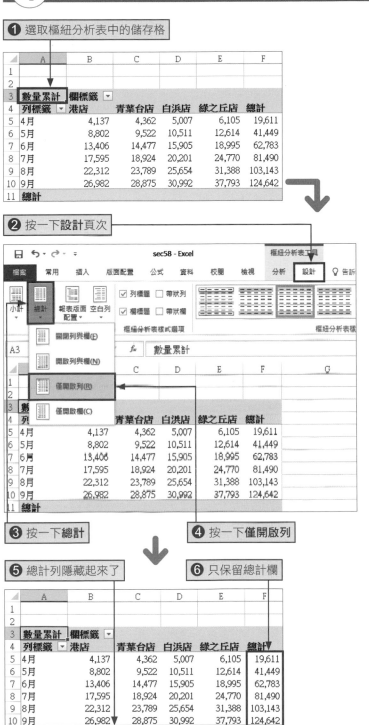

❶ 選取樞紐分析表中的儲存格

	A	B	C	D	E	F
1						
2						
3	**數量累計**	欄標籤 ▾				
4	列標籤 ▾	港店	青葉台店	白浜店	綠之丘店	總計
5	4月	4,137	4,362	5,007	6,105	19,611
6	5月	8,802	9,522	10,511	12,614	41,449
7	6月	13,406	14,477	15,905	18,995	62,783
8	7月	17,595	18,924	20,201	24,770	81,490
9	8月	22,312	23,789	25,654	31,388	103,143
10	9月	26,982	28,875	30,992	37,793	124,642
11	總計					

❷ 按一下設計頁次

❸ 按一下總計

❹ 按一下僅開啟列

❺ 總計列隱藏起來了

❻ 只保留總計欄

	A	B	C	D	E	F
1						
2						
3	**數量累計**	欄標籤 ▾				
4	列標籤 ▾	港店	青葉台店	白浜店	綠之丘店	總計
5	4月	4,137	4,362	5,007	6,105	19,611
6	5月	8,802	9,522	10,511	12,614	41,449
7	6月	13,406	14,477	15,905	18,995	62,783
8	7月	17,595	18,924	20,201	24,770	81,490
9	8月	22,312	23,789	25,654	31,388	103,143
10	9月	26,982	28,875	30,992	37,793	124,642
11						

✎ Memo 「總計」的子選單

依序按下設計頁次中的**版面配置**區的總計／開啟列與欄，可以顯示總計列與總計欄。相對地，按一下關閉列與欄，就能隱藏總計列與總計欄。

另外，按一下僅開啟欄，會顯示總計列，隱藏總計欄。

▼ 關閉列與欄

	A	B	C	D
1				
2				
3	加總 - 數量	欄標籤 ▾		
4	列標籤 ▾	海岸	山手	
5	甜點	19049	20463	
6	便當	38925	46205	
7				
8				

▼ 開啟列與欄

	A	B	C	D
1				
2				
3	加總 - 數量	欄標籤 ▾		
4	列標籤 ▾	海岸	山手	總計
5	甜點	19049	20463	39512
6	便當	38925	46205	85130
7	總計	57974	66668	124642
8				

▼ 僅開啟列

	A	B	C	D
1				
2				
3	加總 - 數量	欄標籤 ▾		
4	列標籤 ▾	海岸	山手	總計
5	甜點	19049	20463	39512
6	便當	38925	46205	85130
7				
8				

▼ 僅開啟欄

	A	B	C	D
1				
2				
3	加總 - 數量	欄標籤 ▾		
4	列標籤 ▾	海岸	山手	
5	甜點	19049	20463	
6	便當	38925	46205	
7	總計	57974	66668	
8				

視狀況切換顯示 / 隱藏小計

　　利用樞紐分析表的列標題執行階層統計時，會顯示小計列。另外，以欄標題執行階層統計時，會顯示小計欄。如果「想依照地區統計門市業績並進行分析」時，隱藏小計比較清楚，而且門市的統計值也能一目瞭然。另外，還有一個優點是，**要將統計表複製到其他工作表時，沒有小計，比較適合當作資料庫使用**。小計列、小計欄可以輕易顯示或隱藏，請視狀況靈活運用。

▼顯示小計

	A	B	C	D	E
1					
2					
3	加總 - 數量	欄標籤 ▼			
4	列標籤 ▼	甜點	便當	總計	
5	⊟海岸	19,049	38,925	57,974	
6	港店	7,388	19,594	26,982	
7	白浜店	11,661	19,331	30,992	
8	⊟山手	20,463	46,205	66,668	
9	青葉台店	8,102	20,773	28,875	
10	綠之丘店	12,361	25,432	37,793	
11	總計	39,512	85,130	124,642	

▼隱藏小計

	A	B	C	D	E
1					
2					
3	加總 - 數量	欄標籤 ▼			
4	列標籤 ▼	甜點	便當	總計	
5	⊟海岸				
6	港店	7,388	19,594	26,982	
7	白浜店	11,661	19,331	30,992	
8	⊟山手				
9	青葉台店	8,102	20,773	28,875	
10	綠之丘店	12,361	25,432	37,793	
11	總計	39,512	85,130	124,642	

可以配合需要切換顯示或隱藏小計

1 隱藏小計

Memo 再次顯示小計

按下設計頁次版面配置的小計，再按一下在群組的頂端顯示所有小計，小計會重新顯示在原本的位置。

❶ 選取樞紐分析表中的儲存格

	A	B	C	D	E
1					
2					
3	加總 - 數量	欄標籤 ▼			
4	列標籤 ▼	甜點	便當	總計	
5	⊟海岸	19,049	38,925	57,974	
6	港店	7,388	19,594	26,982	
7	白浜店	11,661	19,331	30,992	
8	⊟山手	20,463	46,205	66,668	
9	青葉台店	8,102	20,773	28,875	
10	綠之丘店	12,361	25,432	37,793	
11	總計	39,512	85,130	124,642	

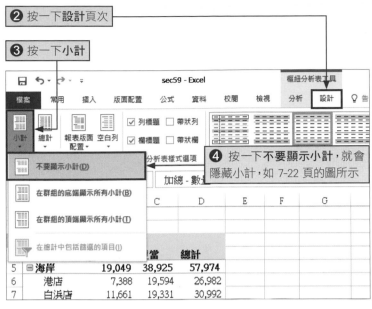

② 按一下**設計**頁次

③ 按一下**小計**

④ 按一下**不要顯示小計**，就會隱藏小計，如 7-22 頁的圖所示

①Hint 改變小計列的位置

小計不僅可以用來改變小計列的位置。按一下**在群組的底端顯示所有小計**，可以在各地區的末尾顯示小計。另外，當版面配置為列表方式時，小計的位置會顯示在末尾。

Step up 只隱藏特定欄位的小計

設定**不要顯示小計**之後，會隱藏列與欄所有階層的小計。假如「想只隱藏欄的小計」或「只顯示特定階層的小計」，請在**欄位設定**交談窗，依照各個欄位設定是否顯示小計。選取**自動**會顯示小計，選取**無**可以隱藏小計。

① 列與欄都顯示了小計

② 選取「地區」的儲存格

③ 參考 Unit 22，開啟**欄位設定**交談窗

④ 點選**無**

⑤ 顯示列小計，隱藏欄小計

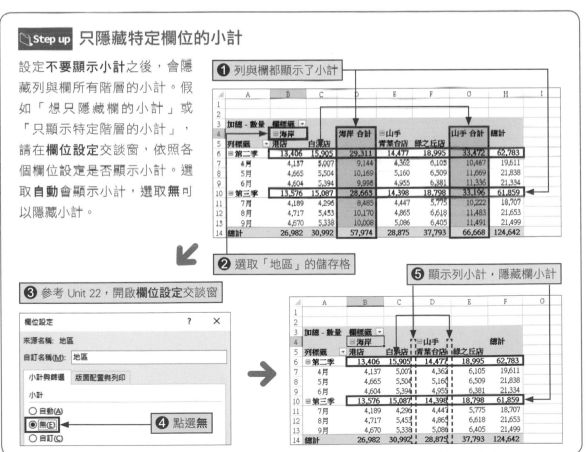

在各群組插入空白列讓統計表更清楚

插入空白列

插入空白列，讓分類之間的區隔更明確

依照「大分類→小分類」進行統計，以分類為單位來分析資料時，若各分類之間的區隔不明顯，會使樞紐分析表難以辨別。遇到這種情況，請在**各分類的末尾插入空白列**來解決這個問題。一旦分類之間的區隔變明確，樞紐分析表就能看得一清二楚。以下將在依照地區分類統計門市業績的統計表中，在各地區的末尾插入空白列。

在地區末尾插入空白列，可以讓地區的區隔變得較為清楚。

1 在地區的末尾插入空白列

(!)Hint 利用版面配置或樣式製造強弱對比

即使改變版面配置或樞紐分析表樣式，也能讓各分類的區隔變得較為明確。下圖是在本小節的範例套用列表方式及**樞紐分析表樣式中等深淺 2**的結果。

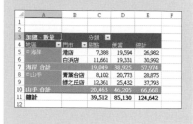

❶ 在樞紐分析表中選取任意儲存格

❷ 按一下**設計**頁次

❸ 按一下**空白列**

❹ 點選**每一項之後插入空白行**

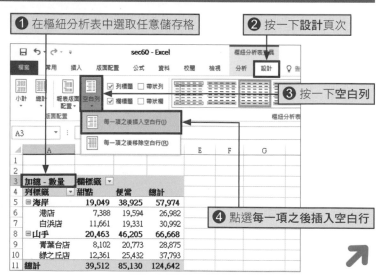

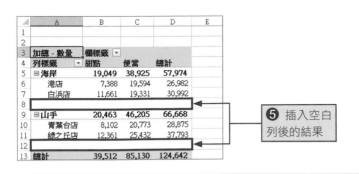

❺ 插入空白列後的結果

✎**Memo** 刪除空白列

按一下**設計**頁次版面配置的**空白列**，再按一下**每一項之後移除空白行**，即可刪除空白列。

📁**Step up** 只在特定階層的末尾插入空白列

在列標籤欄位配置「地區」、「門市」、「季」等 3 個欄位，如果在這樣的樞紐分析表中，按一下**空白列／每一項之後插入空白行**，會在各「門市」插入空白列。假如要在各「地區」插入空白列而不是門市的話，請先按一下**空白列／每一項之後移除空白行**，刪除空白列。接著開啟「地區」欄位的**欄位設定**交談窗，設定**在每個項目標籤後插入空白行**。

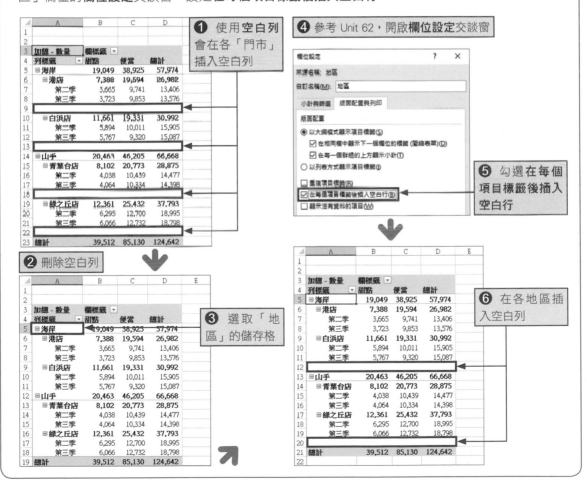

在空白儲存格顯示「0」

在空白儲存格顯示數值

在空白儲存格顯示「0」，讓沒有銷售的部分更明確

下圖是依照門市統計各商品銷售金額的樞紐分析表。其中有些門市沒有銷售部分商品，因而出現空白儲存格。假如想要列印出來當作參考資料，混合了空白儲存格的統計表會給人不好的印象。另外，有時為了突顯沒有銷售該商品，會希望以「0」或「(無銷售)」等來顯示這個部分的資料。因此，以下將以「0」填滿空白儲存格，調整樞紐分析表的外觀。由於這是針對樞紐分析表進行設定，即使改變版面配置，只要統計結果為空白，就會自動顯示為「0」。

▼設定前

	A	B	C	D	E	F	G
1							
2							
3	加總 - 金額	欄標籤					
4	列標籤	港店	青葉台店	白浜店	綠之丘店	總計	
5	幕之內便當	1,904,720	2,005,640	1,720,280	2,191,240	7,821,880	
6	鮭魚便當	1,771,200	1,955,250	2,101,950	2,032,650	7,861,050	
7	燒烤便當	1,680,800		1,745,700	1,797,400	5,223,900	
8	炸雞便當	1,828,560	1,917,860	1,962,320	2,048,200	7,756,940	
9	糖醋豬肉便當		1,459,920	1,409,520	1,578,780	4,448,220	
10	燒賣便當	1,712,280	1,689,860		1,793,600	5,195,740	
11	飴蜜	615,750	685,000	713,250	717,750	2,731,750	
12	蒙布朗			712,580	790,680	1,503,260	
13	布丁	452,340	480,420	516,240	556,200	2,005,200	
14	杏仁豆腐	361,800	403,950	405,150	420,900	1,591,800	
15	總計	10,327,450	10,597,900	11,286,990	13,927,400	46,139,740	

沒有銷售的商品
儲存格變成空白

▼設定後

	A	B	C	D	E	F	G
1							
2							
3	加總 - 金額	欄標籤					
4	列標籤	港店	青葉台店	白浜店	綠之丘店	總計	
5	幕之內便當	1,904,720	2,005,640	1,720,280	2,191,240	7,821,880	
6	鮭魚便當	1,771,200	1,955,250	2,101,950	2,032,650	7,861,050	
7	燒烤便當	1,680,800	0	1,745,700	1,797,400	5,223,900	
8	炸雞便當	1,828,560	1,917,860	1,962,320	2,048,200	7,756,940	
9	糖醋豬肉便當	0	1,459,920	1,409,520	1,578,780	4,448,220	
10	燒賣便當	1,712,280	1,689,860	0	1,793,600	5,195,740	
11	飴蜜	615,750	685,000	713,250	717,750	2,731,750	
12	蒙布朗	0	0	712,580	790,680	1,503,260	
13	布丁	452,340	480,420	516,240	556,200	2,005,200	
14	杏仁豆腐	361,800	403,950	405,150	420,900	1,591,800	
15	總計	10,327,450	10,597,900	11,286,990	13,927,400	46,139,740	

以「0」填滿空白
儲存格，調整外觀

1 以「0」填滿空白儲存格

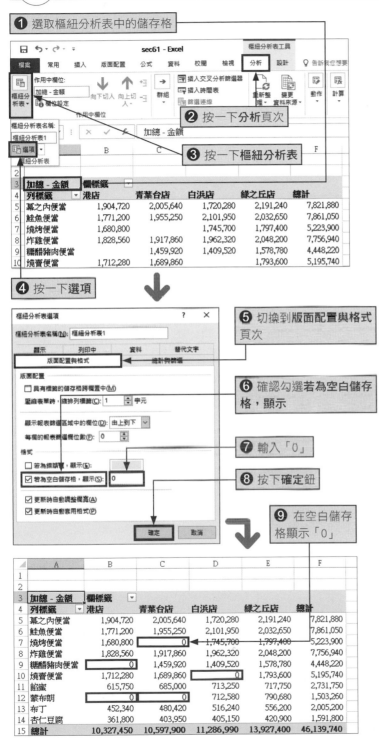

❶ 選取樞紐分析表中的儲存格

❷ 按一下分析頁次

❸ 按一下樞紐分析表

❹ 按一下選項

❺ 切換到版面配置與格式頁次

❻ 確認勾選若為空白儲存格，顯示

❼ 輸入「0」

❽ 按下確定鈕

❾ 在空白儲存格顯示「0」

📝**Memo** 使用 Excel 2010 / 2007

如果是 Excel 2010，請按一下**選項**頁次，取代步驟 ❷。若是 Excel 2007 請按一下**選項**頁次，再按一下**樞紐分析表**區的**選項**，取代步驟 ❷～❹。

⚠**Hint** 還可以設定錯誤值的顯示方式

根據原始統計資料，可能會在統計欄位的統計值中，顯示「#DIV/0!」或「#VALUE!」等錯誤值。開啟**樞紐分析表選項**交談窗，勾選**若為錯誤值，顯示**，及可以設定值取代錯誤值。

❶ 可以取代錯誤值

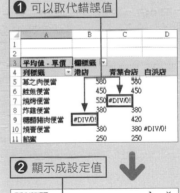

❷ 顯示成設定值

Unit 62

顯示無銷售成績的商品

設定沒有資料的項目

顯示全部商品突顯沒有銷售業績的部分

下圖是依照門市顯示商品每月銷售狀況的樞紐分析表。「綠之丘店」銷售的商品有 10 種，但是「青葉台店」沒有販售「燒烤便當」及「蒙布朗」，所以商品數量只顯示了 8 種。在樞紐分析表中，如果統計對象不存在，就不會顯示該項目。但是，有時會遇到必須強調「青葉台店」沒有銷售這 2 種商品，顯示全部商品的情況。因此，以下將介紹統計對象不存在時，也可以顯示所有項目的設定方法。

▼綠之丘店的銷售表

	A	B	C	D	E	F	G	H	I
1	門市	綠之丘店							
2									
3	加總 - 數量	欄標籤							
4	列標籤	4月	5月	6月	7月	8月	9月	總計	
5	幕之內便當	674	664	601	519	640	680	3,778	
6	鮭魚便當	720	759	800	682	817	739	4,517	
7	燒烤便當	623	547	528	488	523	559	3,268	
8	炸雞便當	828	896	919	872	987	888	5,390	
9	糖醋豬肉便當	604	615	617	601	676	646	3,759	
10	燒賣便當	663	840	802	740	822	853	4,720	
11	餡蜜	470	471	486	411	548	485	2,871	
12	蒙布朗	590	652	641	537	591	583	3,594	
13	布丁	485	550	517	507	555	476	3,090	
14	杏仁豆腐	448	515	470	418	459	496	2,806	
15	總計	6,105	6,509	6,381	5,775	6,618	6,405	37,793	

「綠之丘店」有 10 項商品的銷售業績

▼青葉台店的銷售表

	A	B	C	D	E	F	G	H	I
1	門市	青葉台店							
2									
3	加總 - 數量	欄標籤							
4	列標籤	4月	5月	6月	7月	8月	9月	總計	
5	幕之內便當	598	597	591	487	540	645	3,458	
6	鮭魚便當	677	791	685	696	735	761	4,345	
7	炸雞便當	745	910	864	745	908	875	5,047	
8	糖醋豬肉便當	500	649	595	523	583	626	3,476	
9	燒賣便當	666	814	757	720	724	766	4,447	
10	餡蜜	420	471	497	410	453	489	2,740	
11	布丁	379	478	472	393	477	470	2,669	
12	杏仁豆腐	377	450	494	473	445	454	2,693	
13	總計	4,362	5,160	4,955	4,447	4,865	5,086	28,875	

「青葉台店」沒有銷售「燒烤便當」及「蒙布朗」，所以沒有顯示，因此要設定成顯示「燒烤便當」及「蒙布朗」的狀態

1 顯示沒有資料的項目

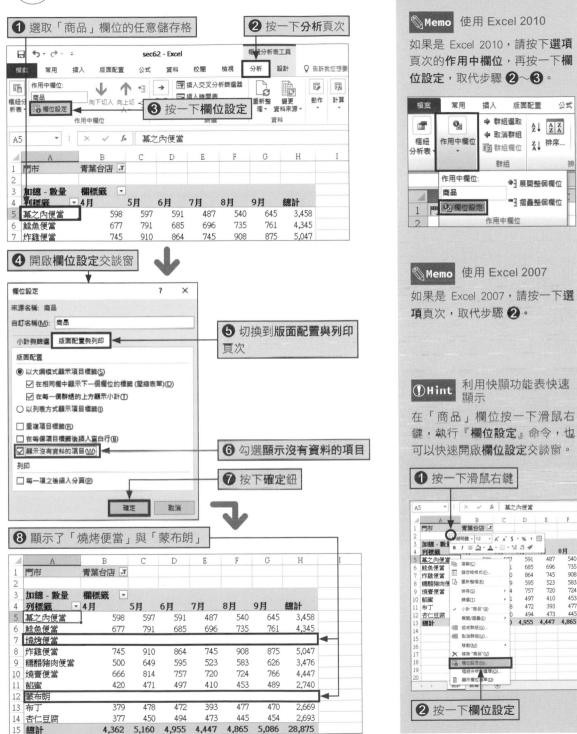

① 選取「商品」欄位的任意儲存格

② 按一下**分析**頁次

③ 按一下**欄位設定**

④ 開啟欄位設定交談窗

⑤ 切換到**版面配置與列印**頁次

⑥ 勾選**顯示沒有資料的項目(W)**

⑦ 按下**確定**鈕

⑧ 顯示了「燒烤便當」與「蒙布朗」

列標籤	4月	5月	6月	7月	8月	9月	總計
幕之內便當	598	597	591	487	540	645	3,458
鮭魚便當	677	791	685	696	735	761	4,345
燒烤便當							
炸雞便當	745	910	864	745	908	875	5,047
糖醋豬肉便當	500	649	595	523	583	626	3,476
燒賣便當	666	814	757	720	724	766	4,447
餡蜜	420	471	497	410	453	489	2,740
蒙布朗							
布丁	379	478	472	393	477	470	2,669
杏仁豆腐	377	450	494	473	445	454	2,693
總計	4,362	5,160	4,955	4,447	4,865	5,086	28,875

Memo 使用 Excel 2010

如果是 Excel 2010，請按下**選項**頁次的**作用中欄位**，再按一下**欄位設定**，取代步驟 **②**～**③**。

Memo 使用 Excel 2007

如果是 Excel 2007，請按一下**選項**頁次，取代步驟 **②**。

Hint 利用快顯功能表快速顯示

在「商品」欄位按一下滑鼠右鍵，執行『**欄位設定**』命令，也可以快速開啟**欄位設定**交談窗。

① 按一下滑鼠右鍵

② 按一下**欄位設定**

② 沒有資料的項目顯示為「------」

Memo 使用 Excel 2010 / 2007

如果是 Excel 2010，請按一下**選項**頁次，取代步驟 ②。

若是 Excel 2007 請按一下**選項**頁次，再按一下**樞紐分析表**區的**選項**，取代步驟 ②～④。

Memo 事先選取儲存格

如果要顯示前一頁介紹過的**欄位設定**交談窗，必須先選取成為設定對象的欄位內儲存格。另外，在顯示**樞紐分析表選項**交談窗之前，只要選取的儲存格在樞紐分析表內即可。

Memo 其他門市也顯示全部商品

前一頁介紹的**顯示沒有資料的項目**，只要設定一次就可以了。設定之後，在報表篩選欄位選擇其他門市，也會顯示全部商品。

① 選取「港店」

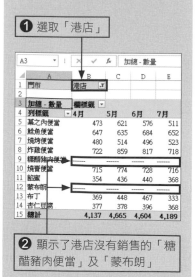

② 顯示了港店沒有銷售的「糖醋豬肉便當」及「蒙布朗」

① 選取樞紐分析表中的儲存格

② 按一下**分析**頁次

③ 按一下**樞紐分析表**

④ 按一下**選項**

⑤ 切換到**版面配置與格式**頁次

⑥ 確認勾選了若為空白儲存格，顯示

⑦ 輸入「------」

⑧ 按下**確定**鈕

⑨ 在「燒烤便當」及「蒙布朗」的列顯示「------」

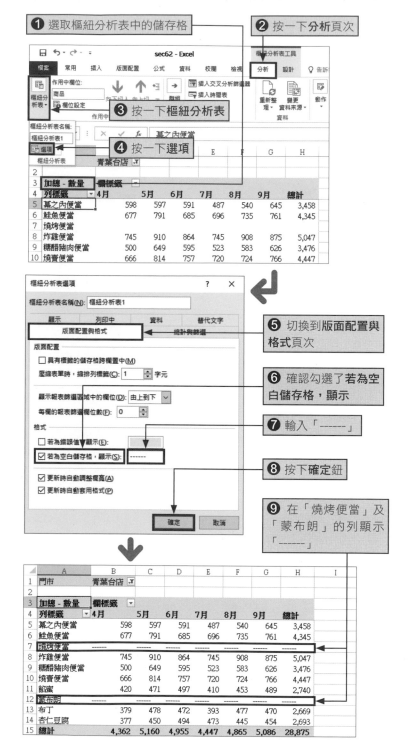

第 **8** 章

利用樞紐分析圖讓資料視覺化

何謂樞紐分析圖

樞紐分析圖概要

可以與樞紐分析表一同進行視覺化資料分析

　　將樞紐分析表製作成圖表後，會變成**樞紐分析圖** (請參考 Unit 64)。改變樞紐分析表的欄位配置時，也會自動反應在樞紐分析圖上。另外，在樞紐分析表使用篩選功能篩選資料後，樞紐分析圖的顯示項目也會顯示成篩選後的狀態。由於可以隨時將統計結果圖表化，所以能**同時檢視樞紐分析表與樞紐分析圖**，以視覺化方式分析資料。

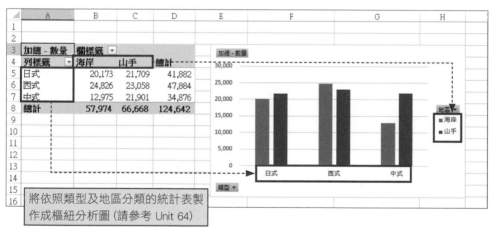

將依照類型及地區分類的統計表製作成樞紐分析圖 (請參考 Unit 64)

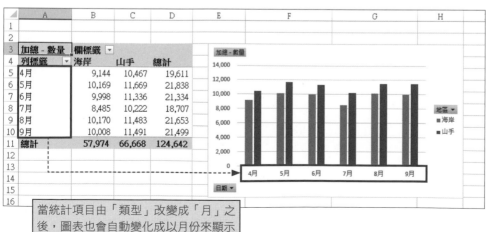

當統計項目由「類型」改變成「月」之後，圖表也會自動變化成以月份來顯示

樞紐分析圖也能執行更換欄位及篩選資料

在樞紐分析圖上也能執行更換欄位及篩選資料 (請參考 Unit 68～Unit 70)，而且在樞紐分析圖中執行的操作會反應在樞紐分析表中。**利用樞紐分析圖為重點來分析資料時，可以直接操作圖表，非常方便。**

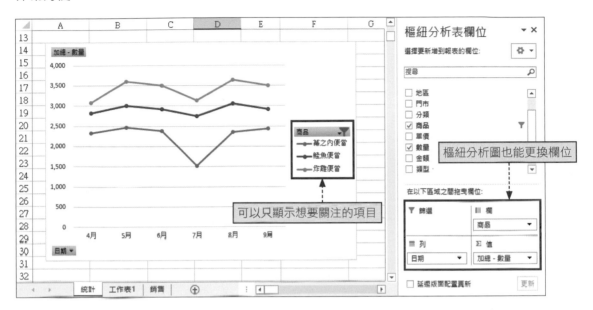

可以只顯示想要關注的項目

樞紐分析圖也能更換欄位

✎Memo 樞紐分析圖的限制

樞紐分析圖是樞紐分析表專用的圖表。因此，有些一般圖表中沒有的限制。

● 可以製作的圖表種類

樞紐分析圖無法製作散佈圖、泡泡圖、股票圖。假如想用樞紐分析表的統計結果製作這些圖表，請參考 Unit 79 的說明，把統計結果轉換成一般資料表，再製作成普通的圖表。

● 製作多張圖表

使用樞紐分析表製作出多張圖表後，每個樞紐分析圖都由相同欄位構成，無法製作成一張顯示「門市圖」，一張顯示「月份圖」，這種同時顯示不同欄位的圖表。

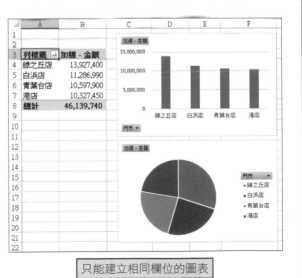

只能建立相同欄位的圖表

樞紐分析圖的畫面結構

　　選取樞紐分析圖，會在功能區顯示編輯圖表用的**樞紐分析圖工具**。功能區內的頁次依版本而異，在欄位清單中，會顯示「篩選」、「圖例 (數列) 」、「座標軸 (類別) 」、「值」等 4 個區域，各個版本的區域名稱可能有些出入。另外，Excel 2007 還會顯示**樞紐分析圖篩選窗格**。

▽ Excel 2013/2016

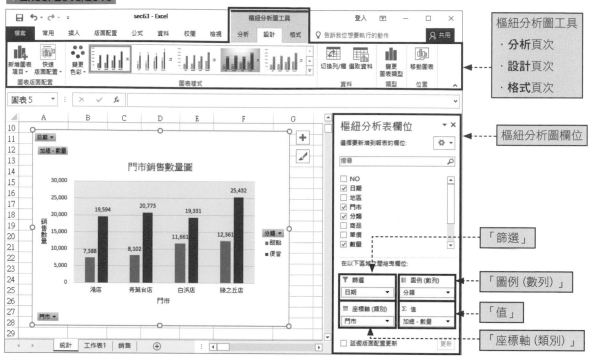

▽ Excel 2010／2007

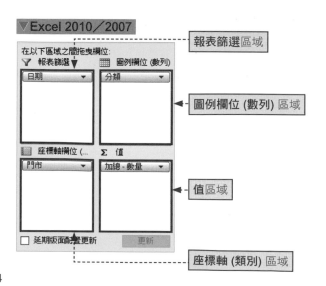

▽ Excel 2007

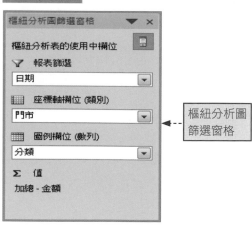

樞紐分析圖的圖表項目

下圖是在直條圖上顯示圖表項目的樞紐分析圖。其他類型的圖表項目也是以此為基準。請先確認樞紐分析圖與樞紐分析表以及與欄位清單各區域的關係。

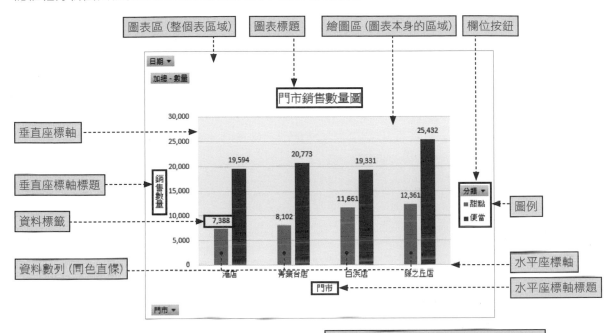

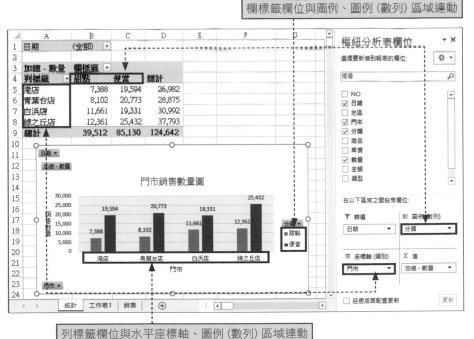

製作樞紐分析圖

以圖表顯示統計結果

　　用樞紐分析圖呈現樞紐分析表的統計結果，能以視覺化方式呈現資料。只列在樞紐分析表內的數值，不容易瞭解資料趨勢，製作成圖表後，就能一目瞭然，有助於提高分析資料的效率。以下將把門市類型統計表製作成「堆疊直條圖」，並且配置在容易檢視的位置。列標籤欄位的「門市」顯示在圖表的水平軸，欄標籤欄位的「類型」顯示在圖表的圖例中。只要選取樞紐分析表的儲存格，再挑選圖表種類，就能輕鬆使用樞紐分析圖，非常簡單。

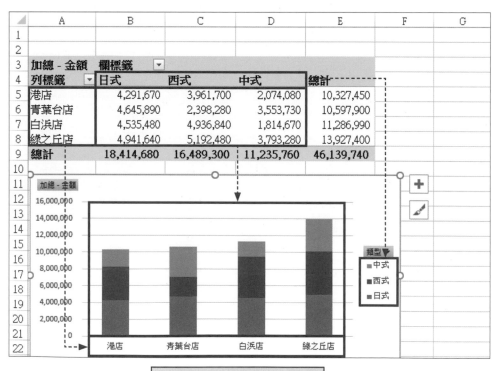

由樞紐分析表製作出樞紐分析圖

1 製作樞紐分析圖

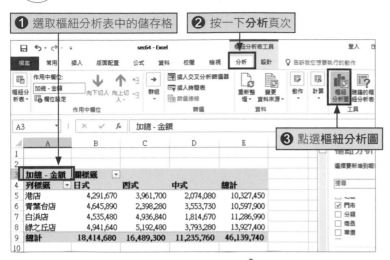

① 選取樞紐分析表中的儲存格

② 按一下**分析**頁次

③ 點選**樞紐分析圖**

④ 開啟**插入圖表**交談窗

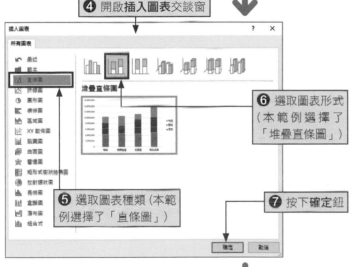

⑤ 選取圖表種類 (本範例選擇了「直條圖」)

⑥ 選取圖表形式 (本範例選擇了「堆疊直條圖」)

⑦ 按下**確定**鈕

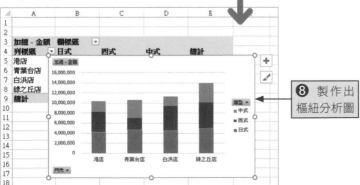

⑧ 製作出樞紐分析圖

Memo 使用 Excel 2010／2007 製作樞紐分析圖

Excel 2010／2007 請按一下**選項**頁次，取代步驟②。

Memo 不需要選取圖表的儲存格範圍

製作樞紐分析圖時，不需要非得選取成為圖表來源的儲存格範圍。選取樞紐分析表內的儲存格，就會自動把總計與小計以外的範圍製作成圖表。

Memo 選取樞紐分析圖

點選任意儲存格，即可取消選取樞紐分析圖的狀態。如果要再次選取圖表，可以將游標移動到圖表的空白處，確認跳出提示「圖表區」的訊息，再按一下。選取了圖表後，圖表周圍會顯示成粗框。

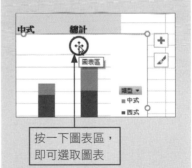

按一下圖表區，即可選取圖表

Memo 刪除樞紐分析圖

選取樞紐分析圖，按一下 Delete 鍵，即可刪除樞紐分析圖。刪除了樞紐分析圖之後，樞紐分析表仍會保留下來。

② 調整圖表位置及大小

!Hint 讓圖表配置在儲存格的框線上

移動圖表或調整圖表大小時，按住 Alt 鍵不放再拖曳，可以讓圖表對齊儲存格框線。

!Hint 移動到其他工作表中

選取樞紐分析圖，按一下**設計**頁次**位置**區的**移動圖表**，就會開啟**移動圖表**交談窗。在**工作表中的物件**選取移動到哪個工作表，即可移動圖表。

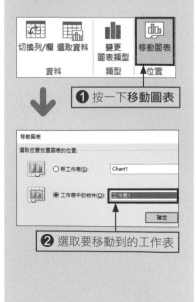

❶ 按一下**移動圖表**

❷ 選取要移動到的工作表

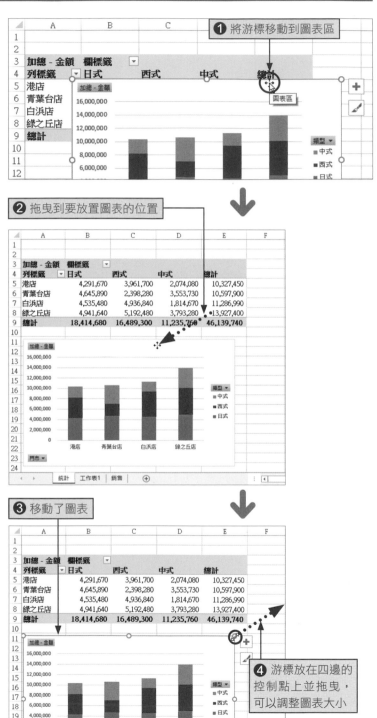

❶ 將游標移動到圖表區

❷ 拖曳到要放置圖表的位置

❸ 移動了圖表

❹ 游標放在四邊的控制點上並拖曳，可以調整圖表大小

🖉Memo　配合目的選擇圖表種類

製作樞紐分析圖時，請配合資料分析目的來選擇圖表類型。比較銷售高低請使用直條圖，顯示時間數列推移，請選擇折線圖，若要表示結構比，可以選擇圓形圖，按照要調查的內容，使用可以清楚呈現的圖表。

▼群組直條圖
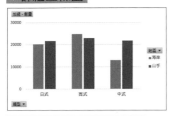

以直條高低比較數值大小

▼折線圖
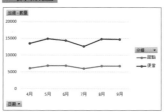

顯示按照時間數列排列的數值變化

▼雷達圖
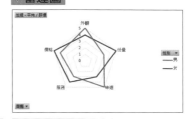

以多角形顯示比例

▼群組橫條圖
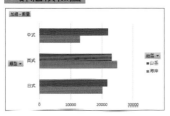

以橫條長短比較數值大小

▼立體區域圖
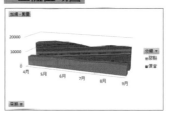

顯示按照時間數列排列的數值變化

▼直方圖
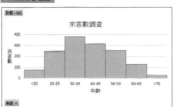

顯示在一定區間內的資料分佈

▼堆疊直條圖
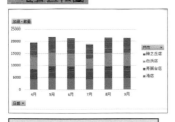

比較各項目的總計量及明細

▼堆疊區域圖
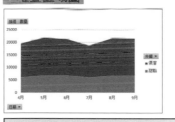

顯示各項目統計量及明細的變化

▼組合式
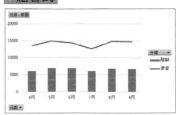

群組直條圖、折線圖等組合不同類型的圖表

▼百分比堆疊橫條圖
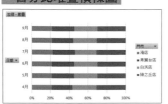

各項目整體視為 100%，比較內容明細

▼圓形圖
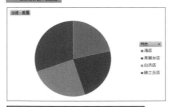

以扇形面積顯示明細比例

Unit 65 改變樞紐分析圖的類型

更改圖表的類型

傳達內容會隨著圖表種類而異

　　相同資料製作出來的圖表，會隨著**圖表種類而改變傳達內容**。下圖是依照類別顯示銷售及加總製作出來的堆疊直條圖，呈現出「港店與青葉台店整體業績差不多，但是港店的中式餐點銷售較差，青葉台店是西式餐點的銷售偏低」。可是，堆疊直條圖無法比較港店的中式餐點與青葉台店的西式餐點之具體狀況。此時，必須改變成群組直條圖，讓各類型的銷售狀況顯示成獨立數列，就能輕易比較。**配合想要瞭解的內容，選擇最適合的圖表**，才能有效發揮資料的功用。

▼堆疊直條圖

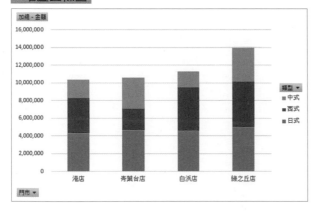

可以依照各門市比較
各類型的明細與加總

▼群組直條圖

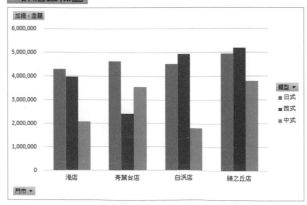

可以比較各門市與
各類型的銷售狀況

1 改變圖表的類型

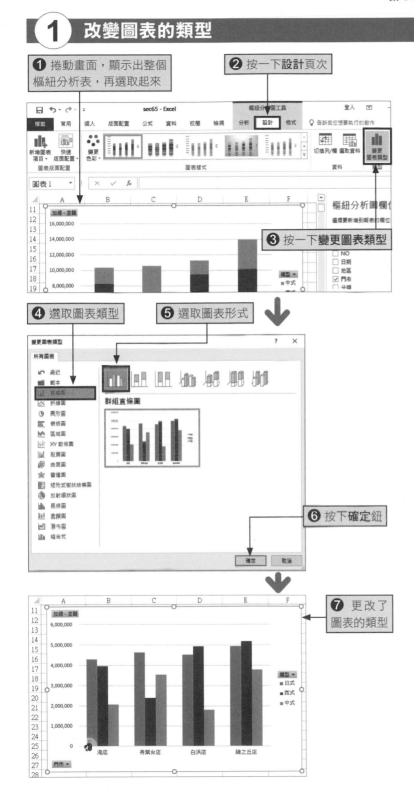

❶ 捲動畫面,顯示出整個樞紐分析表,再選取起來

❷ 按一下**設計**頁次

❸ 按一下**變更圖表類型**

❹ 選取圖表類型

❺ 選取圖表形式

❻ 按下**確定**鈕

❼ 更改了圖表的類型

✏️ **Memo** 沒有顯示「設計」頁次

編輯圖表用的**設計**等頁次是在選取樞紐分析圖時,才會顯示。如果要進行編輯,必須先選取樞紐分析圖。

✏️ **Memo** 功能區的的結構會依照版本而出現差異

Excel 2016／2013 的**樞紐分析圖工具**是由**分析**、**設計**、**格式**等 3 個頁次構成。Excel 2010／2007 是由**設計**、**版面配置**、**格式**、**分析**等 4 個頁次構成。另外,Excel 2010／2007 的**變更圖表類型**是位於**設計**頁次的左邊。

Excel 2010／2007 有 4 個樞紐分析圖用的頁次

變更圖表類型位於左邊

✏️ **Memo** 更改統計項目時要重新檢視圖表類型

改變樞紐分析表的統計項目時,請重新檢視圖表類型。例如,「門市銷售統計表」改成「月份銷售統計表」時,將直條圖變成折線圖,較能輕易看出每個月的銷售變化。

調整樞紐分析圖的設計

配合使用目的選擇設計

樞紐分析圖提供了可以設定整張圖表設計的「圖表樣式」功能。你可以依照使用目的來調整設計，例如，製作成簡報資料時，選擇搶眼的設計，當作報告附件資料列印時，套用沉穩風格。另外，還可以對要突顯的資料設定不同顏色，讓資料分析更清楚明確。

▼剛製作出來的圖表

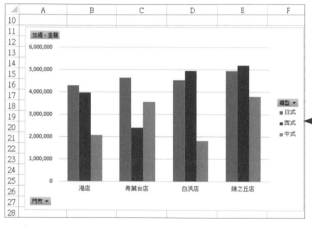

剛製作出來的圖表套用了預設的設定與顏色

▼套用圖表樣式

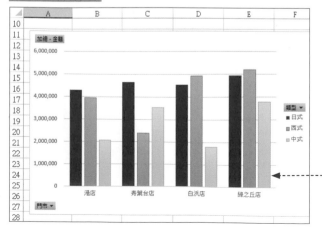

利用圖表樣式，可以改變整張圖表的設計。如果想特別針對「日式」餐點來分析，將「日式」直條變成比較搶眼的顏色，就能突顯出來

1 改變整張圖表的設計

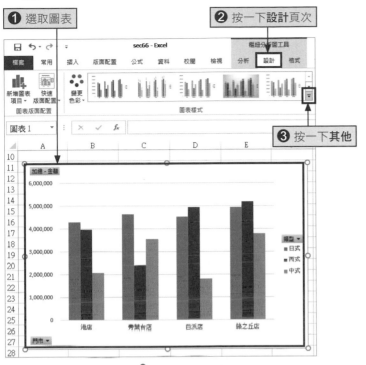

① 選取圖表
② 按一下**設計**頁次
③ 按一下**其他**

④ 顯示圖表樣式清單
⑤ 選取樣式（本範例選取了「樣式 5」）

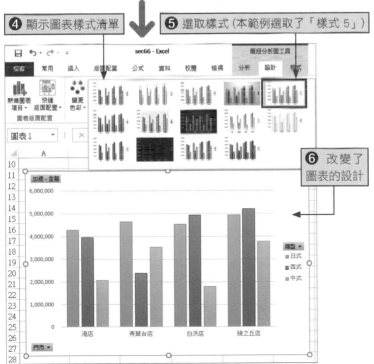

⑥ 改變了圖表的設計

✎ **Memo** 以兩階段操作設定樣式與色彩

Excel 2016／2013 可以利用**圖表樣式**及**變更色彩**兩階段操作來設定圖表設計。

✎ **Memo** 使用 Excel 2010／2007 設定設計

在 Excel 2010／2007 的**圖表樣式**中，也包含色彩設定。請按照以下設定，取代步驟⑤～⑧。

① 選取樣式（本範例選取了「樣式 1」）

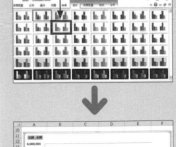

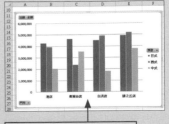

② 一次改變設計與色彩

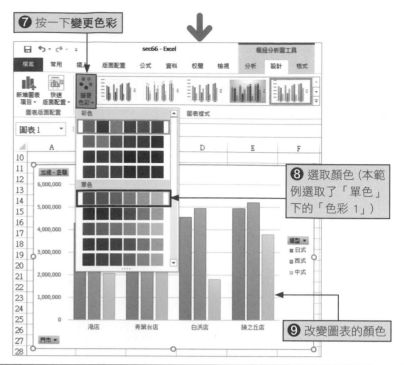

❼ 按一下變更色彩

❽ 選取顏色 (本範例選取了「單色」下的「色彩 1」)

❾ 改變圖表的顏色

Memo 配合圖表類型顯示樣式

顯示在**圖表樣式**中的設計，會依照圖表類型而異。裡面準備了直條圖、折線圖、圓形圖同等各類圖表用的設計樣式。

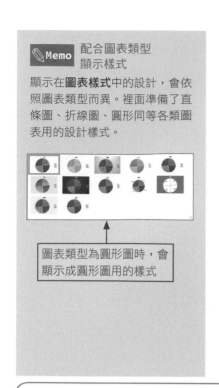

圖表類型為圓形圖時，會顯示成圓形圖用的樣式

Step up 使用 Excel 2016／2013 製作的圖表套用 2010／2007 專用的樣式

Excel 2016／2013 與 Excel 2010／2007 的色彩與圖形效果不同。本書提供的範例檔案是以 Excel 2016 製作而成，若用 Excel 2010／2007 開啟，色彩盤仍會顯示 Excel 2016 的顏色。另外，**圖表樣式**也會顯示成與 Excel 2010／2007 原本不一樣的顏色與設計。本書提供的範例檔案若想沿用 Excel 2010／2007 原本的顏色及設計，可以在**版面配置**頁次的**佈景主題**中，選擇**Office**。

❶ 在版面配置頁次的佈景主題中，選取Office

❷ 圖表樣式的選項將變成 Office 2010／2007 的色彩與設計

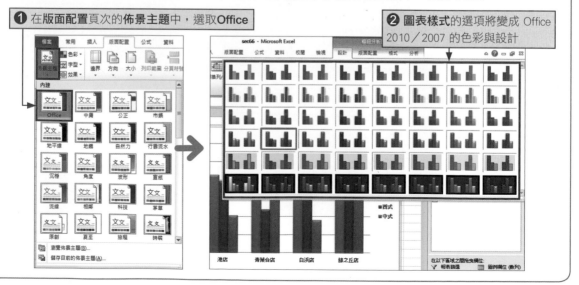

② 改變資料數列的顏色

❶ 選取任一個「日式」數列

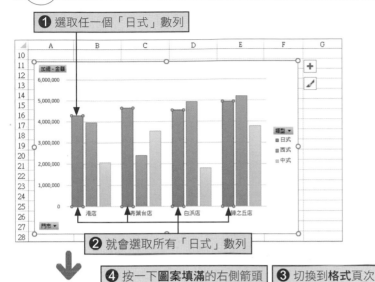

❷ 就會選取所有「日式」數列

❹ 按一下圖案填滿的右側箭頭　❸ 切換到格式頁次

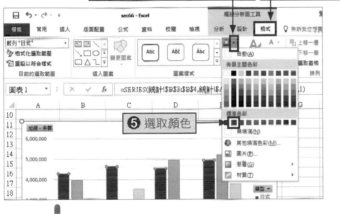

❺ 選取顏色

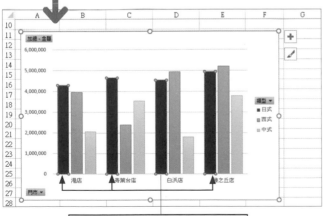

❻ 所有「日式」數列都改變顏色

📝Memo 改變樣式會刪除
個別格式

改變圖表樣式後，會清除先前設
定過的文字大小與顏色等部分。
若要依照圖表項目個別設定格式，
請先套用圖表樣式後再設定。

⊙Hint 只想突顯單一數列
按一下數列，會選取所有同色數
列，再按一次，即可單獨選取該
數列。在此狀態設定色彩，就能
只改變該數列的顏色。

❶ 按一下數列

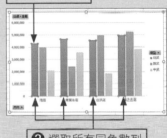

❷ 選取所有同色數列

❸ 再按一次，只選取該數列

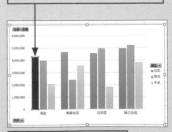

❹ 在此狀態更改色彩

編輯樞紐分析圖的元素

顯示圖表樣式與座標軸標題

依照目的編輯圖表項目

　　由於剛製作完成的樞紐分析圖，只顯示了最低限度的圖表項目，還算不上是淺顯易懂的圖表。假如要列印圖表，當作會議資料使用，還得**增加必要的圖表項目**。以下將在直條圖顯示標題與座標軸的數值，代表這是一張銷售圖。另外，有時在資料分析的過程中，可能需要更換圖表上的欄位。不過**更改欄位之後**，標題與座標軸標題可能會變得與圖表內容不一致。因此，編輯圖表項目時，請根據實際狀況來設定。

▼ 編輯前

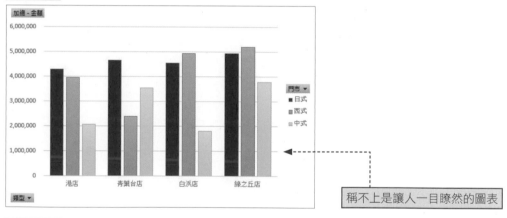

稱不上是讓人一目瞭然的圖表

▼ 編輯後

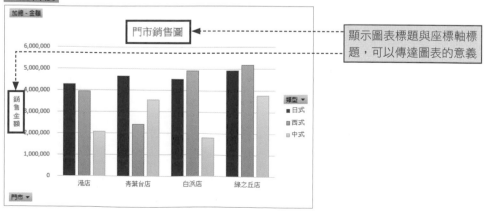

顯示圖表標題與座標軸標題，可以傳達圖表的意義

1 顯示圖表標題

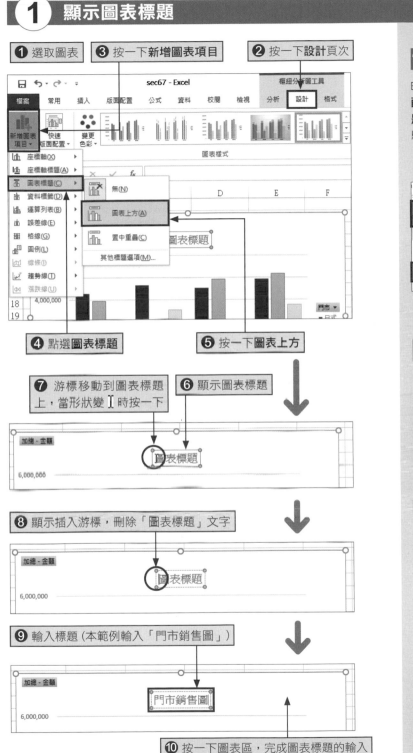

① 選取圖表 ③ 按一下**新增圖表項目** ② 按一下**設計**頁次

④ 點選**圖表標題**

⑤ 按一下**圖表上方**

⑦ 游標移動到**圖表標題**上，當形狀變 I 時按一下

⑥ 顯示**圖表標題**

⑧ 顯示插入游標，刪除「圖表標題」文字

⑨ 輸入標題（本範例輸入「門市銷售圖」）

⑩ 按一下圖表區，完成圖表標題的輸入

Memo Excel 2010／2007 使用「版面配置」頁次

Excel 2010／2007 請按一下**版面配置**頁次的**標籤**區中的**圖表標題**，再按一下**圖表上方**，取代步驟 ②～⑤。

① 按一下**版面配置**頁次

② 按一下**圖表標題**

③ 按一下**圖表上方**

Memo Excel 2016／2013 還可以使用「圖表項目」

Excel 2016／2013 利用選取圖表時，顯示的**圖表項目** ╋，可以輕易切換顯示／隱藏各種圖表項目。勾選之後就會顯示，取消勾選則變成隱藏。

① 按一下**圖表項目**

② 按一下**圖表標題**

③ 新增**圖表標題**

② 顯示座標軸標題

✎ Memo　Excel 2010／2007 使用「版面配置」頁次

Excel 2010／2007 請按一下**版面配置**頁次**標籤**區中的**座標軸標題**，再按一下**主垂直軸標題/垂直標題**，取代步驟②～⑤。由於垂直軸標題一開始就顯示為直式，所以不需要執行步驟⑥～⑨。

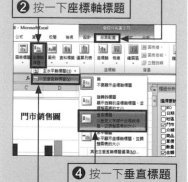

❶ 按一下版面配置頁次

❷ 按一下座標軸標題

❸ 按一下主垂直軸標題

❹ 按一下垂直標題

⑤ 垂直軸標題顯示為直式

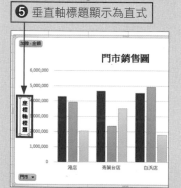

✎ Memo　刪除標題及座標軸標題

選取圖表上的標題或座標軸標題，按一下 Delete 鍵即可刪除。

① 選取圖表　③ 按一下新增圖表項目　② 按一下設計頁次

⑤ 按一下主垂直

④ 點選座標軸標題

⑦ 按一下常用頁次　⑧ 按一下方向

⑨ 按一下垂直文字

⑥ 垂直軸標題轉了 90 度

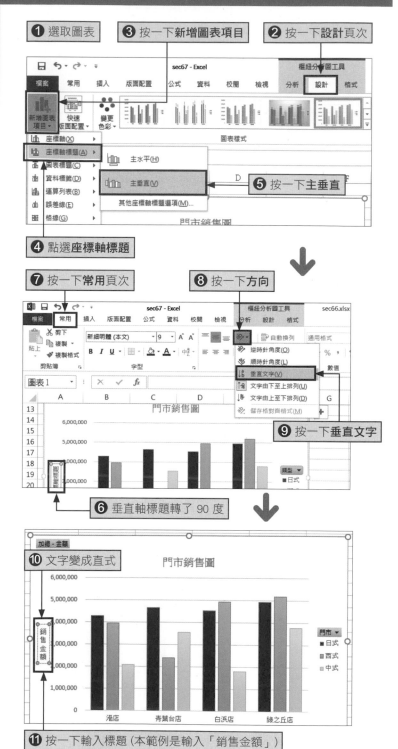

⑩ 文字變成直式　門市銷售圖

⑪ 按一下輸入標題 (本範例是輸入「銷售金額」)

🗂Step up 固定垂直軸的數值範圍

座標軸的刻度數值在預設狀態下，會隨著資料自動變化。更改統計項目時，將自動調整成最佳範圍，非常方便。但是，有時仍需要固定刻度，以相同比例比較更改統計項目後的圖表。此時，請開啟**座標軸格式**工作窗格（Excel 2010／2007 是交談窗），固定「最小值」與「最大值」。另外，如果要恢復成自動調整狀態，Excel 2016／2013 請按一下**重置**，Excel 2010／2007 是按一下**自動**。

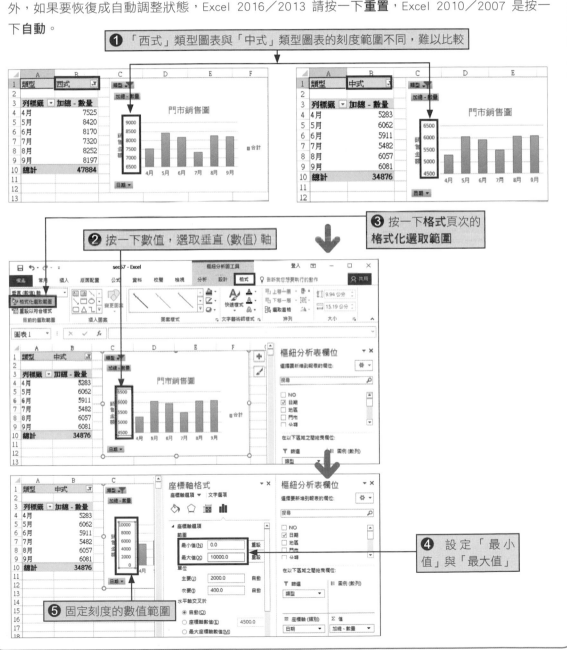

❶ 「西式」類型圖表與「中式」類型圖表的刻度範圍不同，難以比較

❷ 按一下數值，選取垂直 (數值) 軸

❸ 按一下**格式**頁次的**格式化選取範圍**

❹ 設定「最小值」與「最大值」

❺ 固定刻度的數值範圍

更換樞紐分析圖的欄位

從各種角度將資料變成圖表再分析

在 Unit 15 曾經介紹過，更換欄位，可以進行一邊改變統計觀點，一邊分析資料的骰子分析，其實使用樞紐分析圖也能執行骰子分析。圖表是以視覺化方式來表現資料，改變統計觀點時，可以直覺掌握數值大小的差異及變化，非常方便、有效率。

由於樞紐分析表與樞紐分析圖互相連動，因此樞紐分析表或樞紐分析圖任何一邊都可以更換欄位，而且操作結果會立刻反應出來。以下要介紹如何更換顯示在圖表中的欄位。

▼門市商品類型銷售圖

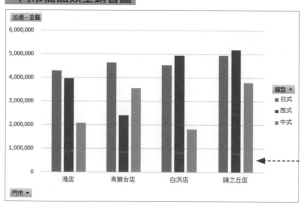

座標軸（類別）欄位配置門市，圖例（數列）配置類型

▼門市月份銷售圖

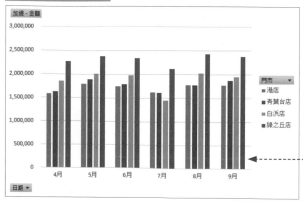

座標軸（類別）欄位配置月份，圖例（數列）配置門市，圖表呈現的觀點就會不同

1 刪除欄位

❷ 選取圖表　　❶ 在「圖例 (數列)」配置類型

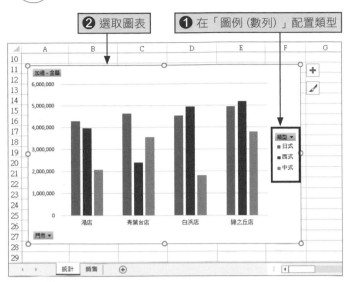

❸ 游標移動到「圖例 (數列)」區的「類型」上

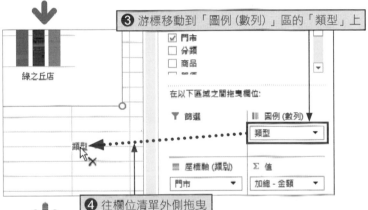

❹ 往欄位清單外側拖曳

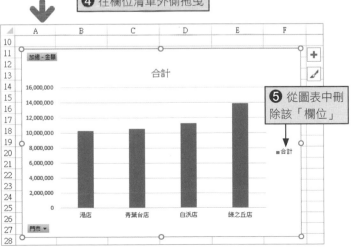

❺ 從圖表中刪除該「欄位」

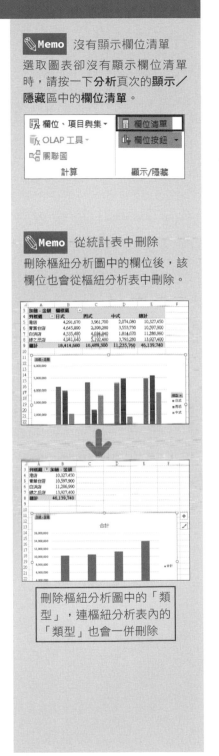

Memo 沒有顯示欄位清單

選取圖表卻沒有顯示欄位清單時，請按一下**分析**頁次的**顯示／隱藏**區中的**欄位清單**。

Memo 從統計表中刪除

刪除樞紐分析圖中的欄位後，該欄位也會從樞紐分析表中刪除。

刪除樞紐分析圖中的「類型」，連樞紐分析表內的「類型」也會一併刪除

② 移動欄位

✎Memo 樞紐分析表的欄位也
會移動

在樞紐分析圖內移動欄位後，樞
紐分析表中的欄位也會跟著一起
移動。

移動樞紐分析圖中的
「門市」，樞紐分析
表中的門市也移動了

①Hint 利用樞紐分析表也能
執行操作

由於樞紐分析表與樞紐分析圖互
相連動，所以在樞紐分析表中移
動「門市」欄位，樞紐分析圖也
會一起移動。

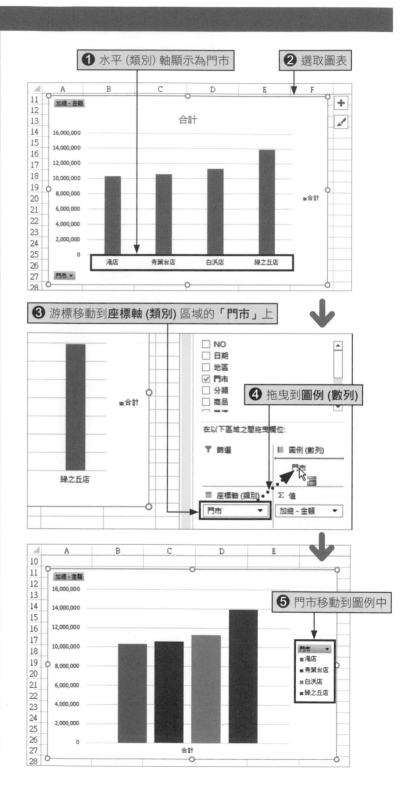

① 水平 (類別) 軸顯示為門市

② 選取圖表

③ 游標移動到**座標軸 (類別)** 區域的「**門市**」上

④ 拖曳到圖例 (數列)

⑤ 門市移動到圖例中

③ 新增欄位

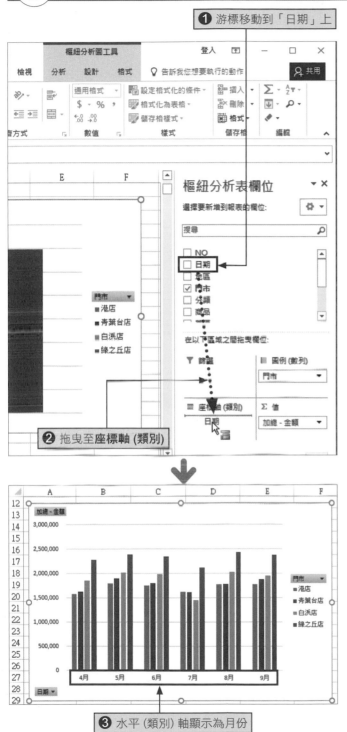

① 游標移動到「日期」上

② 拖曳至**座標軸 (類別)**

③ 水平 (類別) 軸顯示為月份

📝 **Memo** 在樞紐分析表中先建立群組

假如想以月為單位或年為單位來顯示圖表，請先將日期欄位配置在樞紐分析表的「列」區域或「欄」區域，參考 Unit 21，建立群組。

📝 **Memo** 刪除、移動、新增沒有固定順序

本單元將「門市商品類型銷售圖」改變成「門市月份銷售圖」。介紹的步驟順序是刪除、移動、新增欄位，但是這個順序並非固定。依照任何順序來操作，都能製作出相同的圖表結果。

❗ **Hint** 配合顯示內容調整圖表類型

改變了圖表中的欄位後，再更改成適合目前欄位結構的圖表類型，可以更容易進行分析。例如，在水平 (類別) 軸配置日期欄位後，更改成折線圖，即可掌握依照時間出現的銷售變化。

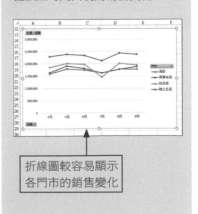

折線圖較容易顯示各門市的銷售變化

篩選要檢視的項目再分析

　　和一般圖表不同的是，樞紐分析圖並非製作完成後就結束。請仔細**檢討完成的樞紐分析圖**，**徹底分析**。若發現值得注意的資料，就在**圖表上單獨顯示該資料**，或**與比較對象一起顯示**，調整成更容易看懂的狀態，詳細分析資料。下面的樞紐分析圖是商品月銷售圖。在商品折線圖中，注意到「幕之內便當」7月的業績明顯下滑。因此，以下單獨保留「幕之內便當」以及相同類型的「鮭魚便當」，隱藏其他折線。只顯示 2 條折線，能讓「幕之內便當」的銷售變化更加清楚。

▼**門市商品類型銷售圖**

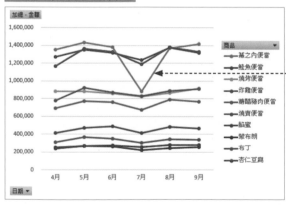

注意到「幕之內便當」7月銷售成績下滑

▼**門市月份銷售圖**

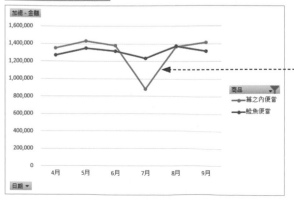

保留當作比較對象的「鮭魚便當」，隱藏其他部分，能清楚看到「幕之內便當」明顯下滑

1 篩選要顯示的項目

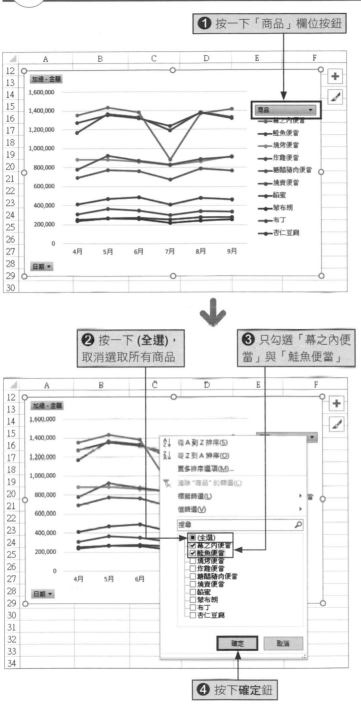

❶ 按一下「商品」欄位按鈕

❷ 按一下 (全選)，取消選取所有商品

❸ 只勾選「幕之內便當」與「鮭魚便當」

❹ 按下確定鈕

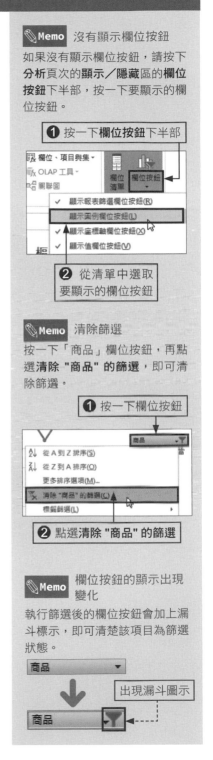

Memo 沒有顯示欄位按鈕

如果沒有顯示欄位按鈕，請按下**分析**頁次的**顯示／隱藏**區的**欄位按鈕**下半部，按一下要顯示的欄位按鈕。

❶ 按一下**欄位按鈕**下半部

　✓ 顯示報表篩選欄位按鈕(R)
　　　顯示圖例欄位按鈕(L)
　✓ 顯示座標軸欄位按鈕(X)
　✓ 顯示值欄位按鈕(V)

❷ 從清單中選取要顯示的欄位按鈕

Memo 清除篩選

按一下「商品」欄位按鈕，再點選**清除 "商品" 的篩選**，即可清除篩選。

❶ 按一下欄位按鈕

❷ 點選**清除 "商品" 的篩選**

Memo 欄位按鈕的顯示出現變化

執行篩選後的欄位按鈕會加上漏斗標示，即可清楚該項目為篩選狀態。

出現漏斗圖示

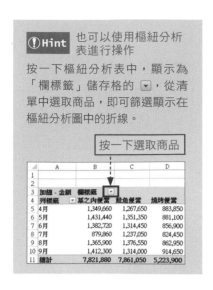

Hint 也可以使用樞紐分析表進行操作

按一下樞紐分析表中，顯示為「欄標籤」儲存格的 ▾，從清單中選取商品，即可篩選顯示在樞紐分析圖中的折線。

按一下選取商品

⑤ 只顯示剛才勾選的商品折線

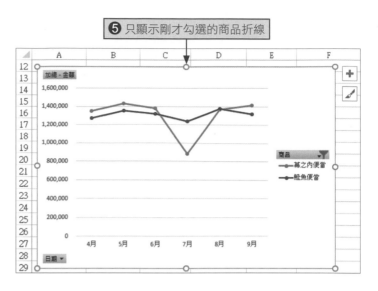

Hint 篩選水平 (類別) 軸

使用「日期」欄位按鈕，可以篩選顯示在水平 (類別) 軸中的月份，操作方式和篩選「商品」相同。

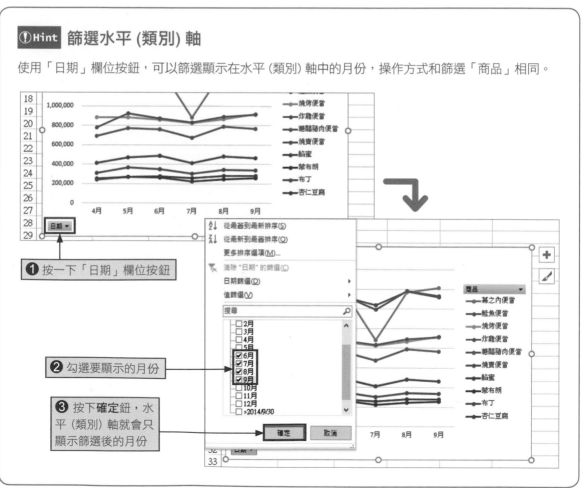

❶ 按一下「日期」欄位按鈕

❷ 勾選要顯示的月份

❸ 按下確定鈕，水平 (類別) 軸就會只顯示篩選後的月份

📝Memo Excel 2007 要使用篩選窗格

Excel 2007 的樞紐分析圖是使用**樞紐分析圖篩選**窗格來篩選項目。如果要篩選顯示在水平（類別）軸的項目，請使用**座標軸欄位 (類別)**的🔽。若要篩選顯示在圖例中的項目，請使用**圖例欄位 (數列)**的 🔽。如果選取了樞紐分析圖，卻沒有顯示**樞紐分析圖篩選**窗格時，請按一下**分析**頁次的**顯示／隱藏**區的**樞紐分析圖篩選**。

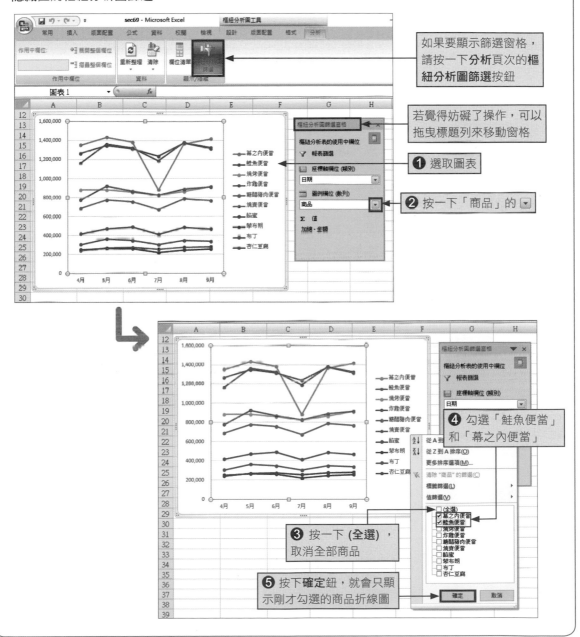

篩選統計資料

運用報表篩選

可以輕易改變圖表的觀點！

　　Unit 33 介紹了可以從多個統計表中，取出其中一頁的切片分析，**使用樞紐分析圖也可以執行切片分析**。操作方法和樞紐分析表相同，使用報表篩選欄位及交叉分析篩選器，能依照目標觀點將資料圖表化。例如，要以「門市」欄位為分析重點，可以輕鬆切換成顯示各門市銷售狀況的圖表。「港店擅長銷售日式餐點」、「綠之丘店擅長賣西式餐點」，利用視覺化圖表讓各門市的特色一清二楚。

▽港店的銷售狀況

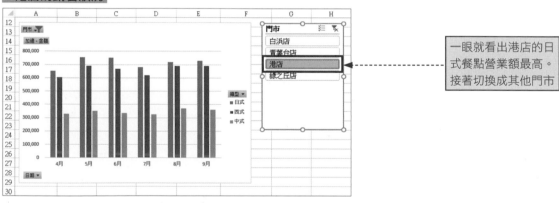

一眼就看出港店的日式餐點營業額最高。接著切換成其他門市

▽綠之丘店的銷售狀況

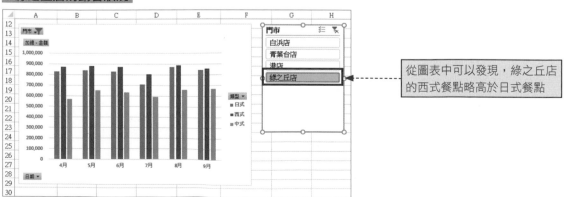

從圖表中可以發現，綠之丘店的西式餐點略高於日式餐點

1 使用報表篩選欄位

① 將所有門市的銷售狀況變成圖表　② 選取圖表

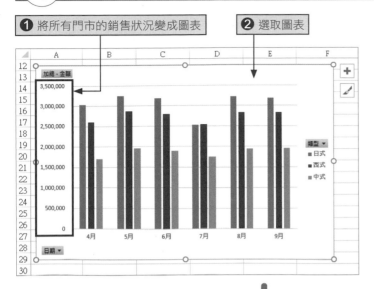

③ 游標移動到「門市」

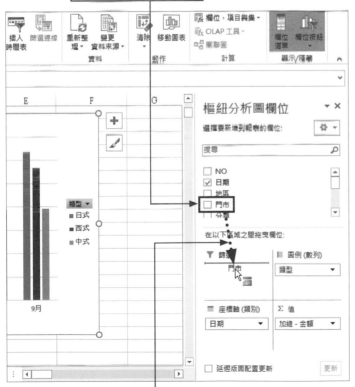

④ 拖曳至**篩選**區

樞紐分析表與樞紐分析圖的欄位結構互相連動，所以在樞紐分析圖中，將「門市」配置到**篩選**區域，樞紐分析表也會形成相同配置狀態。相對地，在樞紐分析表的**篩選**區域配置「門市」，一樣會顯示在樞紐分析圖中。

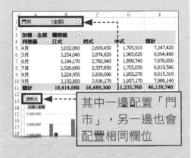

其中一邊配置「門市」，另一邊也會配置相同欄位

Memo Excel 2007 要新增在「篩選」窗格

如果是 Excel 2007，把「門市」欄位配置在**報表篩選**區域中，「門市」就會顯示在樞紐分析圖篩選窗格 (請參考 8-27 頁)。按一下 ▾，從清單中選擇門市，即可切換成該門市的樞紐分析圖。另外，在清單中選擇(全選)，可以清除篩選。

① 按一此鈕

② 選取「港店」

③ 按下**確定**鈕

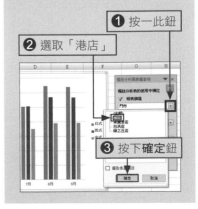

按一下「門市」的欄位按鈕，
再按一下**(全選)**，最後按下**確定**
鈕，即可清除篩選。

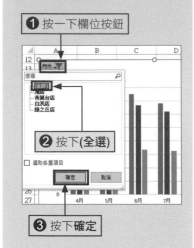

❶ 按一下欄位按鈕

❷ 按下**(全選)**

❸ 按下**確定**

Step up　固定垂直 (數值) 軸
的範圍才容易做比較

切換成為統計對象的門市，垂
直 (數值) 軸會配合資料，自動
調整刻度範圍。一旦座標軸出現
變化，就難以瞭解門市的銷售
差異。8-28 頁的圖表，其實是
「綠之丘店」的銷售金額較高，
但是因為數列高度一樣，而產生
「港店」與「綠之丘店」的銷售
沒有差別的誤解。因此，最好參
考 8-19 頁，設定座標軸的「最
小值」與「最大值」，固定刻度
範圍比較適合。

設定「最小值」與「最大值」

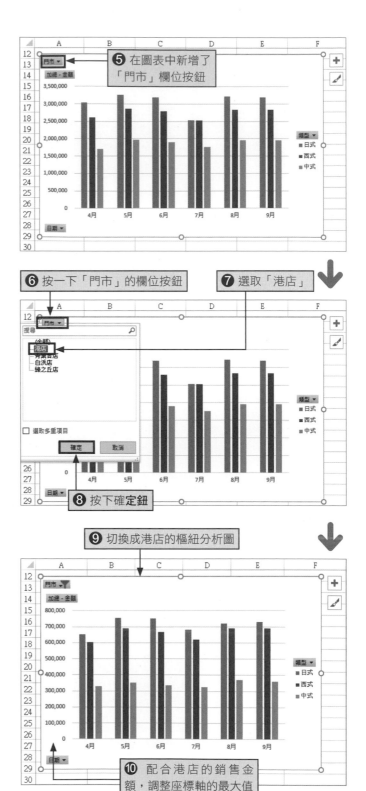

❺ 在圖表中新增了
「門市」欄位按鈕

❻ 按一下「門市」的欄位按鈕

❼ 選取「港店」

❽ 按下**確定**鈕

❾ 切換成港店的樞紐分析圖

❿ 配合港店的銷售金
額，調整座標軸的最大值

2 使用交叉分析篩選器切換圖表 2016 2013 2010

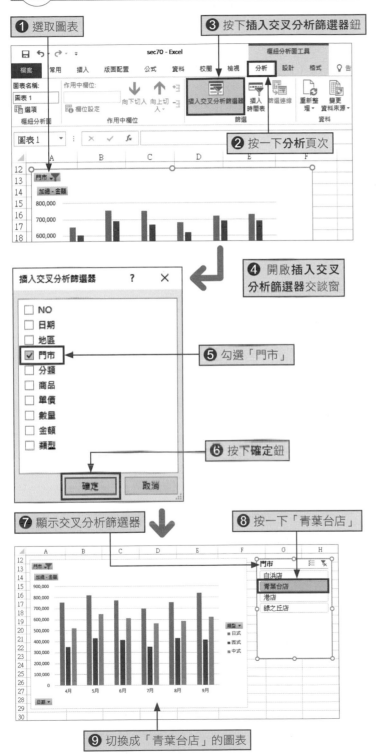

❶ 選取圖表

❸ 按下**插入交叉分析篩選器**鈕

❷ 按一下**分析**頁次

❹ 開啟**插入交叉分析篩選器**交談窗

❺ 勾選「門市」

❻ 按下**確定**鈕

❼ 顯示交叉分析篩選器

❽ 按一下「青葉台店」

❾ 切換成「青葉台店」的圖表

表現出占整體的比例

使用資料標籤也可以顯示比例

如果要呈現占整體的比例，使用圓形圖最適合。扇形的角度與面積代表比例大小，但是若在圖表中顯示百分比數值，會變得更簡單明瞭。以下將介紹在圓形圖加上資料標籤，顯示百分比的方法。

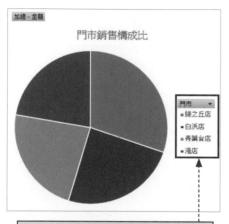

剛製作完成的圓形圖只會在圖例中顯示門市名稱，無法瞭解具體的百分比

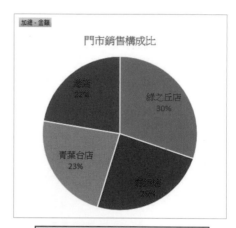

在資料標籤顯示門市與百分比，就能瞭解實際的比例

① 在資料標籤顯示百分比

將門市銷售樞紐分析表製作成圓形圖，會在圖例顯示門市名稱。這個範例要在**資料標籤**顯示門市名稱與百分比，所以先將圖例刪除。

❶ 按一下選取圖例　　❷ 按下 Delete 鍵刪除

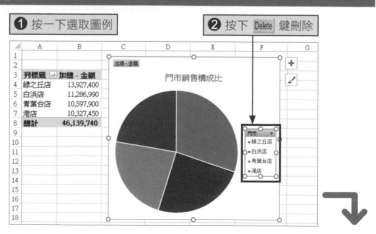

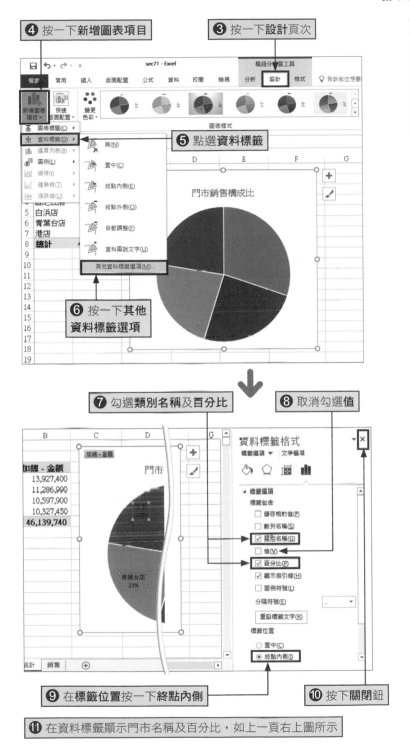

④ 按一下新增圖表項目

③ 按一下設計頁次

⑤ 點選資料標籤

⑥ 按一下其他資料標籤選項

⑦ 勾選類別名稱及百分比

⑧ 取消勾選值

⑨ 在標籤位置按一下終點內側

⑩ 按下關閉鈕

⑪ 在資料標籤顯示門市名稱及百分比，如上一頁右上圖所示

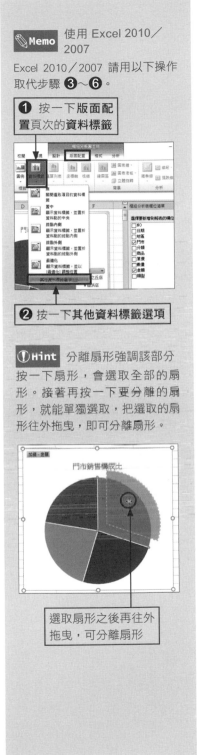

Memo 使用 Excel 2010／2007

Excel 2010／2007 請用以下操作取代步驟 ③～⑥。

① 按一下版面配置頁次的資料標籤

② 按一下其他資料標籤選項

Hint 分離扇形強調該部分

按一下扇形，會選取全部的扇形。接著再按一下要分離的扇形，就能單獨選取，把選取的扇形往外拖曳，即可分離扇形。

選取扇形之後再往外拖曳，可分離扇形

以樞紐分析圖顯示分散資料

使用直方圖可以看出資料分佈

運用次數分配表與直方圖，可以清楚呈現出年齡與身高等資料分佈。以下將從來客資料庫調查顧客的年齡分佈。在樞紐分析表中製作次數分配表，再利用樞紐分析圖製作直方圖。

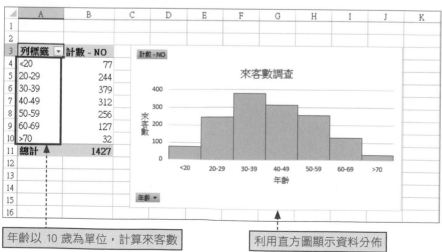

	A	B	C	D	E	F
1	NO	日期	年齡	性別	金額	
2	K0001	2014/4/1	50	女性	53,870	
3	K0002	2014/4/1	57	女性	51,630	
4	K0004	2014/4/1	35	女性	7,300	
5	K0003	2014/4/1	33	女性	7,110	
6	K0006	2014/4/1	26	男性	53,710	
7	K0005	2014/4/1	23	男性	49,710	
8	K0008	2014/4/2	53	女性	56,630	
9	K0009	2014/4/2	33	女性	47,760	
10	K0007	2014/4/2	52	女性	34,990	
11	K0010	2014/4/2	33	女性	19,780	
12	K0014	2014/4/2	27	男性	54,190	
13	K0013	2014/4/2	20	男性	45,770	
14	K0011	2014/4/2	28	男性	26,420	
15	K0012	2014/4/2	26	男性	9,960	
16	K0020	2014/4/3	34	女性	71,010	

在來客資料庫輸入「年齡」資料

	A	B
3	列標籤	計數 - NO
4	<20	77
5	20-29	244
6	30-39	379
7	40-49	312
8	50-59	256
9	60-69	127
10	>70	32
11	總計	1427

年齡以 10 歲為單位，計算來客數

利用直方圖顯示資料分佈

① 利用樞紐分析表製作次數分配表

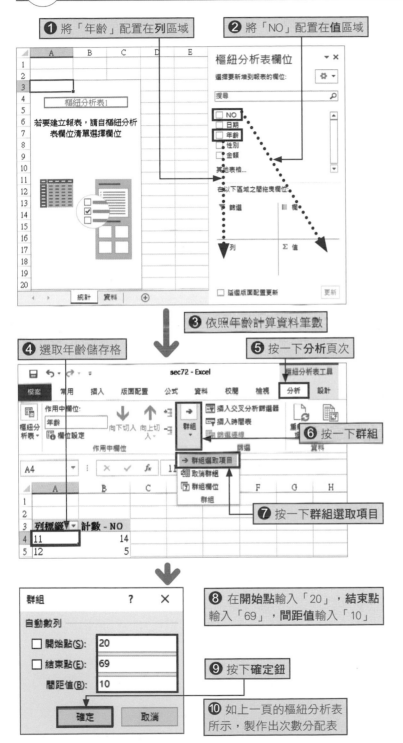

❶ 將「年齡」配置在**列**區域

❷ 將「NO」配置在**值**區域

❸ 依照年齡計算資料筆數

❹ 選取年齡儲存格

❺ 按一下**分析**頁次

❻ 按一下**群組**

❼ 按一下**群組選取項目**

❽ 在開始點輸入「20」，結束點輸入「69」，間距值輸入「10」

❾ 按下**確定**鈕

❿ 如上一頁的樞紐分析表所示，製作出次數分配表

✔ Keyword 次數分配表

數值資料範圍以一定間隔區分，如「20〜29」、「30〜39」、「40〜49」，再分別計算資料個數的資料表，稱作**次數分配表**，常用來進行統計分析。

📝 Memo 文字資料自動以個數統計

製作次數分配表時，關鍵在於統計資料個數。「NO」欄位是文字資料，所以進行統計時，統計方法自動變成「計數」。

📝 Memo 使用 Excel 2010／2007 建立群組

如果是 Excel 2010／2007，請按一下**選項**頁次**群組**的**群組選取**。

📝 Memo 「<20」與「>70」

這個範例在把年齡群組化的過程中，設定了**開始點**為「20」，**結束點**為「69」。當原本的資料庫中含有不到 20 或 70 以上的年齡時，會以「<20」、「>70」來統計資料。

	A	B	C
1			
2			
3	列標籤 ▼	計數 - NO	
4	<20	77	
5	20-29	244	
6	30-39	379	
7	40-49	312	
8	50-59	256	
9	60-69	127	
10	>70	32	
11	總計	1427	
12			

② 使用次數分配表製作直條圖

Memo 使用 Excel 2010／2007 製作樞紐分析圖

如果是 Excel 2010／2007，請按一下**選項**頁次**工具**區的**樞紐分析圖**，取代步驟 ❷～❸。

Memo 設定顯示／隱藏圖表項目

這個範例在步驟 ❼ 製作完圖表後，輸入新的圖表標題，並且增加座標軸標題 (請參考 Unit 67)。另外，選取圖例，按下 Delete 鍵刪除。

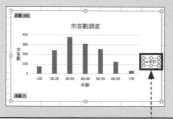

按一下選取，再按下 Delete 鍵刪除

Memo 直條圖的設計

這個範例為了讓直條圖黏在一起時，清楚分辨數列邊界，而套用了框線明顯的圖表樣式 (請參考 Unit 66)。另外，再以手動方式為框線加上色彩，選取全部數列，在**格式**頁次的**圖案外框**選取顏色。

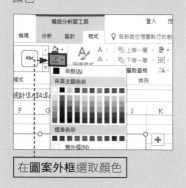

在**圖案外框**選取顏色

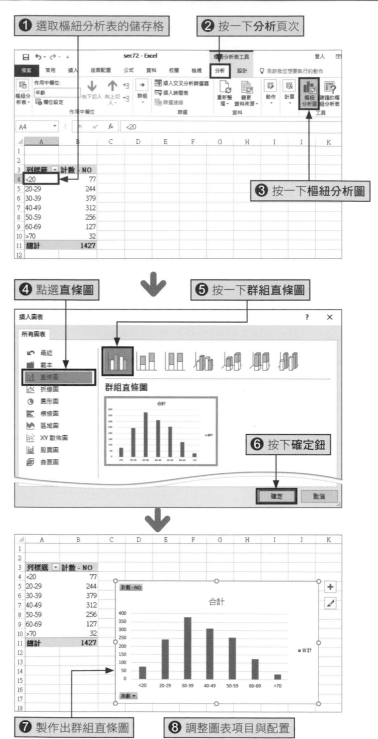

❶ 選取樞紐分析表的儲存格

❷ 按一下**分析**頁次

❸ 按一下**樞紐分析圖**

❹ 點選**直條圖**

❺ 按一下**群組直條圖**

❻ 按下**確定**鈕

❼ 製作出群組直條圖

❽ 調整圖表項目與配置

③ 將群組直條圖變成直方圖

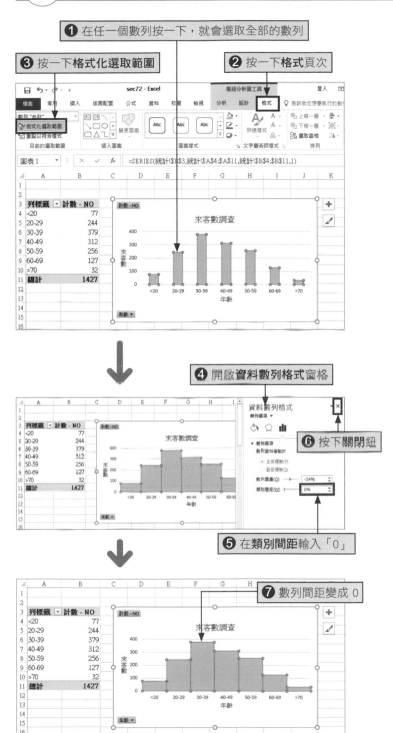

❶ 在任一個數列按一下，就會選取全部的數列

❸ 按一下**格式化選取範圍**

❷ 按一下**格式**頁次

❹ 開啟**資料數列格式**窗格

❻ 按下**關閉**鈕

❺ 在**類別間距**輸入「0」

❼ 數列間距變成 0

✓ Keyword 直方圖

直方圖是將次數分配表變成圖表的結果。各區間為水平軸，資料數量代表數列高低。一般來說，數列間距為 0，數列會黏在一起。

📝 Memo 「格式化選取範圍」

選取圖表項目，在**格式**頁次的**目前的選取範圍**區中，就會顯示選取的圖表項目。在此狀態，按一下**格式化選取範圍**，會顯示已經選取的圖表項目設定畫面，可以進行詳細設定。

📝 Memo 使用 Excel 2010／2007 設定間距

如果是 Excel 2010／2007，執行步驟 ❸ 會開啟**資料數列格式**交談窗。在**資料數列格式**的畫面中，**類別間距**輸入「0」。

❶ 點選**數列選項**

❷ 在**類別間距**輸入「0」

在同一張圖顯示
直條圖及折線圖

製作複合式圖表

將營業額與來客數製作成複合式圖表，找出關係

　　在一張圖表中，包含直條圖與折線圖等 2 種類型，這種圖表就稱作「**複合式圖表**」。另外，左右有 2 個數值軸的圖表稱作「**雙軸圖表**」。以下要製作以直條圖顯示營業額，用折線圖代表來客數的複合式圖表，營業額的座標軸在左，來客數的座標軸在右。Excel 2016／2013 利用「組合式」類型的圖表，可以輕鬆製作出複合式圖表。Excel 2010／2007 要先把營業額與來客數都用直條圖顯示後，再單獨把來客數的直條圖變成折線圖。

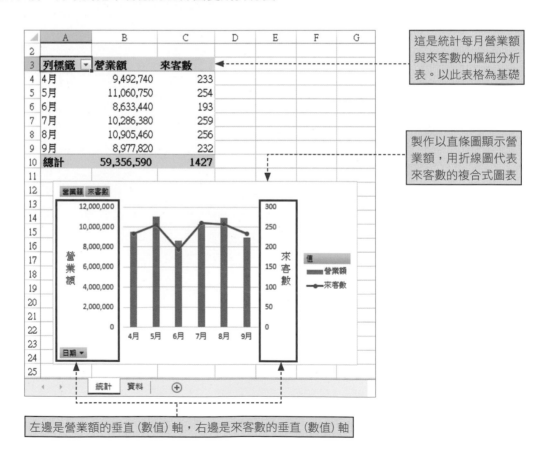

這是統計每月營業額與來客數的樞紐分析表。以此表格為基礎

製作以直條圖顯示營業額，用折線圖代表來客數的複合式圖表

左邊是營業額的垂直 (數值) 軸，右邊是來客數的垂直 (數值) 軸

① 將營業額與來客數製作成複合式圖表 2016 2013

① 選取樞紐分析表中的的儲存格

② 按一下**分析**頁次

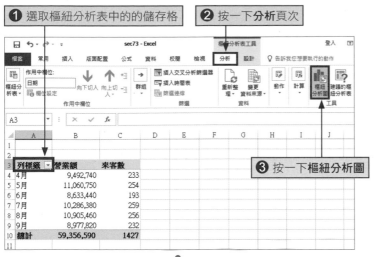

③ 按一下**樞紐分析圖**

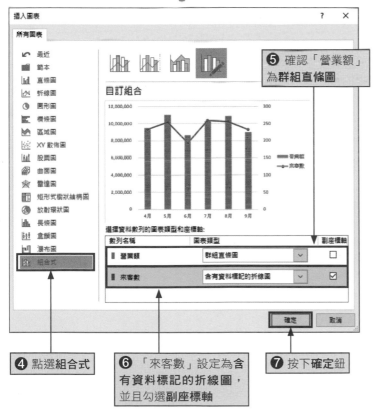

④ 點選**組合式**

⑤ 確認「營業額」為**群組直條圖**

⑥ 「來客數」設定為**含有資料標記的折線圖**，並且勾選**副座標軸**

⑦ 按下**確定鈕**

📝 **Memo** 資料筆數代表來客數
在原始的統計資料庫中，每件記錄輸入了一個人的來客資料。因此，計算資料筆數，就可以得知來客數。

	NO	日期	年齡	性別	金額
1	NO	日期	年齡	性別	金額
2	K0001	2014/4/1	50	女性	53,870
3	K0002	2014/4/1	57	女性	51,630
4	K0004	2014/4/1	35	女性	7,300
5	K0003	2014/4/1	33	女性	7,110
6	K0006	2014/4/1	26	男性	53,710
7	K0005	2014/4/1	23	男性	49,710
8	K0008	2014/4/2	53	女性	56,630
9	K0009	2014/4/2	33	女性	47,760
10	K0007	2014/4/2	52	女性	34,990
11	K0010	2014/4/2	33	女性	19,780
12	K0014	2014/4/2	27	男性	54,190

原始統計資料庫

📝 **Memo** 本單元的樞紐分析表範例檔案的樞紐分析表是在「列」區域配置將「日期」欄位群組化的「月」，在「值」區域配置「金額」及「NO」欄位。由於「NO」欄位是文字，所以統計方法變成計數。另外，原本顯示的「加總 - 金額」與「計數 - NO」等文字，分別改成「營業額」及「來客數」（請參考 Unit 41）。

	A	B	C	D
1				
2				
3	列標籤	加總 - 金額	計數 - NO	
4	4月	9,492,740	233	
5	5月	11,060,750	254	
6	6月	8,633,440	193	
7	7月	10,286,380	259	
8	8月	10,905,460	256	
9	9月	8,977,820	232	
10	總計	59,356,590	1427	
11				

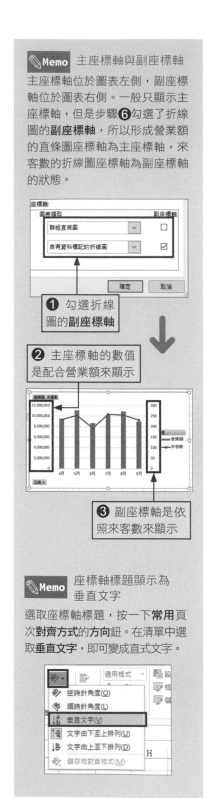

Memo 主座標軸與副座標軸

主座標軸位於圖表左側,副座標軸位於圖表右側。一般只顯示主座標軸,但是步驟**⑥**勾選了折線圖的**副座標軸**,所以形成營業額的直條圖座標軸為主座標軸,來客數的折線圖座標軸為副座標軸的狀態。

❶ 勾選折線圖的**副座標軸**

❷ 主座標軸的數值是配合營業額來顯示

❸ 副座標軸是依照來客數來顯示

Memo 座標軸標題顯示為垂直文字

選取座標軸標題,按一下**常用**頁次**對齊方式**的**方向**鈕。在清單中選取**垂直文字**,即可變成直式文字。

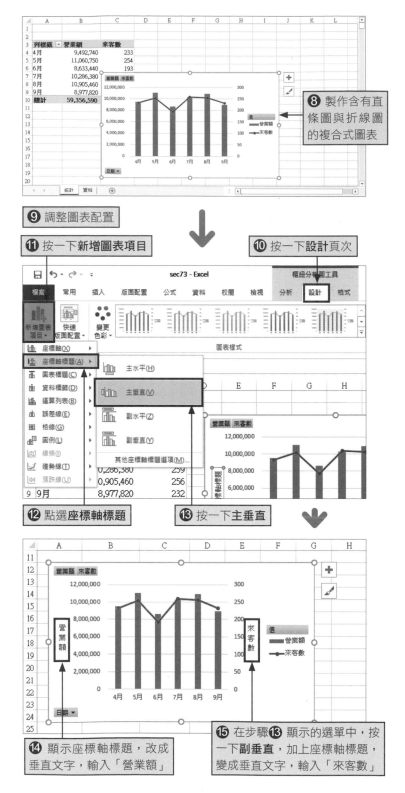

❽ 製作含有直條圖與折線圖的複合式圖表

❾ 調整圖表配置

⓫ 按一下新增圖表項目

❿ 按一下**設計**頁次

⓬ 點選**座標軸標題**

⓭ 按一下**主垂直**

⓮ 顯示座標軸標題,改成垂直文字,輸入「營業額」

⓯ 在步驟**⓭** 顯示的選單中,按一下**副垂直**,加上座標軸標題,變成垂直文字,輸入「來客數」

2　將營業額與來客數製作成複合式圖表　2010　2007

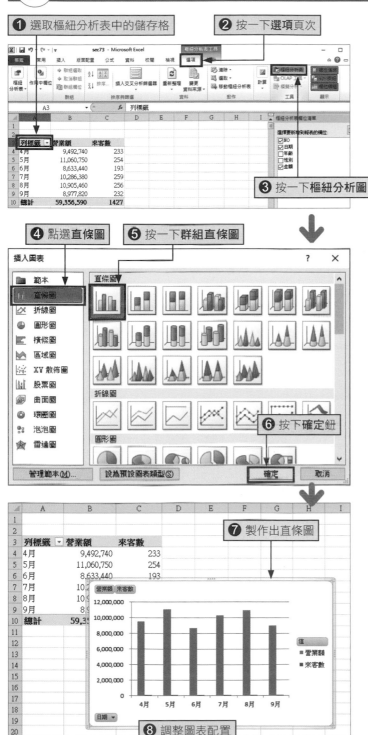

❶ 選取樞紐分析表中的儲存格

❷ 按一下**選項**頁次

❸ 按一下**樞紐分析圖**

❹ 點選**直條圖**　❺ 按一下**群組直條圖**

❻ 按下**確定**鈕

❼ 製作出直條圖

❽ 調整圖表配置

📝 **Memo** 資料筆數代表來客數

在原始的統計資料庫中，每筆記錄輸入了一個人的來客資料。因此，計算資料筆數，就可以得知來客數。

原始統計資料庫

📝 **Memo** 本單元的樞紐分析表

範例檔案的樞紐分析表是在「列」區域配置將「日期」欄位群組化的「月」，在「值」區域配置「金額」及「NO」欄位。由於「NO」欄位是文字，所以統計方法變成計數。另外，原本顯示的「加總－金額」與「計數－NO」等文字，分別改成「營業額」及「來客數」（請參考 Unit 41）。

列標籤	加總－金額	計數－NO
4月	9,492,740	233
5月	11,060,750	254
6月	8,633,440	193
7月	10,286,380	259
8月	10,905,460	256
9月	8,977,820	232
總計	59,356,590	1427

📝 **Memo** 一開始先製作直條圖

Excel 2010／2007 最初將營業額與來客數都製作成直條圖。之後再單獨將來客數改成折線圖。

📝**Memo** 使用圖表項目選取

在**格式**頁次的**目前的選取範圍**區的**圖表項目**清單中，包含圖表上的所有項目。在這裡選取圖表項目，即可選取圖表上的圖表項目。

來客數因為數列太小，很難選取，所以這裡利用**圖表項目**來選取。

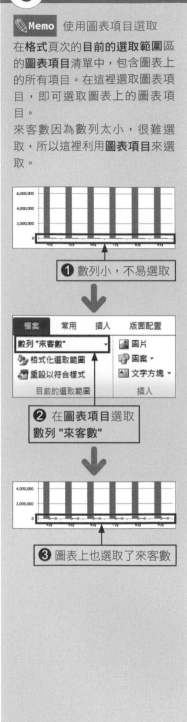

❶ 數列小，不易選取

❷ 在圖表項目選取數列 "來客數"

❸ 圖表上也選取了來客數

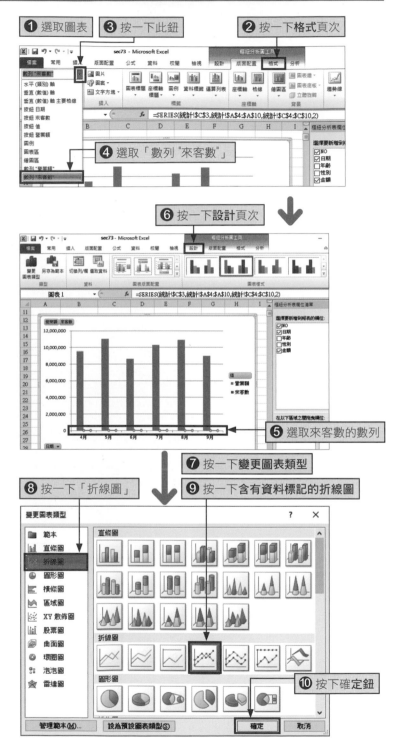

❶ 選取圖表 ❸ 按一下此鈕 ❷ 按一下格式頁次

❹ 選取「數列 "來客數"」

❻ 按一下設計頁次

❺ 選取來客數的數列

❼ 按一下變更圖表類型

❽ 按一下「折線圖」 ❾ 按一下含有資料標記的折線圖

❿ 按下確定鈕

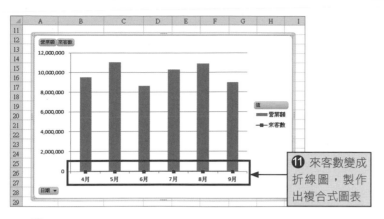

⑪ 來客數變成折線圖，製作出複合式圖表

> 📝**Memo** 只有選取的數列變更圖表類型
>
> 在有多個資料數列的圖表中，選取其中一種數列，變更圖表類型後，只有該資料數列的圖表類型會出現變化。這裡選取了「來客數」數列，所以只有「來客數」數列變成折線圖。

④ 更改成雙軸圖表 `2010` `2007`

❷ 選取數列 "來客數"

❶ 按一下格式頁次

❸ 按一下格式化選取範圍

❹ 開啟資料數列格式交談窗

❺ 點選數列選項

❻ 按一下副座標軸，再按下關閉鈕

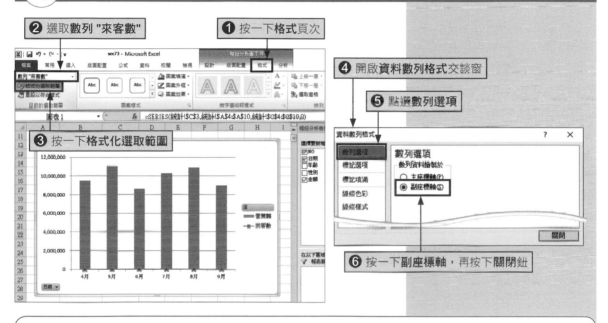

> 📝**Memo** 使用「版面配置」頁次
>
> Excel 2010／2007 的**圖表項目**及**格式化選取範圍**在**格式**頁次與**版面配置**頁次中都有出現。步驟 ❶～❸ 可以使用其中一個頁次來操作，結果都一樣。

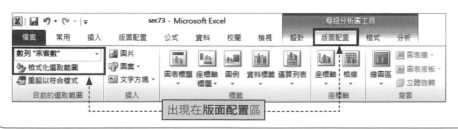

出現在版面配置區

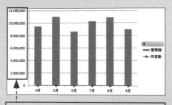

Memo 主座標軸與副座標軸

預設狀態是全部的資料數列圖表都會配合主座標軸的數值（圖表左側的座標軸）來顯示。主座標軸的數值範圍是以營業額為基準，自動調整單位大小，使得來客數的圖表變得非常小，無法看出變化。

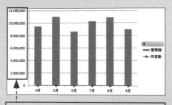

> 主座標軸的數值是依照營業額來顯示。來客數的折線圖與水平座標軸重疊，無法看出變化

顯示來客數專用的副座標軸，就能依照來客數調整副座標軸的數值範圍，讓來客數的圖表能正常顯示。

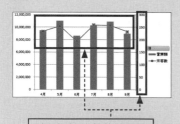

> 副座標軸的數值能配合來客數顯示，所以能輕易看到來客數的變化

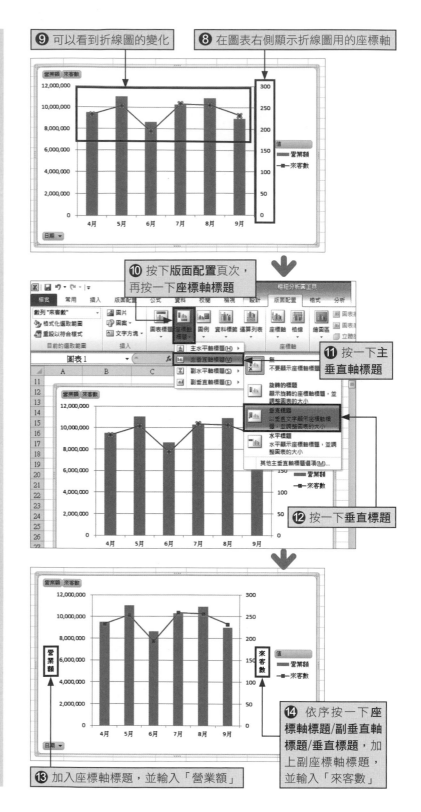

⑨ 可以看到折線圖的變化

⑧ 在圖表右側顯示折線圖用的座標軸

⑩ 按下版面配置頁次，再按一下**座標軸標題**

⑪ 按一下主垂直軸標題

⑫ 按一下**垂直標題**

⑬ 加入座標軸標題，並輸入「營業額」

⑭ 依序按一下座標軸標題/副垂直軸標題/垂直標題，加上副座標軸標題，並輸入「來客數」

第 9 章

統計結果的應用

Unit 74　對符合規則的統計值設定格式

設定格式化的條件

強調符合規則的資料，讓樞紐分析表更一目瞭然

「希望在達成銷售目標的儲存格加上顏色，強調該筆資料。」此時，可以使用設定格式化的條件功能。只要設定當作規則的數值，就能輕易在儲存格上套用格式。以下要將統計值「超過 200 萬」的儲存格設定為紅色，統計值「超過 170 萬」的儲存格設定成黃色。關鍵在於，要先設定優先順序較低的「超過 170 萬」規則。

設定「超過 200 萬的儲存格為紅色」，「超過 170 萬的儲存格為黃色」，突顯營業額較高的商品

1　設定優先順序較低的規則

Memo　先設定優先順序較低的規則

在相同儲存格設定多個格式化的規則時，後面設定的規則，其優先順序較高。因此，這裡先設定優先順序較低的規則「超過 170 萬」。結果在同時符合「超過 170 萬」及「超過 200 萬」兩個規則的儲存格，會套用優先順序較高的「紅色」格式。

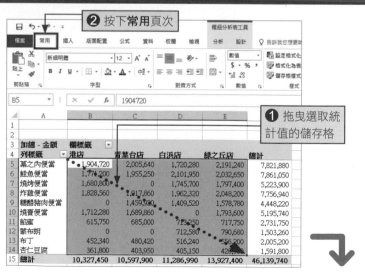

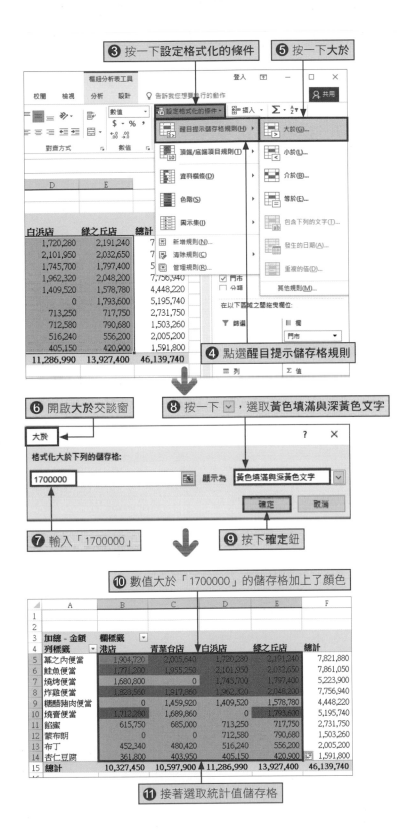

❸ 按一下設定格式化的條件

❺ 按一下大於

❹ 點選醒目提示儲存格規則

❻ 開啟大於交談窗

❽ 按一下 ✓，選取黃色填滿與深黃色文字

大於

格式化大於下列的儲存格：

1700000　　顯示為　黃色填滿與深黃色文字

確定　　取消

❼ 輸入「1700000」

❾ 按下確定鈕

❿ 數值大於「1700000」的儲存格加上了顏色

	A	B	C	D	E	F
1						
2						
3	加總 - 金額	欄標籤				
4	列標籤	港店	青葉台店	白浜店	綠之丘店	總計
5	幕之內便當	1,904,720	2,005,640	1,720,280	2,191,240	7,821,880
6	鮭魚便當	1,771,200	1,955,250	2,101,950	2,032,650	7,861,050
7	燒烤便當	1,680,800	0	1,745,700	1,797,400	5,223,900
8	炸雞便當	1,828,560	1,917,860	1,962,320	2,048,200	7,756,940
9	糖醋豬肉便當	0	1,459,920	1,409,520	1,578,780	4,448,220
10	燒賣便當	1,712,280	1,689,860	0	1,793,600	5,195,740
11	餡蜜	615,750	685,000	713,250	717,750	2,731,750
12	蒙布朗	0	0	712,580	790,680	1,503,260
13	布丁	452,340	480,420	516,240	556,200	2,005,200
14	杏仁豆腐	361,800	403,950	405,150	420,900	1,591,800
15	總計	10,327,450	10,597,900	11,286,990	13,927,400	46,139,740

⓫ 接著選取統計值儲存格

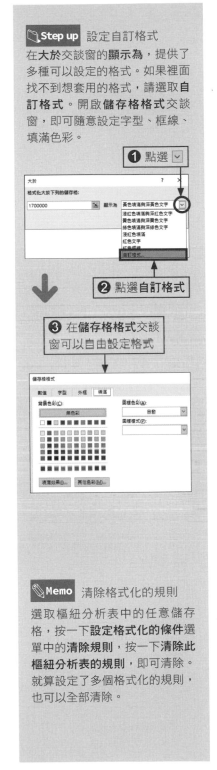

Step up 設定自訂格式

在**大於**交談窗的**顯示為**，提供了多種可以設定的格式。如果裡面找不到想套用的格式，請選取**自訂格式**。開啟**儲存格格式**交談窗，即可隨意設定字型、框線、填滿色彩。

❶ 點選 ✓

大於

格式化大於下列的儲存格：

1700000　　顯示為　黃色填滿與深黃色文字
　　　　　　　　　　　　　　　　淡紅色填滿與深紅色文字
　　　　　　　　　　　　　　　　黃色填滿與深黃色文字
　　　　　　　　　　　　　　　　綠色填滿與綠色文字
　　　　　　　　　　　　　　　　淡紅色填滿
　　　　　　　　　　　　　　　　紅色文字
　　　　　　　　　　　　　　　　紅色框線
　　　　　　　　　　　　　　　　自訂格式...

❷ 點選自訂格式

❸ 在儲存格格式交談窗可以自由設定格式

儲存格格式

數值　字型　外框　填滿

背景色彩(C)：　　　　　　　　圖樣色彩(A)：
　　　無色彩　　　　　　　　　　自動
　　　　　　　　　　　　　　　圖樣樣式(P)：

清除效果(N)...　其他色彩(M)...

Memo 清除格式化的規則

選取樞紐分析表中的任意儲存格，按一下**設定格式化的條件**選單中的**清除規則**，按一下**清除此樞紐分析表的規則**，即可清除。就算設定了多個格式化的規則，也可以全部清除。

② 設定優先順序高的規則

Memo **在高於平均值的儲存格加上顏色**

使用**設定格式化的條件**選單中的**頂端／底端項目規則**，可以設定前○○項目、後○○項目、高於平均、低於平均等規則的格式。

❶ 按一下設定格式化的條件

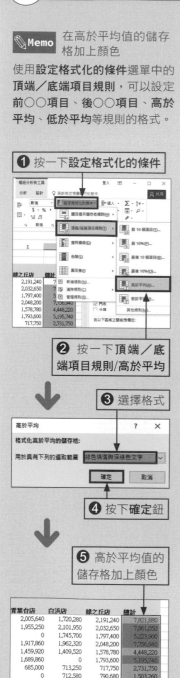

❷ 按一下頂端／底端項目規則/高於平均

❸ 選擇格式

高於平均 ? ×

格式化高於平均的儲存格：

用於具有下列的選取範圍 綠色填滿與深綠色文字

確定　取消

❹ 按下確定鈕

❺ 高於平均值的儲存格加上顏色

青葉台店	白浜店	綠之丘店	總計
2,005,640	1,720,280	2,191,240	7,821,880
1,955,250	2,101,950	2,032,650	7,861,050
0	1,745,700	1,797,400	5,223,900
1,917,860	1,962,320	2,048,200	7,756,940
1,459,920	1,409,520	1,578,780	4,448,220
1,689,860	0	1,793,600	5,195,740
685,000	713,250	717,750	2,731,750
0	712,580	790,680	1,503,260
480,420	516,240	556,200	2,005,200
403,950	405,150	420,900	1,591,800
10,597,900	11,286,990	13,927,400	46,139,740

---

❶ 按一下設定格式化的條件　　❸ 按一下大於

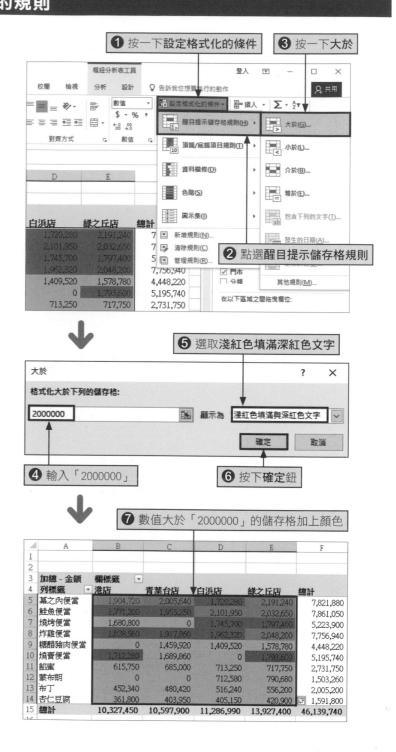

❷ 點選醒目提示儲存格規則

❺ 選取淺紅色填滿深紅色文字

大於 ? ×

格式化大於下列的儲存格：

2000000　　　顯示為 淺紅色填滿與深紅色文字

確定　取消

❹ 輸入「2000000」　　❻ 按下確定鈕

❼ 數值大於「2000000」的儲存格加上顏色

	A	B	C	D	E	F
1						
2						
3	加總 - 金額	欄標籤				
4	列標籤	港店	青葉台店	白浜店	綠之丘店	總計
5	幕之內便當	1,904,720	2,005,640	1,720,280	2,191,240	7,821,880
6	鮭魚便當	1,771,200	1,955,250	2,101,950	2,032,650	7,861,050
7	燒烤便當	1,680,800	0	1,745,700	1,797,400	5,223,900
8	炸雞便當	1,828,560	1,917,860	1,962,320	2,048,200	7,756,940
9	糖醋豬肉便當	0	1,459,920	1,409,520	1,578,780	4,448,220
10	燒賣便當	1,712,280	1,689,860	0	1,793,600	5,195,740
11	餡蜜	615,750	685,000	713,250	717,750	2,731,750
12	蒙布朗	0	0	712,580	790,680	1,503,260
13	布丁	452,340	480,420	516,240	556,200	2,005,200
14	杏仁豆腐	361,800	403,950	405,150	420,900	1,591,800
15	總計	10,327,450	10,597,900	11,286,990	13,927,400	46,139,740

Step up 改變優先順序

在相同儲存格中設定多個規則時，後面設定的規則，優先順序較高。萬一弄錯設定順序，可以開啟**管理規則**交談窗。所有規則都會顯示在這裡，把要提高優先順序的規則往上移動即可。另外，在這個交談窗內，選取規則，按下**刪除規則**鈕，可以單獨刪除選取的規則。

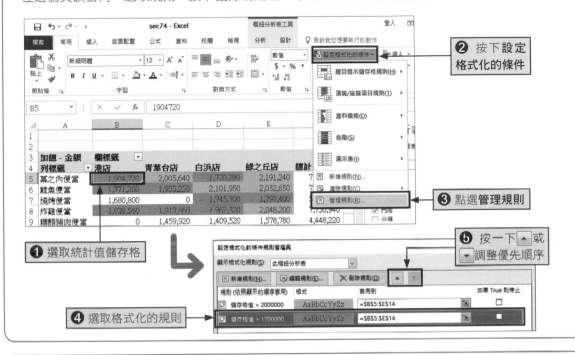

Step up 設定「大於或等於○○」或「小於或等於○○」的儲存格

在**設定格式化的條件/醒目提示儲存格規則**選單中，包含**大於**、**小於**、**介於**等項目。沒有「大於或等於」或「小於或等於」的規則。假如想設定「大於或等於」或「小於或等於」，請按下最下面的**其他規則**。開啟**新增格式化規則**交談窗，就可以設定規則與格式。

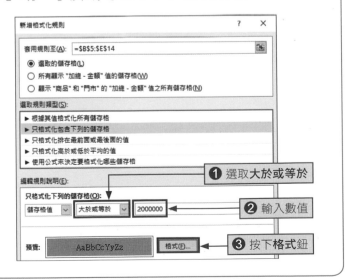

Unit 75　配合統計值大小自動切換格式

使用圖示集

數值大小一目瞭然

　　Unit 74 使用設定格式化的條件，以指定的數值為基準，用「大於」或「小於」等條件突顯儲存格。在設定格式化的條件中，還包括「**圖示集**」、「**資料橫條**」、「**色階**」等功能。使用這些功能，可以自動切換統計值之中相對大於的儲存格及相對小於的儲存格格式。

▼圖示集

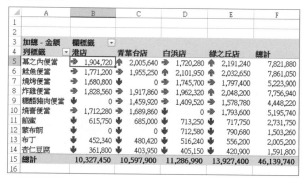

配合儲存格內的數值大小，可以顯示 3～5 種圖示

▼資料橫條

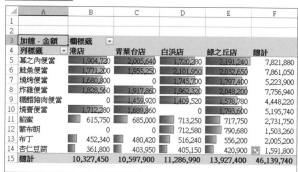

配合儲存格內的數值大小，可以在儲存格顯示橫條圖

▼色階

	A	B	C	D	E	F
1						
2						
3	加總 - 金額	欄標籤				
4	列標籤	港店	青葉台店	白浜店	綠之丘店	總計
5	幕之內便當	1,904,720	2,005,640	1,720,280	2,191,240	7,821,880
6	鮭魚便當	1,771,200	1,955,250	2,101,950	2,032,650	7,861,050
7	燒烤便當	1,680,800	0	1,745,700	1,797,400	5,223,900
8	炸雞便當	1,828,560	1,917,860	1,962,320	2,048,200	7,756,940
9	糖醋豬肉便當	0	1,459,920	1,409,520	1,578,780	4,448,220
10	燒賣便當	1,712,280	1,689,860	0	1,793,600	5,195,740
11	餡蜜	615,750	685,000	713,250	717,750	2,731,750
12	蒙布朗	0	0	712,580	790,680	1,503,260
13	布丁	452,340	480,420	516,240	556,200	2,005,200
14	杏仁豆腐	361,800	403,950	405,150	420,900	1,591,800
15	總計	10,327,450	10,597,900	11,286,990	13,927,400	46,139,740

配合儲存格內的數值大小，可以填滿色彩

① 顯示圖示集

❷ 按一下**常用**頁次

❶ 選取統計值的儲存格

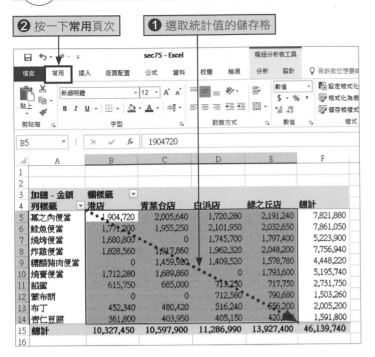

❺ 按一下三箭號 (彩色)

❸ 按一下設定格式化的條件

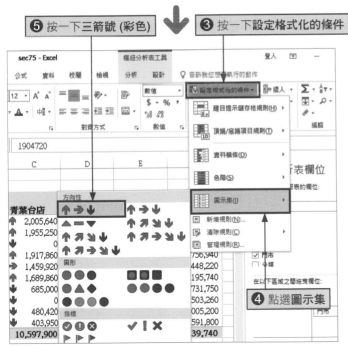

❹ 點選圖示集

Memo 使用 Excel 2007

Excel 2007 可以使用相同的操作方法完成設定。但是，格式化選項的種類比 Excel 2016／2013／2010 少。

▼Excel 2007 的圖示集

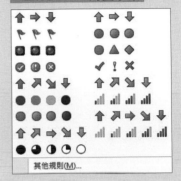

其他規則(M)…

▼Excel 2007 的資料橫條

其他規則(M)…

▼Excel 2007 色階

其他規則(M)…

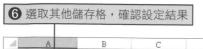
Memo 利用 3～5階層圖示來評估統計值

在**圖示集**選單中，準備了多種 3～5 階層的圖示集。選取了 3 階層的圖示集，可以依照數值大、中、小來切換 3 種圖示。

	A	B	C	D	E	F
1						
2						
3	加總 - 金額	欄標籤				
4	列標籤	港店	青葉台店	白浜店	綠之丘店	總計
5	幕之內便當	1,904,720	2,005,640	1,720,280	2,191,240	7,821,880
6	鮭魚便當	1,771,200	1,955,250	2,101,950	2,032,650	7,861,050
7	燒烤便當	1,680,800	0	1,745,700	1,797,400	5,223,900
8	炸雞便當	1,828,560	1,917,860	1,962,320	2,048,200	7,756,940
9	糖醋豬肉便當	0	1,459,920	1,409,520	1,578,780	4,448,220
10	燒賣便當	1,712,280	1,689,860	0	1,793,600	5,195,740
11	餡蜜	615,750	685,000	713,250	717,750	2,731,750
12	蒙布朗	0	0	712,580	790,680	1,503,260
13	布丁	452,340	480,420	516,240	556,200	2,005,200
14	杏仁豆腐	361,800	403,950	405,150	420,900	1,591,800
15	總計	10,327,450	10,597,900	11,286,990	13,927,400	46,139,740
16						

⑦ 配合統計值，顯示圖示

② 更改圖示的顯示基準

Memo 編輯格式化的條件

在**設定格式化的規則管理員**交談窗中，可以更改設定在儲存格上的格式化條件。在已經設定了格式化條件的儲存格內，任選一個儲存格進行調整，設定了相同格式化條件的儲存格範圍，都會套用該變更結果。

Memo 清除規則

選取樞紐分析表中的任意儲存格，按下**設定格式化的條件**選單中的**清除規則**，再按下**清除此樞紐分析表的規則**，即可清除格式化條件。

① 選取統計值的儲存格　② 按下**常用**頁次

③ 按一下設定格式化的條件

④ 點選**管理規則**

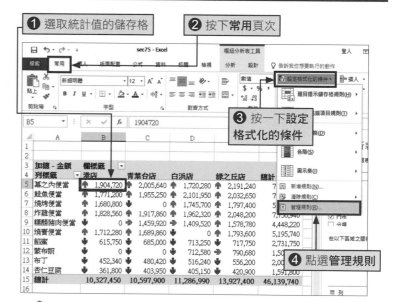

⑥ 按下**編輯規則**鈕　⑤ 選取要編輯的格式化條件

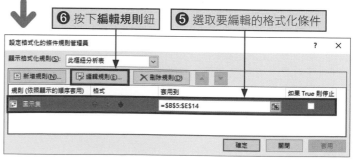

設定格式化的條件規則管理員

顯示格式化規則(S): 此樞紐分析表

新增規則(N)... | 編輯規則(E)... | 刪除規則(D)

規則 (依照顯示的順序套用) | 格式 | 套用到 | 如果 True 則停止

圖示集 | | =$B$5:$E$14 |

確定 | 關閉 | 套用

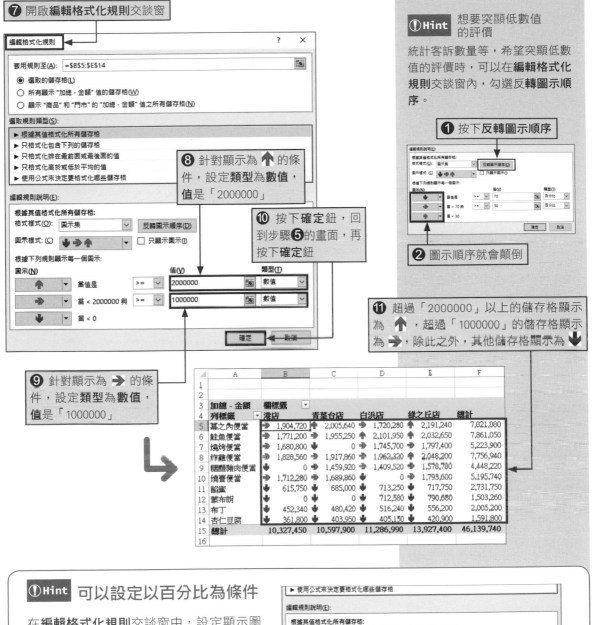

⑦ 開啟**編輯格式化規則**交談窗

編輯格式化規則

套用規則至(A)：=$B$5:$E$14

◉ 選取的儲存格(L)
○ 所有顯示 "加總 - 金額" 值的儲存格(W)
○ 顯示 "商品" 和 "門市" 的 "加總 - 金額" 值之所有儲存格(N)

選取規則類型(S)：
▸ 根據其值格式化所有儲存格
▸ 只格式化包含下列的儲存格
▸ 只格式化排在最前面或最後面的值
▸ 只格式化高於或低於平均的值
▸ 使用公式來決定要格式化哪些儲存格

編輯規則說明(E)：

根據其值格式化所有儲存格：
格式樣式(O)：　圖示集　　　反轉圖示順序(D)
圖示樣式：(C)　⬇➡⬆　　　□ 只顯示圖示(I)

根據下列規則顯示每一個圖示：

圖示(N)　　　　　　　　　　值(V)　　　　類型(T)
⬆　▾　當值是　>= ▾　2000000　數值
➡　▾　當 < 2000000 與 >= ▾　1000000　數值
⬇　▾　當 < 0

確定　　取消

⑧ 針對顯示為 ⬆ 的條件，設定**類型**為**數值**，值是「2000000」

⑨ 針對顯示為 ➡ 的條件，設定**類型**為**數值**，值是「1000000」

⑩ 按下**確定**鈕，回到步驟⑤的畫面，再按下**確定**鈕

!Hint 想要突顯低數值的評價

統計客訴數量等，希望突顯低數值的評價時，可以在**編輯格式化規則**交談窗內，勾選反轉圖示順序。

❶ 按下**反轉圖示順序**

❷ 圖示順序就會顛倒

⑪ 超過「2000000」以上的儲存格顯示為 ⬆，超過「1000000」的儲存格顯示為 ➡，除此之外，其他儲存格顯示為 ⬇

	A	B	C	D	E	F
1						
2						
3	加總 - 金額	欄標籤				
4	列標籤	港店	青葉台店	白浜店	綠之丘店	總計
5	幕之內便當	➡ 1,904,720	⬆ 2,005,640	➡ 1,720,280	⬆ 2,191,240	7,821,880
6	鮭魚便當	➡ 1,771,200	➡ 1,955,250	⬆ 2,101,950	⬆ 2,032,650	7,861,050
7	燒烤便當	➡ 1,680,800	⬇ 0	⬆ 1,745,700	➡ 1,797,400	5,223,900
8	炸雞便當	➡ 1,828,560	➡ 1,917,860	➡ 1,962,320	⬆ 2,048,200	7,756,940
9	糖醋豬肉便當	⬇ 0	➡ 1,459,920	➡ 1,409,520	➡ 1,578,780	4,448,220
10	燒賣便當	➡ 1,712,280	➡ 1,689,860	⬇ 0	➡ 1,793,600	5,195,740
11	飯糰	⬇ 615,750	⬇ 685,000	⬇ 713,250	⬇ 717,750	2,731,750
12	蒙布朗	⬇ 0	⬇ 0	⬇ 712,580	⬇ 790,680	1,503,260
13	布丁	⬇ 452,340	⬇ 480,420	⬇ 516,240	⬇ 556,200	2,005,200
14	杏仁豆腐	⬇ 361,800	⬇ 403,950	⬇ 405,150	⬇ 420,900	1,591,800
15	總計	10,327,450	10,597,900	11,286,990	13,927,400	46,139,740
16						

!Hint 可以設定以百分比為條件

在**編輯格式化規則**交談窗中，設定顯示圖示的條件時，將**類型**設定成**百分比**，即可設定成以百分比為條件。

▸ 使用公式來決定要格式化哪些儲存格

編輯規則說明(E)：

根據其值格式化所有儲存格：
格式樣式(O)：　圖示集　　　反轉圖示順序(D)
圖示樣式：(C)　⬇➡⬆　　　□ 只顯示圖示(I)

設定以百分比為條件

根據下列規則顯示每一個圖示：

圖示(N)　　　　　　　　　　值(V)　　　　類型(T)
⬆　▾　當值是　>= ▾　70　百分比
➡　▾　當 < 70 與 >= ▾　30　百分比
⬇　▾　當 < 30

確定　　取消

③ 顯示資料橫條

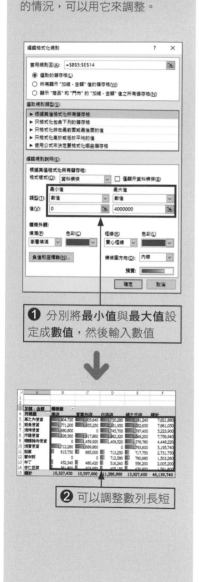

📝**Memo** 調整資料橫條的長度

預設的數列長度自動以統計值的大小為基準,請參考 9-8 頁的操作步驟,開啟**編輯格式化規則**交談窗,能設定最小值與最大值。遇到數列重疊,難以看清楚數值的情況,可以用它來調整。

❶ 分別將**最小值**與**最大值**設定成**數值**,然後輸入數值

❷ 可以調整數列長短

❶ 參考 9-8 頁的 Memo,先清除格式化條件

❷ 選取要顯示資料橫條的儲存格範圍

❸ 按下常用頁次的設定格式化的條件

❹ 點選資料橫條

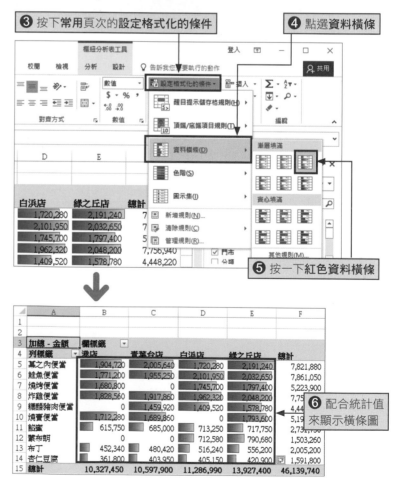

❺ 按一下紅色資料橫條

❻ 配合統計值來顯示橫條圖

④ 顯示色階

❶ 參考 9-8 頁的 Memo，先清除格式化規則

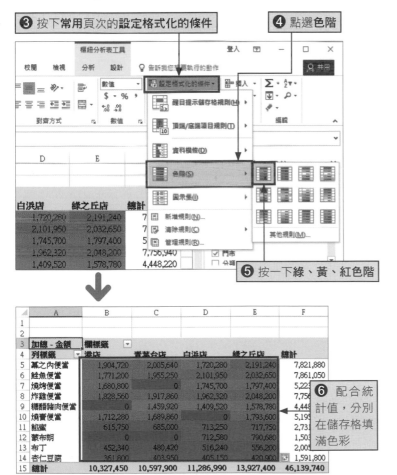

❷ 選取要顯示色階的儲存格選取範圍

❸ 按下常用頁次的設定格式化的條件　❹ 點選色階

❺ 按一下綠、黃、紅色階

❻ 配合統計值，分別在儲存格填滿色彩

Memo 統計表較大或統計值顯示在不相鄰儲存格

樞紐分析表的儲存格範圍較寬，或統計值顯示在不相鄰的儲存格時，先選取當作設定對象的任意儲存格，設定格式化的條件。設定後，按一下顯示在儲存格右方的**格式化選項**鈕 ，選取選單中的顯示 "○○" 的 "○○" 值之**所有儲存格**，就能整個擴大格式化條件的套用範圍欄位。

❶ 在其中一個儲存格設定格式化的條件

❷ 按一下格式化選項鈕 ，選取顯示 "○○" 的 "○○" 值之所有儲存格

❸ 格式化條件擴大至同一欄

將樞紐分析表中的資料擷取至其他儲存格

使用 GETPIVOTDATA 函數

只要按一下就能將統計值擷取至其他儲存格

「我想引用樞紐分析表中的統計值製作成報告。」這種時候，只要使用 GETPIVOTDATA 函數，就可以取出統計值。雖說是函數，卻不用記住困難的結構，只要輸入「＝」，然後按一下要取出統計值的儲存格，就可以輕鬆插入函數。

將樞紐分析表的統計結果顯示在樞紐分析表以外的儲存格

✎ Memo 什麼是 GETPIVOTDATA 函數

GETPIVOTDATA 函數可以擷取出樞紐分析表的統計值，格式與使用範例如下。

● 取出整體總計

=GETPIVOTDATA (資料欄位,樞紐分析表)

=GETPIVOTDATA ("金額" ,$A$3)

從含有 A3 儲存格的樞紐分析表中，取出「金額」欄位的總計。

● 取出列的總計與欄的總計

=GETPIVOTDATA (資料欄位,樞紐分析表,欄位1,項目1)

=GETPIVOTDATA ("金額" ,$A$3," 地區" ," 海岸")

從含有 A3 儲存格的樞紐分析表中，取出「地區」欄位「海岸」項目的「金額」欄位總計。

● 取出列欄交叉位置的統計值

=GETPIVOTDATA (資料欄位,樞紐分析表,欄位1,項目1, 欄位2,項目2)

=GETPIVOTDATA ("金額" ,$A$3," 地區" ," 海岸" ," 商品" ," 燒賣便當")

從含有 A3 儲存格的樞紐分析表中，取出「地區」欄位「海岸」項目及「商品」欄位「燒賣便當」項目的「金額」欄位總計。

① 取出整體總計

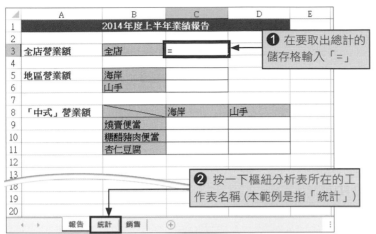

❶ 在要取出總計的儲存格輸入「=」

❷ 按一下樞紐分析表所在的工作表名稱 (本範例是指「統計」)

❹ 按一下 Enter 鍵

❸ 按一下整體總計的儲存格

❺ 顯示總計

❻ 選取 C3 儲存格,可以確認自動輸入的公式

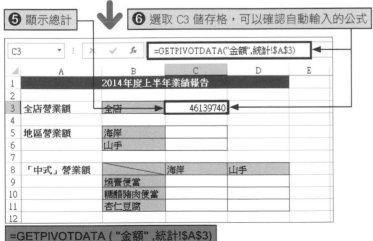

=GETPIVOTDATA ("金額",統計!$A$3)

Memo 按一下統計值的儲存格就能完成輸入

在儲存格內輸入「=」之後,按一下樞紐分析表的統計值儲存格,就會自動輸入可以取出該統計值的 GETPIVOTDATA 函數。

Memo 參照其他工作表

樞紐分析表的統計值可以擷取至和樞紐分析表相同的工作表中,也可以擷取至其他工作表中。假如要擷取至其他工作表,請在第 2 個引數「樞紐分析表」中,以「!」連接樞紐分析表的工作表名稱及儲存格編號。以左圖為例,樞紐分析表是在「統計」工作表內,所以在引數「樞紐分析表」設定「統計!$A$3」。

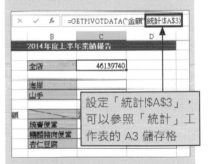

設定「統計!$A$3」,可以參照「統計」工作表的 A3 儲存格

Keyword 絕對參照

在列編號與欄編號前面加上「$」符號,設定儲存格編號,在複製公式時,儲存格編號不會產生變化。這種參照形式稱作「絕對參照」。例如,設定成「統計!$A$3」,就會固定參照「統計」工作表的 A3 儲存格。

Memo 即使更改欄位配置也可以擷取

本範例要取出「地區」欄位「海岸」項目的總計。即使改變統計表的版面配置，只要樞紐分析表中顯示了「海岸」地區的總計值，就能正確參照。但是，若在樞紐分析表中刪除「地區」欄位，函數的結果就會出錯，在儲存格顯示「#REF!」。

Memo GETPIVOTDATA 函數沒有自動輸入時

按一下統計值的儲存格，卻沒有自動輸入GETPIVOTDATA 函數時，請選取樞紐分析表的儲存格，在**分析**頁次**樞紐分析表**區，按下**選項**的下拉箭頭。勾選**產生 GetPivotData**，即可自動輸入函數。

勾選**產生 GetPivotData**，可以自動輸入函數

Hint 擷取建立群組的日期

日期建立群組後，可以在樞紐分析表中，以「2014 年」、「第2 季」、「4月」等單位顯示。如果要用 GETPIVOTDATA 函數取出統計值，只要在引數「項目」設定數值「2014」、「2」、「4」。

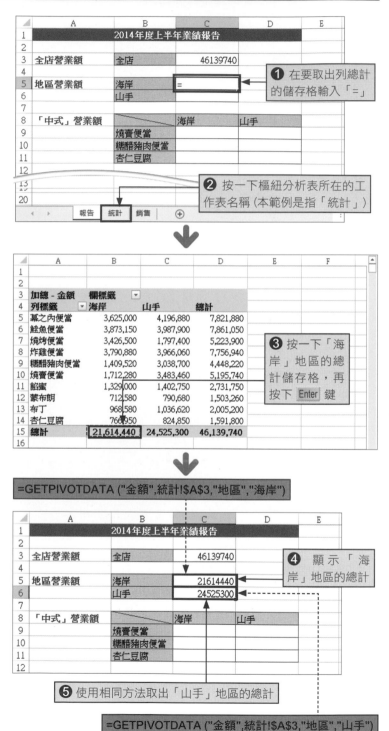

❶ 在要取出列總計的儲存格輸入「=」

❷ 按一下樞紐分析表所在的工作表名稱 (本範例是指「統計」)

❸ 按一下「海岸」地區的總計儲存格，再按下 Enter 鍵

=GETPIVOTDATA ("金額",統計!$A$3,"地區","海岸")

❹ 顯示「海岸」地區的總計

❺ 使用相同方法取出「山手」地區的總計

=GETPIVOTDATA ("金額",統計!$A$3,"地區","山手")

③ 取出列欄交叉位置的統計值

❶ 選取儲存格，輸入以下公式

=GETPIVOTDATA ("金額",統計!$A$3,"地區",C$8,"商品",$B9)

❷ 游標移動到填滿控點

❸ 拖曳至右邊的儲存格

❹ 游標移動到填滿控點

❺ 往下拖曳至 2 個儲存格

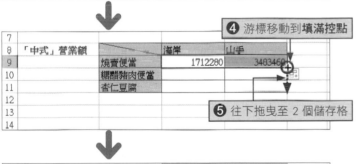

❻ 複製公式，顯示各地區、各商品的營業額

Memo 在這裡執行

這裡擷取了「海岸」地區與「山手」地區的「燒賣便當」、「糖醋豬肉便當」、「杏仁豆腐」的營業額。但是按一下樞紐分析表的儲存格，輸入函數的方法，必須操作 6 次，很麻煩。因此，在開頭的 C9 儲存格輸入公式，只要利用複製的方式，就能顯示各統計值。

Memo 修正自動輸入的函數

在 C9 儲存格輸入公式時，輸入「=」，按一下「統計」工作表的 B10 儲存格，就會在 C9 儲存格輸入以下公式。

=GETPIVOTDATA ("金額",統計!$A$3,"地區"," 海岸","商品"," 燒賣便當")

第 4 個引數從「C$8」改成「"海岸"」，末尾的引數從「$B9」改成「" 燒賣便當"」，即可快速輸入目標公式。

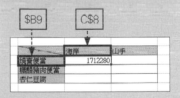

Keyword 複合參照

列數及欄號只有其中一方加上「$」符號的參照形式稱作「複合參照」。如「C$8」所示，在列號加上「$」的時候，複製公式時，「C」會變化，「8」為固定。如「$B9」所示，在欄號加上「$」的時候，複製公式時，「B」固定，「9」會變化。

在每頁列印欄標題

設定列印標題

第 2 頁之後也列印標題，即可瞭解對應的統計值

　　列印直長或橫長型樞紐分析表時，可能無法列印在同一張紙內，但是由於**樞紐分析表的標題只會列印在第 1 頁**，而無法瞭解第 2 頁之後的統計值對應哪個項目。此時，請**執行列印標題的設定**，在各頁的開頭列印樞紐分析表的標題。如果是直長型樞紐分析表，可以和下圖一樣，在各頁的頂端列印欄標題；若是橫長型樞紐分析表，能在各頁左側列印列標題。讓統計值與項目的對應關係一清二楚，製作出一看即懂的資料。

▼設定前

第 1 頁

第 2 頁

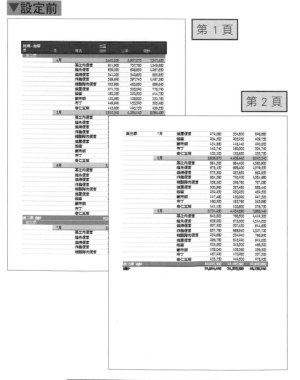

一般標題只會列印在第 1 頁

▼設定後

第 1 頁

第 2 頁

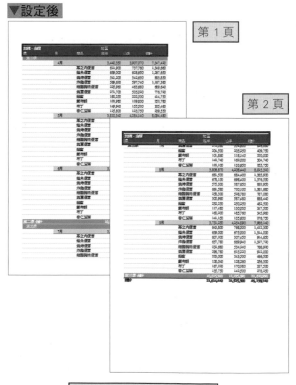

設定成在各頁都列印標題，
讓樞紐分析表能一目瞭然

① 確認預覽列印

❶ 按一下檔案頁次

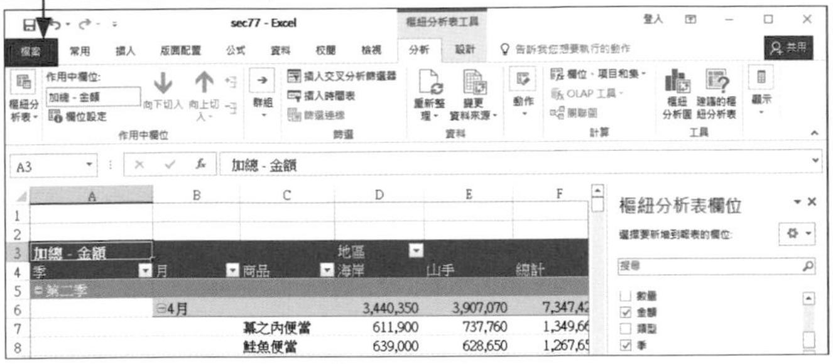

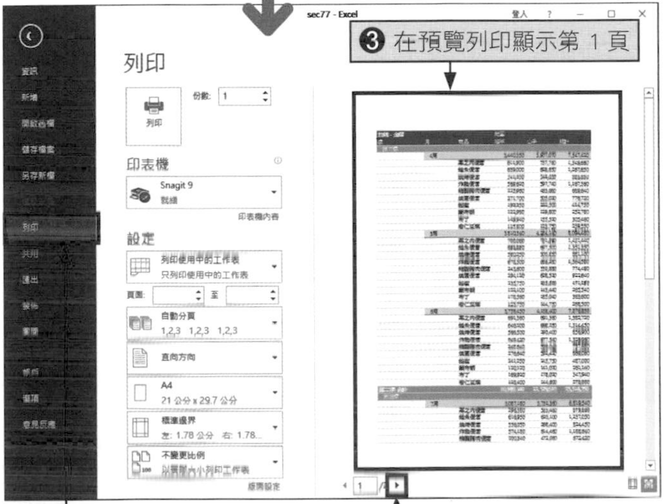

❷ 按一下列印

❸ 在預覽列印顯示第 1 頁

❹ 按下此鈕

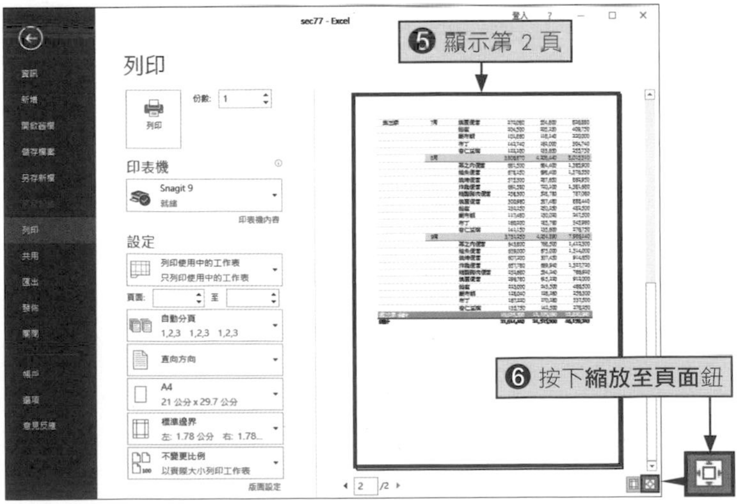

❺ 顯示第 2 頁

❻ 按下縮放至頁面鈕

Memo 在 Excel 2007 執行預覽列印

Excel 2007 是按一下**Office**按鈕，將游標移動至**列印**，按一下**預覽列印**，即可顯示預覽列印。

❶ 按一下 Office 按鈕

❷ 依序按一下列印／預覽列印

❸ 按下下一頁，即可顯示第 2 頁

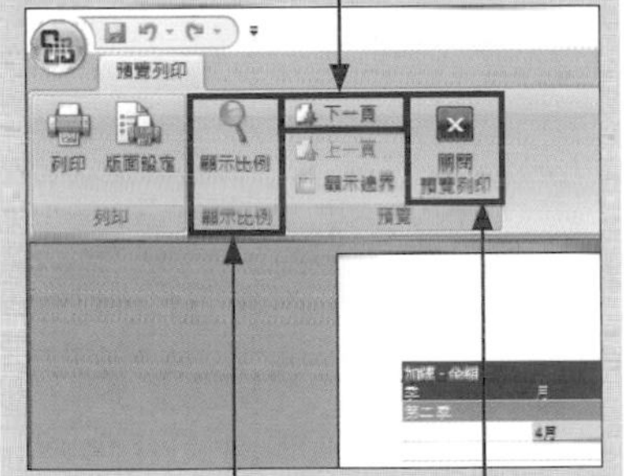

❹ 按下顯示比例，即可放大顯示

❺ 按下關閉預覽列印鈕

Memo 篩選鈕不會列印出來

在篩選項目時，使用 🔽，只會在樞紐分析表的儲存格內顯示，不會列印出來。

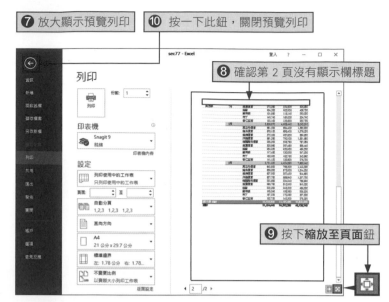

⑧ 確認第 2 頁沒有顯示欄標題

⑨ 按下縮放至頁面鈕

Memo Excel 2010 關閉預覽列印

Excel 2010 按一下**檔案**頁次，即可取代步驟 ⑩，關閉預覽列印。

按一下**檔案**頁次，關閉預覽列印

---

2 設定列印標題

Memo 使用 Excel 2010

Excel 2010 請按下**選項**頁次，取代步驟 ❷。

Memo 使用 Excel 2007

Excel 2007 請按下**選項**頁次**樞紐分析表**區中的**選項**鈕。

按下**選項**頁次中的**選項**鈕

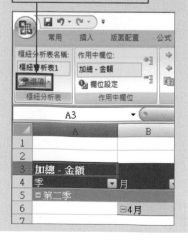

③ 按一下樞紐分析表

❶ 選取樞紐分析表中的儲存格

❷ 按一下**分析**頁次

④ 按下**選項**鈕

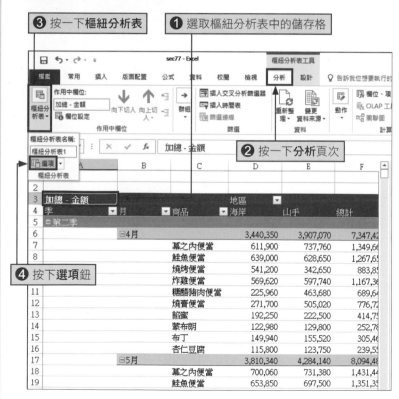

季	月	商品	海岸	山手	總計
⊟第二季					
	⊟4月		3,440,350	3,907,070	7,347,42
		幕之內便當	611,900	737,760	1,349,66
		鮭魚便當	639,000	628,650	1,267,65
		燒烤便當	541,200	342,650	883,85
		炸雞便當	569,620	597,740	1,167,36
		糖醋豬肉便當	225,960	463,680	689,64
		燒賣便當	271,700	505,020	776,72
		餡蜜	192,250	222,500	414,75
		蒙布朗	122,980	129,800	252,78
		布丁	149,940	155,520	305,46
		杏仁豆腐	115,800	123,750	239,55
	⊟5月		3,810,340	4,284,140	8,094,48
		幕之內便當	700,060	731,380	1,431,44
		鮭魚便當	653,850	697,500	1,351,35

⑤ 開啟**樞紐分析表選項**交談窗

⑥ 切換到**列印中**頁次

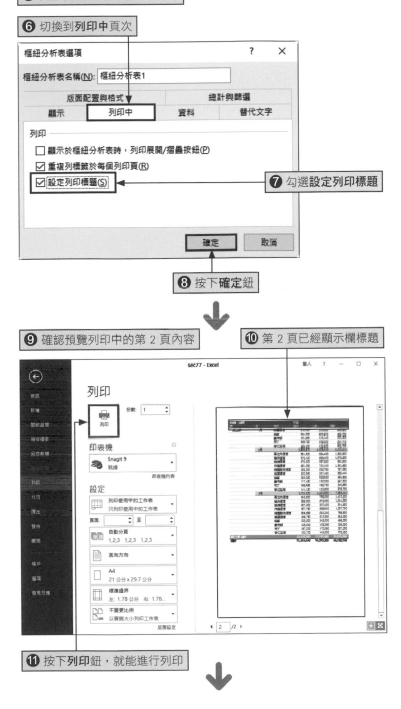

⑦ 勾選**設定列印標題**

⑧ 按下**確定**鈕

⑨ 確認預覽列印中的第 2 頁內容

⑩ 第 2 頁已經顯示欄標題

⑪ 按下**列印**鈕，就能進行列印

ⓘHint 列印欄名

如果和本節的範例檔案一樣，顯示為大綱模式或列表方式（請參考 Unit 57），標題會自動顯示「日期」、「商品」、「地區」等欄名。不過，若是壓縮模式，會以「列標籤」、「欄標籤」取代欄名，但是只要選取儲存格，再輸入欄名，就可以修改儲存格的內容。

❶ 修改「列標籤」的儲存格內容

❷ 「欄標籤」儲存格也一併修改

✎Memo 上階層的項目列印在起始列

在**樞紐分析表選項**交談窗中，有個**重複列標籤於每個列印頁**的設定項目。在預設狀態下，勾選此選項，大綱模式或列表方式的上階層項目會重複顯示在第 2 頁之後的起始列。

即使第 2 頁是從月中開始顯示，開頭也會顯示月名

Unit 78 依照「分類」分頁列印資料

分頁設定

將下個分類列印在另一頁

　　列標題依照分類來顯示的樞紐分析表，如「大分類→中分類→小分類」，用分類來分頁列印，看起來比較清楚。有時，為了讓列數看起來比例平衡，會希望按照大分類或中分類來分頁。其實，在樞紐分析表中，可以設定成依照分類配置欄位來換頁，所以只要根據紙張及列數的比例，決定要按照哪種分類來換頁即可。以下把階層為「季→月→商品」的統計表，依照每季分頁列印。如此一來，就能按照每 3 個月的銷售資料列印在一張紙上的方式列印資料。

▼設定前

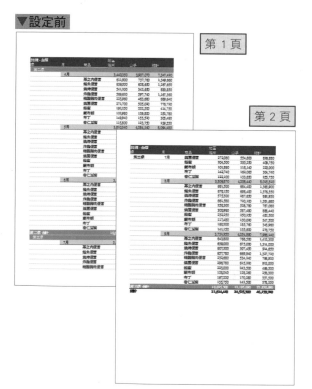

一般列印到第 1 頁最下面為止，才會將接下來的資料列印在第 2 頁

▼設定後

設定成以「季」欄位分頁，可以在每頁列印 3 個月的資料

9-20

1 確認預覽列印

❶ 依照「季」、「月」、「商品」的順序形成階層結構

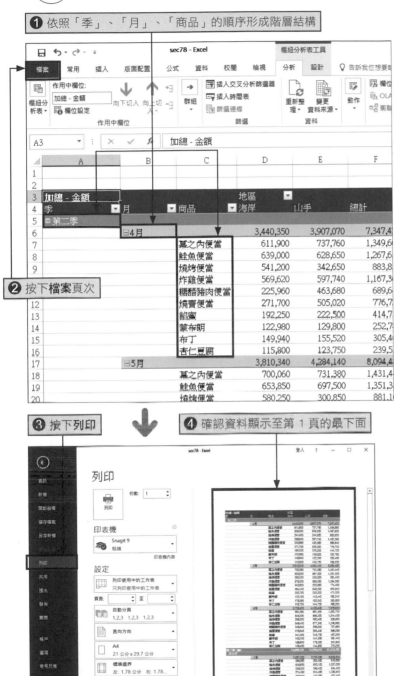

❷ 按下檔案頁次

❸ 按下列印

❹ 確認資料顯示至第 1 頁的最下面

列印

❺ 按一下 ⬅，關閉預覽列印

📝**Memo** 本單元的範例檔案
套用預設狀態的「壓縮模式」，多個階層結構的欄位會全都顯示在 A 欄。本小節的範例檔案將版面配置改成「大綱模式」，讓各個階層顯示在不同欄。關於版面配置的說明，請參考 Unit 57。

壓縮模式
預設狀態是「季」、「月」、「商品」全都顯示在 A 欄

大綱模式
更改成「大綱模式」，「季」、「月」、「商品」顯示在不同欄

📝**Memo** 使用 Excel 2007 顯示預覽列印

Excel 2007 按一下**Office**按鈕，點選**列印**，按一下**預覽列印**，即可顯示預覽列印。另外，按一下**關閉預覽列印**，就能關閉。

📝**Memo** 使用 Excel 2010 關閉預覽列印

Excel 2010 按下**檔案**頁次，即可關閉預覽列印。

② 設定以「季」欄位分頁

Memo 選取「季」欄位再設定

分頁設定是對欄位執行的，這個範例要依照每季來分頁，所以要先選取「第二季」等「季」欄位儲存格，再進行設定。

Memo 使用 Excel 2010／2007

Excel 2010 是依序按下**選項**頁次/**作用中欄位**/**欄位設定**，取代步驟 ❷～❸。 Excel 2007 是按下**選項**頁次，取代步驟 ❷。

Hint 以任意位置分頁

還可以依照任意位置分頁。選取要插入分頁的儲存格，依序按一下**版面配置**/**版面設定**區的**分頁符號**/**插入分頁**，列印時，就會將位於選取儲存格後方的資料傳送到下一頁。例如，選取並設定 A28 儲存格，到第 27 列為止會列印在第 1 頁，第 28 列之後是列印在第 2 頁。

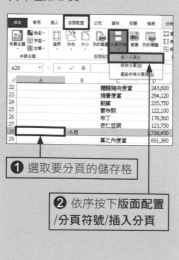

❶ 選取要分頁的儲存格

❷ 依序按下**版面配置**/**分頁符號**/**插入分頁**

❸ 按一下**欄位設定**鈕

❷ 按一下**分析**頁次

❶ 選取「季」儲存格

❹ 開啟**欄位設定**交談窗

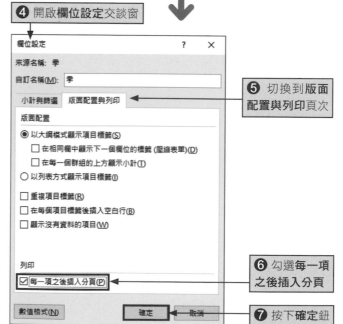

❺ 切換到**版面配置與列印**頁次

❻ 勾選**每一項之後插入分頁**

❼ 按下**確定**鈕

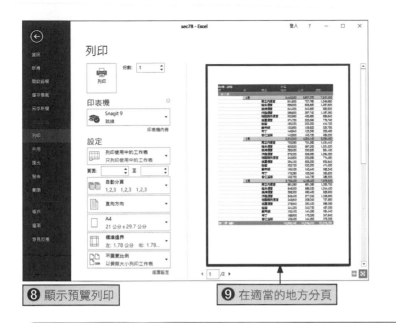

⑧ 顯示預覽列印

⑨ 在適當的地方分頁

① Hint 列印樞紐分析圖
假如在樞紐分析表的同一工作表內，製作了樞紐分析圖，選取儲存格再列印，可以同時列印樞紐分析表與樞紐分析圖。另外，選取樞紐分析圖再列印，可以單獨列印出較大的樞紐分析圖。

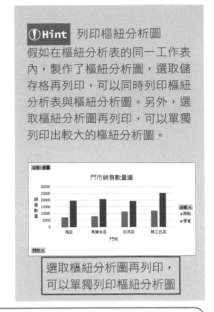

選取樞紐分析圖再列印，
可以單獨列印樞紐分析圖

---

① Hint **最後一頁不列印總計列**

列印樞紐分析表時，一般最終列會列印總計列。依照分類來分頁時，只有最後一頁會列印總計列，使得格式變成與其他頁不一致。假如要和其他頁面統一，請參考 Unit58，設定**僅開啟列**，隱藏總計列即可。

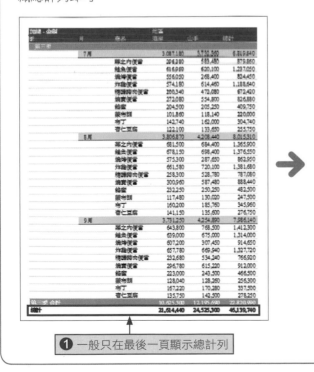

① 一般只在最後一頁顯示總計列

② 隱藏總計列，與其他頁面的格式統一

將樞紐分析表變成一般資料表再使用

利用複製／貼上

複製樞紐分析表後即可以隨意編修

　　樞紐分析表是以統計原始資料庫資料為目的的特殊資料表，無法和一般資料表一樣隨意編輯。例如，合併儲存格，在表中插入列或欄等。另外，樞紐分析表可以製作的樞紐分析圖種類也受到限制。假如想將樞紐分析表製作成報告資料，與其在樞紐分析表中操作，倒不如**轉換成一般資料表**，較能隨心所欲地編輯內容。**使用複製／貼上功能，就能輕易把樞紐分析表轉換成一般資料表**。另外，轉換後，資料表會與原本的資料庫分離，而無法執行更新。

▼樞紐分析表

	A	B	C	D	E	F	G
1							
2							
3	加總 - 金額	門市					
4	商品	港店	青葉台店	白浜店	綠之丘店	總計	
5	幕之內便當	1,904,720	2,005,640	1,720,280	2,191,240	7,821,880	
6	鮭魚便當	1,771,200	1,955,250	2,101,950	2,032,650	7,861,050	
7	燒烤便當	1,680,800	0	1,745,700	1,797,400	5,223,900	
8	炸雞便當	1,828,560	1,917,860	1,962,320	2,048,200	7,756,940	
9	糖醋豬肉便當	0	1,459,920	1,409,520	1,578,780	4,448,220	
10	燒賣便當	1,712,280	1,689,860	0	1,793,600	5,195,740	
11	餡蜜	615,750	685,000	713,250	717,750	2,731,750	
12	蒙布朗	0	0	712,580	790,680	1,503,260	
13	布丁	452,340	480,420	516,240	556,200	2,005,200	
14	杏仁豆腐	361,800	403,950	405,150	420,900	1,591,800	
15	總計	10,327,450	10,597,900	11,286,990	13,927,400	46,139,740	
16							

> 在樞紐分析表的狀態下，無法隨意編輯

▼一般的資料表

	A	B	C	D	E	F	G
1							
2	加總 - 金額	門市					
3	商品	港店	青葉台店	白浜店	綠之丘店	總計	
4	幕之內便當	1,904,720	2,005,640	1,720,280	2,191,240	7,821,880	
5	鮭魚便當	1,771,200	1,955,250	2,101,950	2,032,650	7,861,050	
6	燒烤便當	1,680,800	0	1,745,700	1,797,400	5,223,900	
7	炸雞便當	1,828,560	1,917,860	1,962,320	2,048,200	7,756,940	
8	糖醋豬肉便當	0	1,459,920	1,409,520	1,578,780	4,448,220	
9	燒賣便當	1,712,280	1,689,860	0	1,793,600	5,195,740	
10	餡蜜	615,750	685,000	713,250	717,750	2,731,750	
11	蒙布朗	0	0	712,580	790,680	1,503,260	
12	布丁	452,340	480,420	516,240	556,200	2,005,200	
13	杏仁豆腐	361,800	403,950	405,150	420,900	1,591,800	
14	總計	10,327,450	10,597,900	11,286,990	13,927,400	46,139,740	
15							
16							

> 複製樞紐分析表，把值貼至其他工作表中，即可隨意編輯

① 複製／貼上樞紐分析表

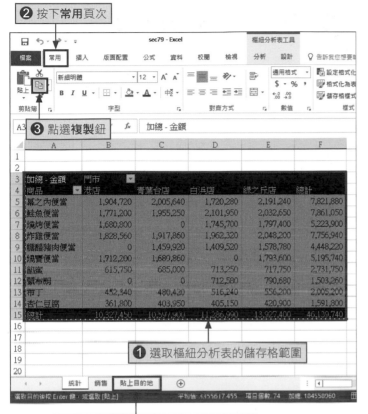

❷ 按下**常用**頁次

❸ 點選**複製**鈕

❶ 選取樞紐分析表的儲存格範圍

❹ 按一下要貼上資料表的工作表名稱

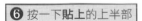

❻ 按一下**貼上**的上半部

❺ 選取貼上資料的起始儲存格

ⓘHint 統計表的儲存格範圍較大時

當樞紐分析表的儲存格範圍比較大，要利用拖曳方式選取就很麻煩。此時，選取樞紐分析表內的其中一個儲存格，按下**分析**頁次的**動作**，再按一下**選取/整個樞紐分析表**，即可選取全部的儲存格範圍。

Excel 2010／2007 是依序按下**選項**頁次動作區的**選取／整個樞紐分析表**。

ⓘHint 複製／貼上的快速鍵

利用鍵盤快速鍵也可以執行複製／貼上。按下 Ctrl + C 是執行複製，按下 Ctrl + V 是執行貼上。

✎Memo 保留原本的樞紐分析表

即使將樞紐分析表複製／貼上到其他工作表，仍會保留原本的樞紐分析表。

✎Memo 貼上「值」可以解除樞紐分析表

貼上剛才複製的樞紐分析表時，選擇**貼上選項**中的**值**或**值與數字格式**，即可解除樞紐分析表，當作一般資料表貼上去。**值**是只貼上數值，而**值與數字格式**是貼上值與顯示格式。

Memo Excel 2007 選取文字選單

Excel 2007 的**貼上選項**是顯示為文字選單。

- 保留來源格式設定(K)
- 使用目的地佈景主題(D)
- 符合目的格式設定(M)
- 值與數字格式(N)
- 保持原始欄寬(W)
- 僅適用格式設定(F)
- 連結儲存格(L)

①Hint 在貼上時選擇「值與數字」格式

Excel 2016／2013／2010 是按一下**貼上按鈕**的下半部，再按一下**值與數字格式** ，就能直接貼上值與數字格式。

❶ 按一下**貼上的下半部**

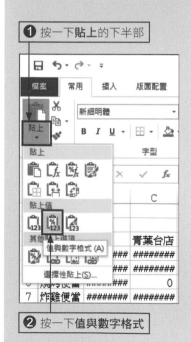

檔案　常用　插入　版面配置

新細明體

貼上

B I U

貼上

貼上值

其他

值與數字格式 (A)

選擇性貼上(S)...

青葉台店

❷ 按一下**值與數字格式**

❼ 維持樞紐分析表的形式貼上去

❾ 點選**值與數字格式**

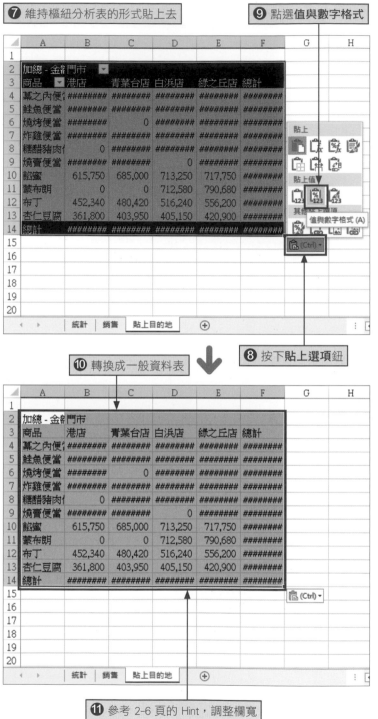

貼上

貼上值

值與數字格式 (A)

	A	B	C	D	E	F
1						
2	加總 - 金額 門市					
3	商品	港店	青葉台店	白浜店	綠之丘店	總計
4	幕之內便當	########	########	########	########	########
5	鮭魚便當	########	########	########	########	########
6	燒烤便當	########		0	########	########	########
7	炸雞便當	########	########	########	########	########
8	糖醋豬肉便當	0	########	########	########	########
9	燒賣便當	########	########		0	########	########
10	餡蜜	615,750	685,000	713,250	717,750	########
11	蒙布朗	0	0	712,580	790,680	########
12	布丁	452,340	480,420	516,240	556,200	########
13	杏仁豆腐	361,800	403,950	405,150	420,900	########
14	總計	########	########	########	########	########

統計　銷售　貼上目的地

⑩ 轉換成一般資料表

❽ 按下**貼上選項鈕**

	A	B	C	D	E	F
1						
2	加總 - 金額 門市					
3	商品	港店	青葉台店	白浜店	綠之丘店	總計
4	幕之內便當	########	########	########	########	########
5	鮭魚便當	########	########	########	########	########
6	燒烤便當	########		0	########	########	########
7	炸雞便當	########	########	########	########	########
8	糖醋豬肉便當	0	########	########	########	########
9	燒賣便當	########	########		0	########	########
10	餡蜜	615,750	685,000	713,250	717,750	########
11	蒙布朗	0	0	712,580	790,680	########
12	布丁	452,340	480,420	516,240	556,200	########
13	杏仁豆腐	361,800	403,950	405,150	420,900	########
14	總計	########	########	########	########	########

統計　銷售　貼上目的地

⑪ 參考 2-6 頁的 Hint，調整欄寬

第 **10** 章

整合多個表格統計資料

利用樞紐分析表整合並統計多個交叉統計表

使用樞紐分析表精靈

樞紐分析表可以整合多個交叉統計表

　　一般而言，樞紐分析表是由第 1 列為欄名，第 2 列之後輸入資料的資料庫形式資料表製作而成。可是，現實工作中也可能碰到，要將交叉統計表形式的資料製作成樞紐分析表的情況。使用**樞紐分析表和樞紐分析圖精靈**功能，就**可以整合多個交叉統計表**。在面對各門市銷售資料儲存在不同工作表的時候，這個功能就可以派上用場。

▼交叉統計表

海岸地區 白浜店 銷售表

商品ID	商品	4月	5月	6月	總計
G101	幕之內便當	337,560	339,880	357,280	1,034,720
G102	鮭魚便當	347,850	368,100	338,400	1,054,350
G103	燒烤便當	277,200	297,550	293,700	868,450
G104	炸雞便當	295,260	351,880	338,960	986,100
G105	糖醋豬肉便當	225,960	243,600	248,640	718,200
G201	餡蜜	103,750	126,750	131,250	361,750
G202	蒙布朗	122,980	122,100	120,120	365,200
G203	布丁	83,520	97,920	85,860	267,300
G204	杏仁豆腐	59,250	67,050	69,000	195,300
	總計	1,853,330	2,014,830	1,983,210	5,851,370

※沒有販售燒賣便當

白浜店　港店　綠之丘店　青葉台店

海岸地區 港店 銷售表

商品ID	商品	4月	5月	6月	總計
G101	幕之內便當	274,340	360,180	334,080	968,600
G102	鮭魚便當	291,150	285,750	307,800	884,700
G103	燒烤便當	264,000	282,700	272,800	819,500
G104	炸雞便當	274,360	326,420	310,460	911,240
G106	燒賣便當	271,700	294,120	276,640	842,460
G201	餡蜜	88,500	109,000	110,000	307,500
G203	布丁	66,420	80,640	84,060	231,120
G204	杏仁豆腐	56,550	56,700	59,400	172,650
	總計	1,587,020	1,795,510	1,755,240	5,137,770

※沒有販售糖醋豬肉便當及蒙布朗

白浜店　港店　綠之丘店　青葉台店

山手地區 綠之丘店 銷售表

商品ID	商品	4月	5月	6月	總計
G101	幕之內便當	390,920	385,120	348,580	1,124,620
G102	鮭魚便當	324,000	341,550	360,000	1,025,550
G103	燒烤便當	342,650	300,850	290,400	933,900
G104	炸雞便當	314,640	340,480	349,220	1,004,340
G105	糖醋豬肉便當	253,680	258,300	259,140	771,120
G106	燒賣便當	251,940	319,200	304,760	875,900
G201	餡蜜	117,500	117,750	121,500	356,750
G202	蒙布朗	129,800	143,440	141,020	414,260
G203	布丁	87,300	99,000	93,060	279,360
G204	杏仁豆腐	67,200	77,250	70,500	214,950
	總計	2,279,630	2,382,940	2,338,180	7,000,750

白浜店　港店　綠之丘店　青葉台店

山手地區 青葉台店 銷售表

商品ID	商品	4月	5月	6月	總計
G101	幕之內便當	346,840	346,260	342,780	1,035,880
G102	鮭魚便當	304,650	355,950	308,250	968,850
G104	炸雞便當	283,100	345,800	328,320	957,220
G105	糖醋豬肉便當	210,000	272,580	249,900	732,480
G106	燒賣便當	253,080	309,320	287,660	850,060
G201	餡蜜	105,000	117,750	124,250	347,000
G203	布丁	68,220	86,040	84,960	239,220
G204	杏仁豆腐	56,550	67,500	74,100	198,150
	總計	1,527,440	1,901,200	1,800,220	5,328,860

※沒有販售燒烤便當及蒙布朗

白浜店　港店　綠之丘店　青葉台店

現有「海岸」地區 2 家門市及「山手」地區 2 家門市等共計 4 家門市的銷售表。每家門市販售的商品不太一樣

▼樞紐分析表

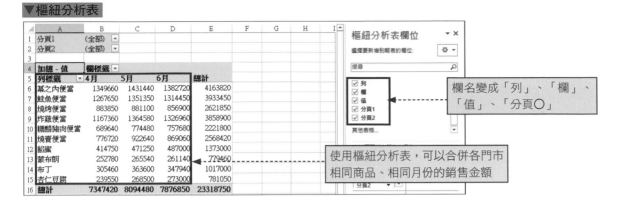

欄名變成「列」、「欄」、「值」、「分頁○」

使用樞紐分析表，可以合併各門市相同商品、相同月份的銷售金額

以各種觀點重新統計整合後的資料

用樞紐分析表整合後的資料，和一般的樞紐分析表一樣，可以組合各種版面配置，更改成各式各樣型態的統計表。與資料庫形式製作成的樞紐分析表不同的是，交叉統計表中，沒有欄名，所以在樞紐分析表上設定適當的欄名，之後操作起來比較方便。

設定適當的欄名，操作比較方便

改變版面配置，從各種觀點分析資料

① 呼叫出精靈畫面

❶ 按下 Alt + D 鍵

❷ 顯示與鍵盤快速鍵相關的提示

❸ 按下 P 鍵

📝 Memo　利用鍵盤快速鍵呼叫出設定畫面

將多個交叉統計表製作成樞紐分析表的**樞紐分析表和樞紐分析圖精靈**是 Excel 2003 版本之前的 Excel 功能。不屬於正式功能，所以沒有提供按鈕，只能以鍵盤快速鍵呼叫出來。

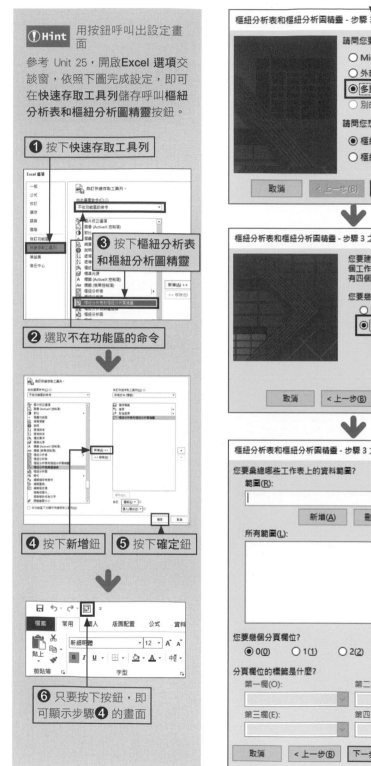

!Hint 用按鈕呼叫出設定畫面

參考 Unit 25，開啟**Excel 選項**交談窗，依照下圖完成設定，即可在**快速存取工具列**儲存呼叫**樞紐分析表和樞紐分析圖精靈**按鈕。

① 按下快速存取工具列

② 選取不在功能區的命令

③ 按下樞紐分析表和樞紐分析圖精靈

④ 按下新增鈕

⑤ 按下確定鈕

⑥ 只要按下按鈕，即可顯示步驟④的畫面

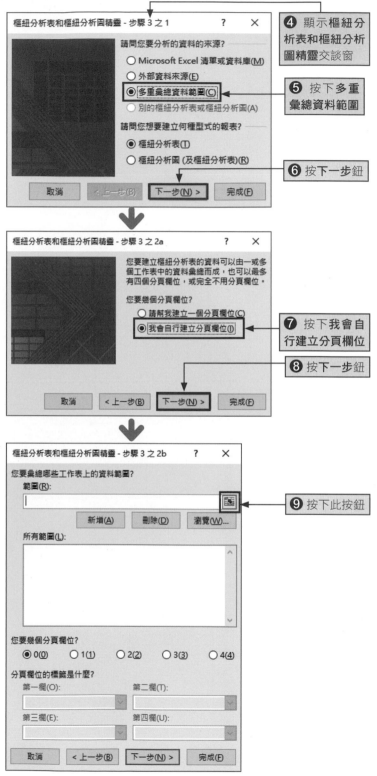

④ 顯示樞紐分析表和樞紐分析圖精靈交談窗

⑤ 按下多重彙總資料範圍

⑥ 按下一步鈕

⑦ 按下我會自行建立分頁欄位

⑧ 按下一步鈕

⑨ 按下此按鈕

② 設定整合交叉統計表的範圍

承上一頁的步驟❾，繼續操作以下步驟。

❶ 按下「白浜店」的工作表

❷ 拖曳選取 B3：E12 儲存格

❸ 按下此按鈕

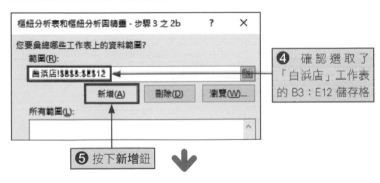

④ 確認選取了「白浜店」工作表的 B3：E12 儲存格

❺ 按下新增鈕

❻ 新增至所有範圍中

❼ 按下此按鈕

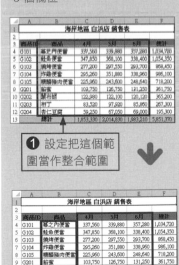

❶ 設定把這個範圍當作整合範圍

❷ 因此建立了這 3 個欄位

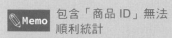

包含「商品 ID」無法順利統計

假如統計範圍包含了「商品 ID」欄，會依照下圖所示來分欄。商品名稱與銷售金額將整合在相同欄位，無法順利進行統計。

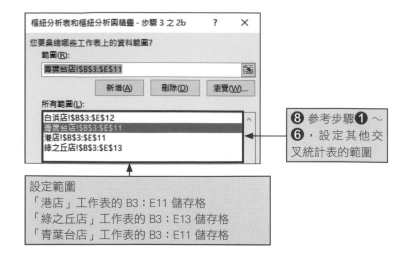

⑧ 參考步驟❶～❻，設定其他交叉統計表的範圍

設定範圍
「港店」工作表的 B3：E11 儲存格
「綠之丘店」工作表的 B3：E13 儲存格
「青葉台店」工作表的 B3：E11 儲存格

③ 分別設定交叉統計表的分類名稱

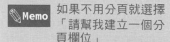

可以手動新增 4 個欄位

除了以自動方式製作 3 個欄位之外，還可以加上用來分頁各交叉統計表用的 4 個欄位。這個範例把 4 張交叉統計表設定成依照地區與門市等 2 種類型來分頁。因此，步驟❶在新增欄位設定「2」。

如果不用分頁就選擇「請幫我建立一個分頁欄位」

這個範例設定了分類交叉統計表用的欄位，但是如果不需要分頁，在 10-4 頁的步驟❼請選擇**請幫我建立一個分頁欄位**。

輸入分頁的項目名稱

步驟❷～❹為了分頁「港店」交叉統計表的資料，而設定了地區名稱與門市名稱。利用這個操作步驟，「港店」交叉統計表的資料會變成全部屬於「海岸」「港店」。

承上述步驟⑧，繼續執行以下操作。

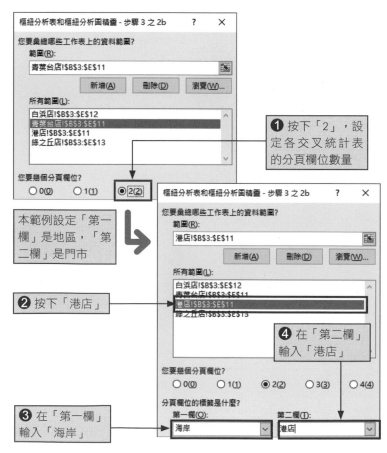

❶ 按下「2」，設定各交叉統計表的分頁欄位數量

本範例設定「第一欄」是地區，「第二欄」是門市

❷ 按下「港店」

❸ 在「第一欄」輸入「海岸」

❹ 在「第二欄」輸入「港店」

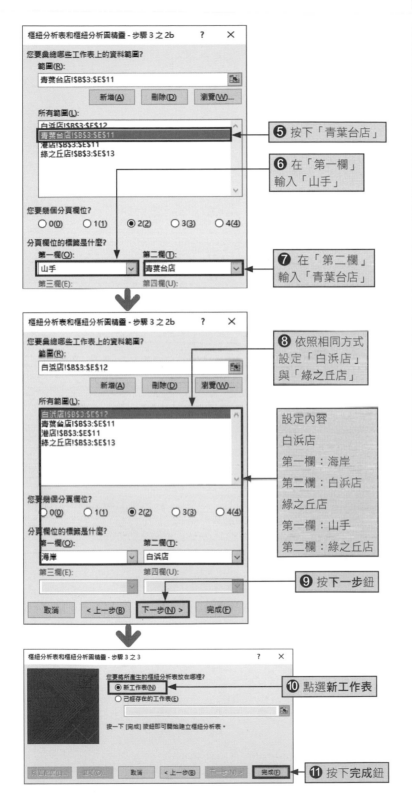

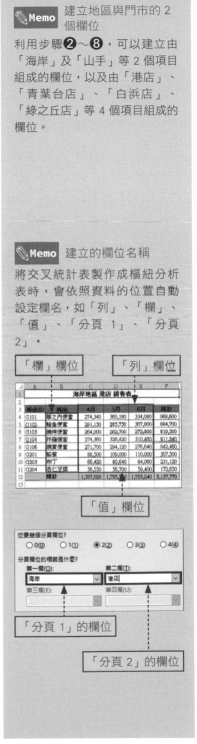

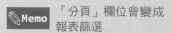

Memo 「分頁」欄位會變成報表篩選

製作成樞紐分析表後,「分頁1」欄位與「分頁 2」欄位會配置在「篩選」區域,按下 ▼,選取地區或門市,就可以輕易切換成該地區或門市的統計表。

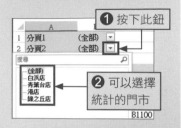

① 按下此鈕

② 可以選擇統計的門市

---

⑫ 以樞紐分析表整合 4 張交叉統計表

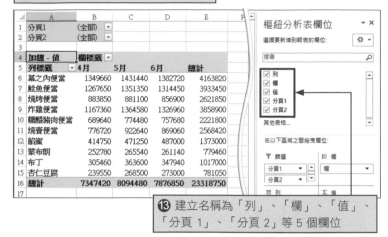

⑬ 建立名稱為「列」、「欄」、「值」、「分頁 1」、「分頁 2」等 5 個欄位

---

④ 設定適當的欄名

Memo 更改版面配置前先設定欄名

製作出樞紐分析表後,「列」區域會配置名為「列」的欄位,「欄」區域會配置名為「欄」的欄位。若把「列」欄位移動到「欄」區域,容易造成混淆,所以請先設定適當的欄名再移動。

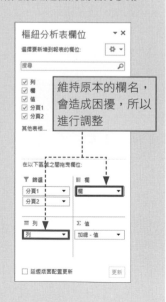

維持原本的欄名,會造成困擾,所以進行調整

承上述步驟 ⑬,繼續以下操作。

③ 在**作用中欄位**輸入「地區」,按下 Enter 鍵　② 按下**分析**頁次

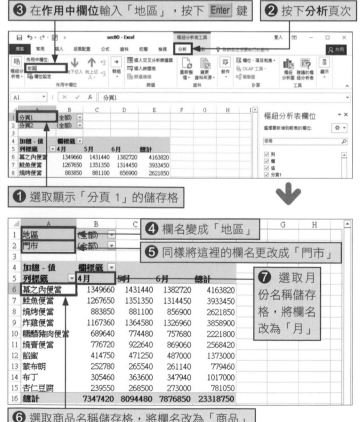

① 選取顯示「分頁 1」的儲存格

④ 欄名變成「地區」

⑤ 同樣將這裡的欄名更改成「門市」

⑦ 選取月份名稱儲存格,將欄名改為「月」

⑥ 選取商品名稱儲存格,將欄名改為「商品」

⑧ 欄位清單中的欄名也跟著改變

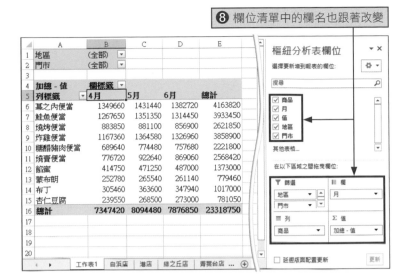

⑨ 參考 Unit 15，調整欄位配置

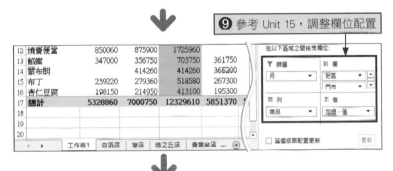

⑩ 以不同於原本交叉統計表的統計項目來統計資料

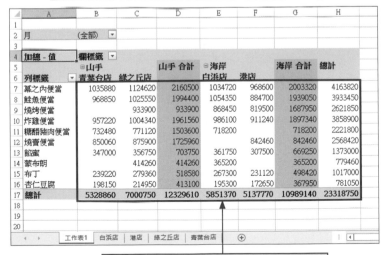

⑪ 參考 Unit 17，設定統計值的千分位樣式

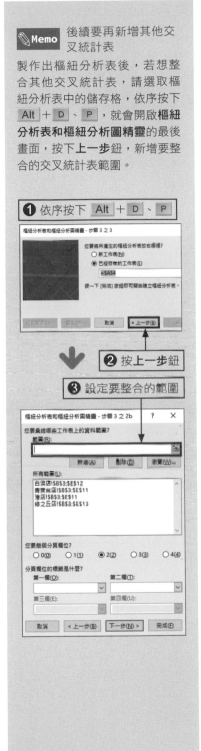

Memo 後續要再新增其他交叉統計表

製作出樞紐分析表後，若想整合其他交叉統計表，請選取樞紐分析表中的儲存格，依序按下 Alt + D、P，就會開啟樞紐分析表和樞紐分析圖精靈的最後畫面，按下上一步鈕，新增要整合的交叉統計表範圍。

❶ 依序按下 Alt + D、P

❷ 按上一步鈕

❸ 設定要整合的範圍

連結多個表格並統計資料①

表格的準備工作

統一管理資料可以維持一致性！

　　一般而言，若要製作樞紐分析表，會使用表格等資料庫形式的資料表，但是資料庫形式的資料表有個缺點，就是無法維持資料的一致性。例如，請檢視到第 9 章為止使用的銷售資料庫，這些資料彼此之間存在著關聯性，例如「門市」有固定的「地區」，「商品」有固定的「分類」與「單價」。儘管如此，因為要反覆輸入「地區」、「分類」、「單價」，所以必須擔心可能因為輸入錯誤而使得相同商品輸入了不同單價等資料一致性問題。而且也會增加不必要的輸入工作。

　　如果要維持資料的一致性，最有效的方法是從銷售資料庫中，擷取出「門市資料」及「商品資料」。如此一來，只要輸入 1 次「地區」、「分類」、「單價」，可以統一管理資料，不用擔心資料不一致的問題。

▼到第 9 章為止使用的銷售資料庫

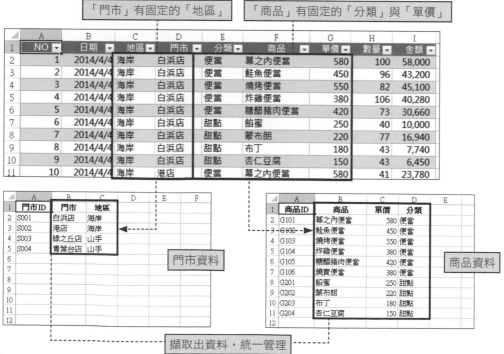

重點是準備連結資料庫的「關鍵」

從銷售資料庫擷取出「門市資料」及「商品資料」時，依照一般擷取方式取出來的資料，不會與原本的資料連結。因此，擷取資料時，**要準備連結各個資料庫的「關鍵」**，也就是欄位。這個範例準備了連結門市資料關鍵的「門市 ID」欄位以及連結商品資料庫關鍵的「商品 ID」欄位。

由銷售資料庫建立關鍵後，必須先在門市資料庫的「門市 ID」與商品資料庫的「商品 ID」輸入不重複的固定值，才能連結單一記錄。透過成為關鍵的欄位，連結資料庫的部分稱作「**關聯 (Relationship)**」。從 Excel 2013 開始，可以從設定了關聯性的多重資料庫中，建立樞紐分析表，進行統計。

▼透過關鍵連結各個資料庫

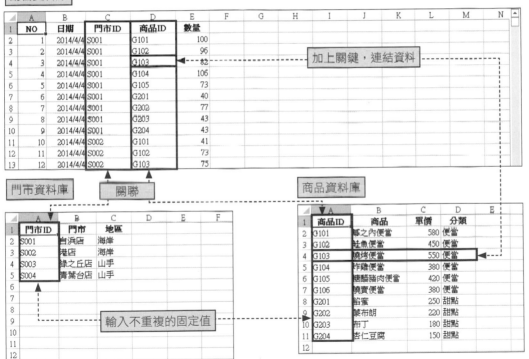

到統計為止的操作流程

若要連結多個資料庫，用樞紐分析表統計資料，必須執行「建立表格」、「設定關聯」、「製作樞紐分析表」等 3 個步驟。本書分成 3 個單元來說明這些步驟。

建立表格 Unit 81 (本單元) ➡ 設定關聯 Unit 82 ➡ 製作樞紐分析表 Unit 83

先準備表格

如果要在多個資料庫設定關聯，必須先將資料庫轉換成表格。請在表格內設定適當名稱，才能在設定關聯時，輕易識別表格。另外，為了在樞紐分析表內執行銷售金額統計或依照月份統計資料，在「銷售」資料庫準備了「月」與「金額」欄位。

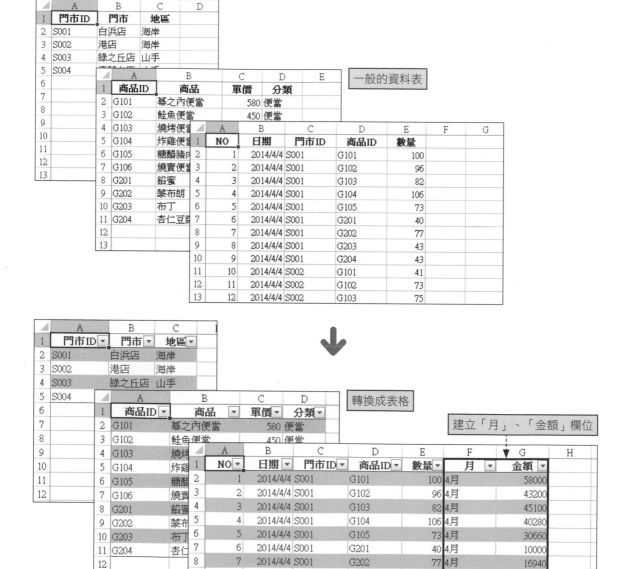

① 設定相關表格

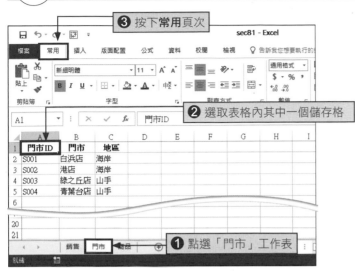

❸ 按下常用頁次

❷ 選取表格內其中一個儲存格

❶ 點選「門市」工作表

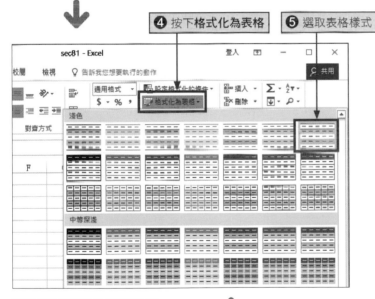

❹ 按下格式化為表格

❺ 選取表格樣式

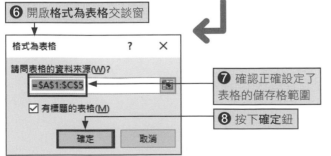

❻ 開啟格式為表格交談窗

格式為表格

請問表格的資料來源(W)?

=$A$1:$C$5

☑ 有標題的表格(M)

確定　　取消

❼ 確認正確設定了表格的儲存格範圍

❽ 按下確定鈕

Memo 設定表格時選擇表格樣式

使用**常用**頁次的**格式化為表格**時，在將資料表轉換成表格的同時，也可以設定表格樣式。由於這次使用了 3 種表格，為了方便辨識主要的「銷售」表格、參照的「門市」表格、「商品表格」，而套用**格式化為表格**，在各表格加上色彩。

Step up 轉換成表格後要改變表格樣式

使用**插入**頁次的**表格**，也能將資料表轉換成表格（請參考 Unit 07）。轉換成表格後，如果要調整設計，可以按下選取表格中的儲存格，按下**設計**頁次，再按下**表格樣式**區中的**表格樣式**，從清單中選擇樣式。

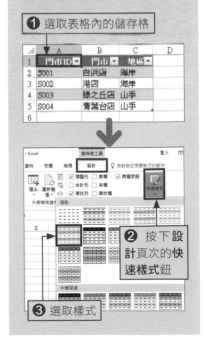

❶ 選取表格內的儲存格

❷ 按下設計頁次的快速樣式鈕

❸ 選取樣式

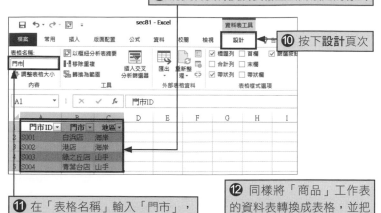

⑨ 將資料表轉換成表格並套用設定的樣式

⑩ 按下設計頁次

Memo 以一眼就懂的名稱來命名

在表格間設定關聯時,必須從顯示在設定畫面上的表格名稱清單中,選取目標表格。「表格 1」等預設的表格名稱很難辨別是哪個表格,所以請改成容易與表格內容連結,簡潔易懂的名稱。

⑪ 在「表格名稱」輸入「門市」,按下 Enter 鍵,即可設定表格名稱

⑫ 同樣將「商品」工作表的資料表轉換成表格,並把表格名稱設定成「商品」

② 設定銷售表格並且新增必要欄位

Memo 先計算月份與金額

在由設定了關聯的多個表格製作而成的樞紐分析表中,無法將日期建立群組。如果想依照月份統計資料,請先利用原本的表格準備月份欄位。這個範例為了統計樞紐分析表上的銷售金額,所以計算出金額。

③ 表格名稱設定為「銷售」　② 轉換成表格

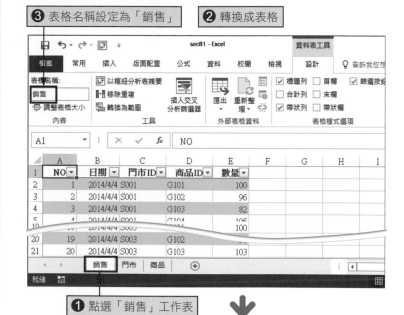

❶ 點選「銷售」工作表

Memo MONTH 函數

MONTH 函數是利用引數,從指定的日期中取出月份的數值。假設引數設定了「2014/4/7」,MONTH 函數的結果會變成「4」。

格式:MONTH (日期)

❹ 在 F1 儲存格輸入「月」,在 G1 儲存格輸入「金額」

	A	B	C	D	E	F	G	H
1	NO	日期	門市ID	商品ID	數量	月	金額	
2	1	2014/4/4	S001	G101	100			
3	2	2014/4/4	S001	G102	96			
4	3	2014/4/4	S001	G103	82			
5	4	2014/4/4	S001	G104	106			
6	5	2014/4/4	S001	G105	73			
7	6	2014/4/4	S001	G201	40			

❺ 擴充表格,並且自動設定帶狀樣式

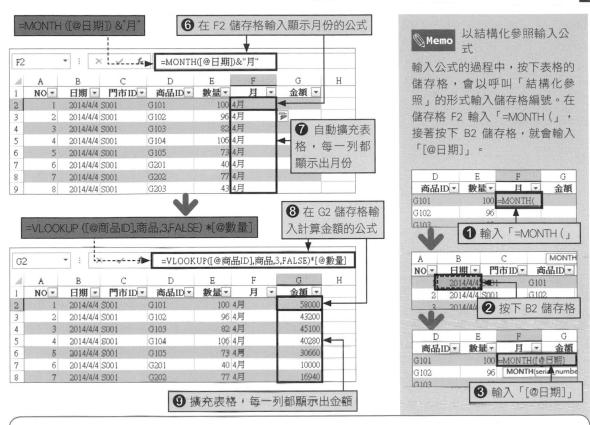

Memo 利用 VLOOKUP 函數從商品表格中取出單價

金額是由「單價×數量」計算出來的，但是「單價」欄位是在另一個「商品」表格中。使用 VLOOKUP 函數，能以成為關鍵的「商品 ID」為主，從「商品」表格中，取出單價。將這個部分乘上數量，即可計算出金額。
VLOOKUP 函數是從「範圍」的左欄開始，尋找「搜尋值」，取出找到列「欄號」的儲存格值。
「搜尋方法」若設定為「FALSE」，會變成搜尋完全一致的條件。

格式：VLOOKUP (搜尋值,範圍,列編號,搜尋方法)
輸入的公式：=VLOOKUP ([@商品ID],商品,3,FALSE) *[@數量]

將與「G101」對應的單價從「商品」表格的第 3 欄取出，再乘上數量

連結多個表格並統計資料②

2013 **2016**

設定關聯

把共用的欄位當作關鍵來連結各個表格

完成表格的準備工作後，接下來要設定關聯。關聯是透過共用的欄位來結合各個表格。用來結合的欄位包括「外鍵」與「主鍵」等 2 種。「外鍵」是輸入多次相同值的欄位，亦即「銷售」工作表的「門市 ID」、「商品 ID」。另外，「主鍵」是輸入與其他的記錄不重複固定值的欄位，如「門市」表格的「門市 ID」及「商品」表格的「商品 ID」。一般的關聯會結合外鍵與主鍵。這些用語會出現在設定關聯的過程中，請先記住。

▼設定關聯

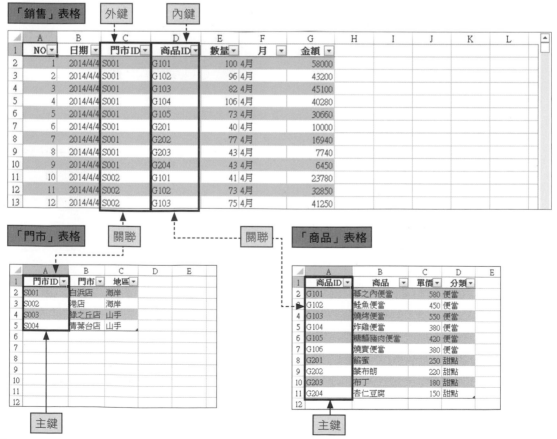

🖊Memo　建立關聯交談窗的設定方法

關聯設定是在**建立關聯**交談窗進行，設定欄分成 2 列，上面的設定欄是設定外鍵的表格及欄位，下面的設定欄是設定主鍵的表格與欄位。請一邊對照上一頁的圖，一邊進行正確設定。

設定外鍵的表格與欄位

設定主鍵的表格與欄位

① 設定關聯

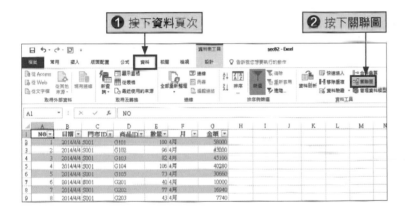

❶ 按下**資料**頁次

❷ 按下**關聯**圖

🖊Memo　本單元執行的操作

這裡要設定 2 組關聯。在設定第 1 組時，透過「門市 ID」欄位結合「銷售」表格與「門市」表格。設定第 2 組時，是透過「商品 ID」欄位結合「銷售」表格與「商品」欄位。

❸ 開啟**管理關聯**交談窗

❹ 按下**新增**鈕

🖊Memo　用「新增」設定 1 組關聯

在**管理關聯**交談窗中，按下**新增**鈕，開啟**建立關聯**交談窗，可以設定 1 組關聯。

在**建立關聯**交談窗中，設定在「關聯欄（主要）」的欄位，必須輸入固定值。如果輸入重複值，樞紐分析表會發生錯誤，請特別注意。

開啟**管理關聯**交談窗，從清單中選取關聯，按下**編輯**鈕。

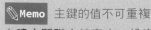

① 選取關聯　　**②** 按下**編輯**

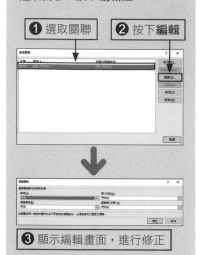

③ 顯示編輯畫面，進行修正

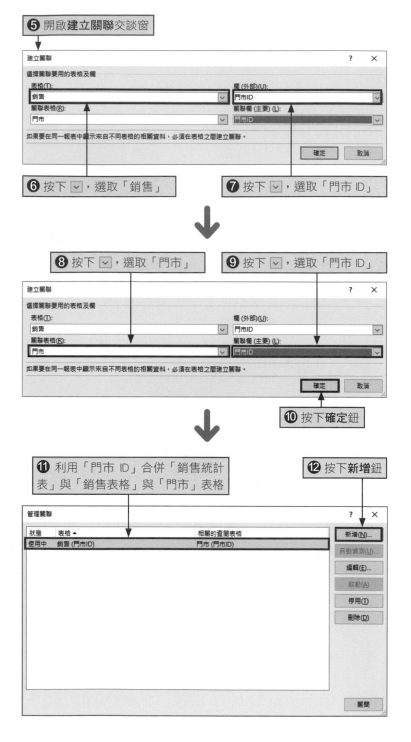

⑥ 按下 ∨，選取「銷售」　　**⑦** 按下 ∨，選取「門市 ID」

⑧ 按下 ∨，選取「門市」　　**⑨** 按下 ∨，選取「門市 ID」

⑩ 按下**確定**鈕

⑪ 利用「門市 ID」合併「銷售統計表」與「銷售表格」與「門市」表格

⑫ 按下**新增**鈕

⑬ 選取「銷售」表格與「商品 ID」欄位

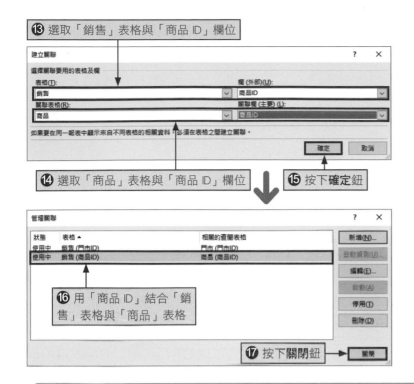

⑭ 選取「商品」表格與「商品 ID」欄位

⑮ 按下確定鈕

⑯ 用「商品 ID」結合「銷售」表格與「商品」表格

⑰ 按下關閉鈕

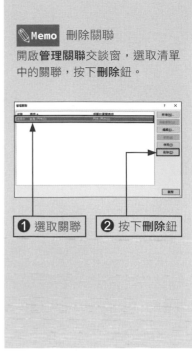

Memo 刪除關聯

開啟**管理關聯**交談窗，選取清單中的關聯，按下**刪除**鈕。

❶ 選取關聯　　❷ 按下**刪除**鈕

⚠Hint 使用 PowerPivot 可以將關聯視覺化

Excel 2016/2013 的部分版本中，可以使用 PowerPivot 功能，以視覺方式顯示關聯。開啟**Excel 選項**交談窗（請參考 4-21 頁），在**增益集**的**管理**欄，選擇 **COM 增益集**，按下**執行**鈕。在開啟的交談窗中，勾選 **Microsoft PowerPivot for Excel**。新增 **Power Pivot** 頁次，就可以使用 PowerPivot。如果沒有出現 **Microsoft PowerPivot for Excel**，就無法使用 PowerPivot。

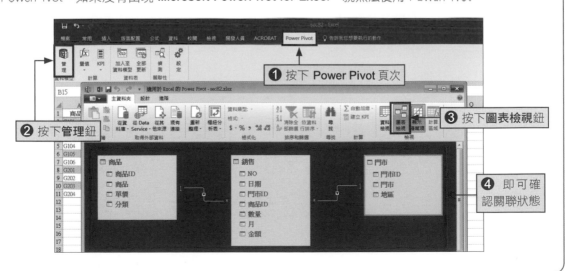

❶ 按下 Power Pivot 頁次

❷ 按下**管理**鈕

❸ 按下**圖表檢視**鈕

❹ 即可確認關聯狀態

從各個表格新增欄位進行統計

完成關聯設定後，接下來終於要開始製作樞紐分析表。執行「**新增此資料至資料模型**」的設定，連結設定了關聯的各表格記錄，進行統計。在欄位清單中，以階層結構顯示表格名稱及欄名，一邊思考要用來統計的欄位在哪個表格，一邊設定統計項目。

▼將多個表格製作成樞紐分析表

用樞紐分析表可以統計多個表格的資料

在欄位清單中顯示表格名稱與欄名

① 建立樞紐分析表的雛型

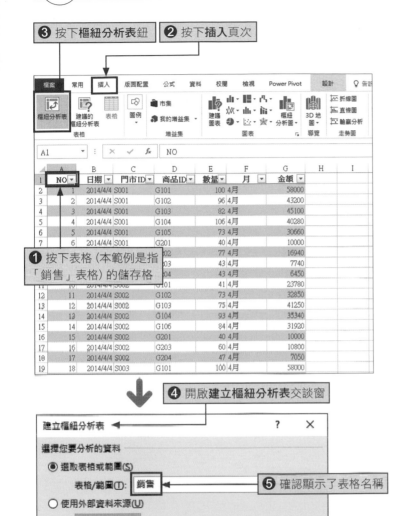

③ 按下**樞紐分析表**鈕

② 按下**插入**頁次

❶ 按下表格 (本範例是指「銷售」表格) 的儲存格

④ 開啟**建立樞紐分析表**交談窗

⑤ 確認顯示了表格名稱

⑥ 點選**新工作表**

⑦ 勾選**新增此資料至資料模型**

⑧ 按下**確定**鈕

資料模型是指，由多個表格構成的資料組合。資料模型中，也能管理關聯。使用資料模型建立樞紐分析表，能以關聯為基礎，連結多個表格進行統計。

① Hint　設定放置樞紐分析表的位置

在**建立樞紐分析表**交談窗中，按下**已經存在的工作表**，在**位置**設定要放置的儲存格，就能在設定的場所建立樞紐分析表。

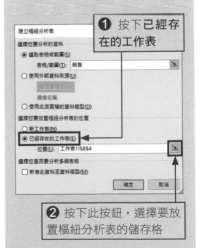

❶ 按下**已經存在的工作表**

❷ 按下此按鈕，選擇要放置樞紐分析表的儲存格

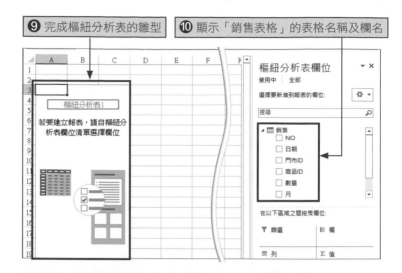

如果使用 Excel 2010／2007 開啟根據多個表格建立樞紐分析表的活頁簿，雖然會顯示統計結果，卻無法更新，也沒辦法更改統計項目。在公司部門中使用多種版本的 Excel，或要將檔案傳給使用不同 Excel 版本的人時，必須特別注意。

② 配置欄位進行統計

✎ Memo　最初只顯示「銷售」表格的欄位

剛建立樞紐分析表後的欄位清單會顯示為「使用中」，只顯示上一頁步驟 ❶ 選取的表格欄位。按下「全部」，可以顯示所有建立關聯的表格欄位清單。

✎ Memo　按下展開表格

在欄位清單中，按下表格名稱，會顯示表格內包含的欄位。在此狀態再按下，會摺疊欄位，隱藏起來。

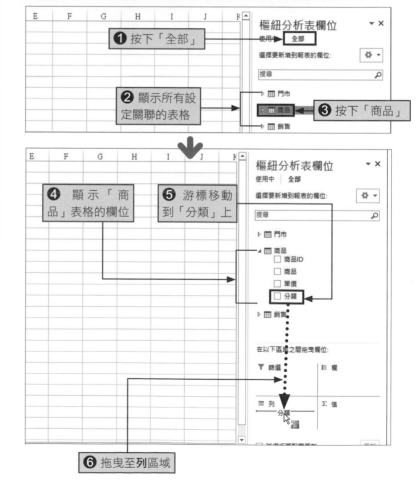

❶ 按下「全部」

❷ 顯示所有設定關聯的表格

❸ 按下「商品」

❹ 顯示「商品」表格的欄位

❺ 游標移動到「分類」上

❻ 拖曳至列區域

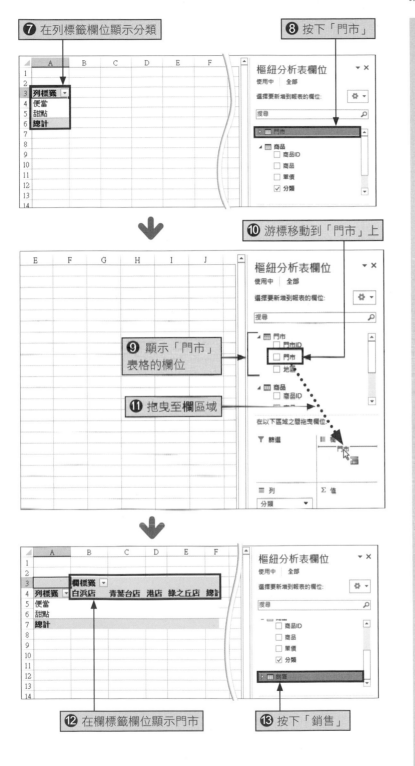

⑦ 在列標籤欄位顯示分類

⑧ 按下「門市」

⑨ 顯示「門市」表格的欄位

⑩ 游標移動到「門市」上

⑪ 拖曳至欄區域

⑫ 在欄標籤欄位顯示門市

⑬ 按下「銷售」

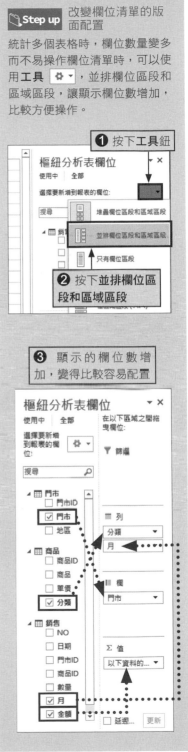

Step up 改變欄位清單的版面配置

統計多個表格時，欄位數量變多而不易操作欄位清單時，可以使用**工具** ⚙ ▾，並排欄位區段和區域區段，讓顯示欄位數增加，比較方便操作。

❶ 按下工具鈕

❷ 按下並排欄位區段和區域區段

❸ 顯示的欄位數增加，變得比較容易配置

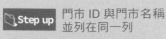

門市 ID 與門市名稱
並列在同一列

門市 ID 與門市名稱、商品 ID 與
商品名稱，這種具有一對一關係
的欄位，會希望能在同一列橫向
並排統計。可是，預設設定會顯
示為階層結構。請參考 Unit 57
改變版面配置形式，或參考 Unit
59 隱藏小計列，就能變成橫向
排列。

❶ 一般門市 ID 與門市名稱
會以階層結構顯示在同一欄

❷ 將版面配置更改成「列表
方式」，可以配置在不同欄

❸ 隱藏小計列，即可變成橫向
排列門市 ID 與門市名稱的統計表

⑭ 顯示「銷售」表格的欄位

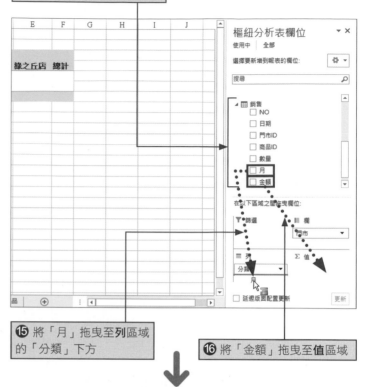

⑮ 將「月」拖曳至列區域
的「分類」下方

⑯ 將「金額」拖曳至值區域

⑰ 完成來自多個表格的統計結果

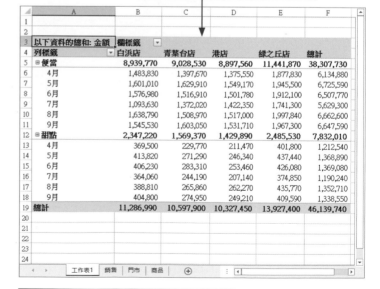

⑱ 視狀況，參考 Unit 17，設定顯示格式

Step up 使用快速探索工具

在由多個表格製作而成的樞紐分析表中，按下選取儲存格，顯示**快速探索** 🔍 ，使用這個按鈕，可以顯示選取儲存格項目的詳細資料。例如，在月份商品類別統計表中，想要調查「4 月」各門市的詳細資料時，按下「4 月」儲存格，在**快速探索**中，選取「門市」欄位。

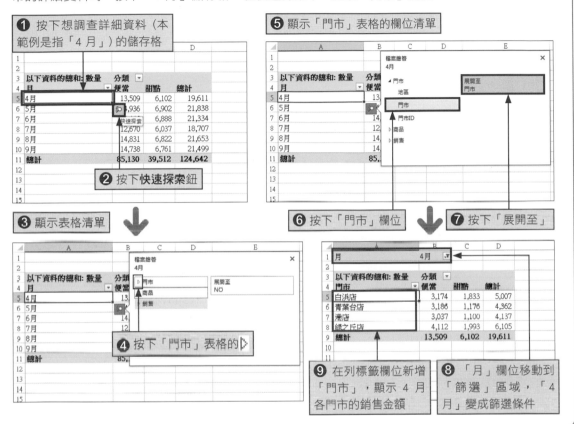

❶ 按下想調查詳細資料（本範例是指「4 月」）的儲存格

❷ 按下快速探索鈕

❸ 顯示表格清單

❹ 按下「門市」表格的 ▷

❺ 顯示「門市」表格的欄位清單

❻ 按下「門市」欄位

❼ 按下「展開至」

❽ 「月」欄位移動到「篩選」區域，「4 月」變成篩選條件

❾ 在列標籤欄位新增「門市」，顯示 4 月各門市的銷售金額

Step up 以年或季為單位統計資料

由多個表格製作樞紐分析表時，無法使用「群組」選單。如果想以年或季為單位統計資料時，請參考 Unit 81，先在原本的表格準備年或季的欄位。

欄位	公式
「年」欄位	=YEAR ([@日期]) &"年"
「月」欄位	=MONTH ([@日期]) &"月"
「季」欄位（從 1 月開始）	="第"&CHOOSE (MONTH ([@日期]) ,1,1,1,2,2,2,3,3,3,4,4,4) &"季"
「季」欄位（從 4 月開始）	="第"&CHOOSE (MONTH ([@日期]) ,4,4,4,1,1,1,2,2,2,3,3,3) &"季"

利用 Access 檔案製作樞紐分析表

使用外部資料來源

利用 Excel 直接統計 Access 的資料！

Excel 具有使用外部資料的**資料連線**功能。使用這個功能，可以**將 Access 管理的資料庫資料，直接以 Excel 樞紐分析表進行統計**。在 Access 更新的資料，也會反映在 Excel 的樞紐分析表中。這種方法的優點是，即使不熟悉 Access 的操作，也能以慣用的 Excel 隨意操作 Access 的資料。

▼Access 的資料

用 Access 管理銷售資料

▼Excel 的樞紐分析表

匯入 Access 的資料，用樞紐分析表統計資料

1 將 Access 的資料製作成樞紐分析表

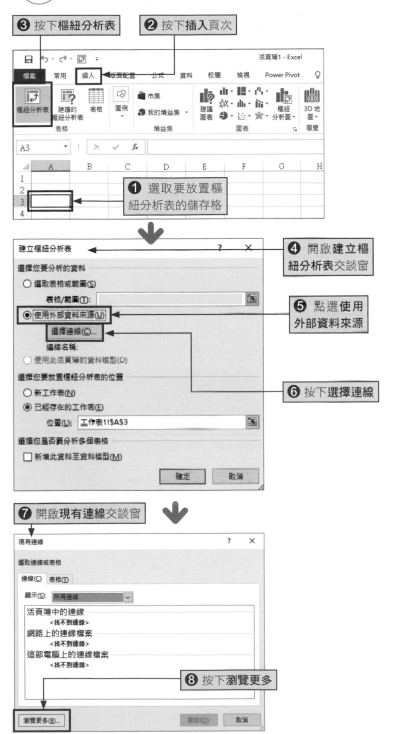

❸ 按下樞紐分析表

❷ 按下插入頁次

❶ 選取要放置樞紐分析表的儲存格

❹ 開啟建立樞紐分析表交談窗

❺ 點選使用外部資料來源

❻ 按下選擇連線

❼ 開啟現有連線交談窗

❽ 按下瀏覽更多

Memo 使用 Excel 統計 Access 資料的方法

如果要用 Excel 統計 Access 的資料，使用在 Access 將資料儲存成 Excel 格式的檔案，再用 Excel 開啟統計的方法比較簡單。但是，這種方法當 Access 更新資料時，無法將變動反映在 Excel 的統計結果中。使用本單元介紹的方法來統計，就能把 Access 更改後的資料顯示在 Excel 中。

Memo 開啟含有資料連線的檔案

將 Access 的資料製作成樞紐分析表時，在 Excel 檔案中，會儲存「資料連線」設定。下次用 Excel 開啟含有資料連線的檔案，一般會在訊息列顯示「安全性警告」，並停用外部資料連線，只要按下**啟用內容**，即可啟用資料連線。

如果是 Excel 2007，按下訊息列的**選項**鈕，會顯示**安全性警告交談窗**，選擇**啟用這個內容**再按下**確定**鈕。

Hint 更新資料

當在 Access 新增資料或修改現有資料時，若要反映在 Excel 的樞紐分析表中，請按下**分析**頁次**資料**區的**重新整理**。

按下**重新整理**鈕

Hint 改變 Access 檔案的位置

當改變了連線對象的 Access 檔案儲存位置，按下**分析**頁次**資料**區的**變更資料來源**下半部，再按下**連線內容**。在**連線內容**交談窗內，按下**定義**頁次，再按下**瀏覽**，改變連線檔案。

❶ 按下**連線內容**

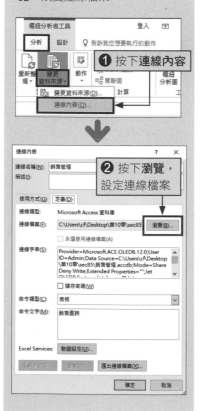

❷ 按下**瀏覽**，設定連線檔案

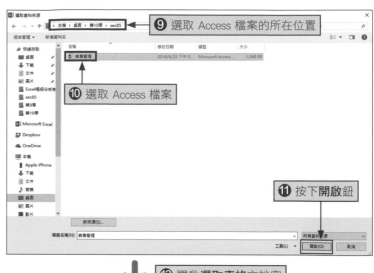

❾ 選取 Access 檔案的所在位置

❿ 選取 Access 檔案

⓫ 按下**開啟**鈕

⓬ 開啟**選取表格**交談窗

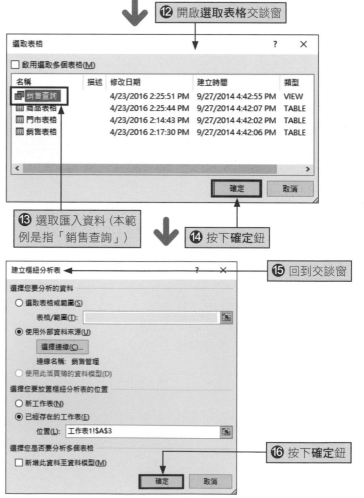

⓭ 選取匯入資料 (本範例是指「銷售查詢」)

⓮ 按下**確定**鈕

⓯ 回到交談窗

⓰ 按下**確定**鈕

⑰ 建立樞紐分析表　　⑱ 顯示 Access 資料中的欄位

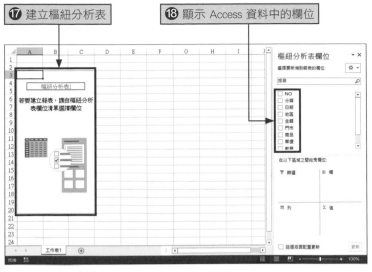

①Hint 排序欄位清單
顯示在欄位清單中的欄位，可以參考 3-7 頁的 Stepup 說明，開啟**樞紐分析表選項**交談窗，按下**顯示**頁次，勾選**以資料來源順序排序**，即可按照原本資料的順序排列欄位。

⑲ 利用 Unit 13 的操作方式，配置欄位，統計資料

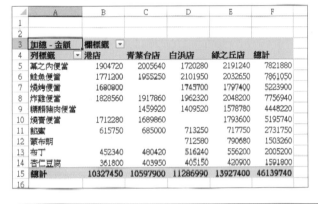

| 加總 - 金額 | 欄標籤 | | | |
列標籤	港店	青葉台店	白浜店	綠之丘店	總計
幕之內便當	1904720	2005640	1720280	2191240	7821880
鮭魚便當	1771200	1955250	2101950	2032650	7861050
燒烤便當	1680800		1745700	1797400	5223900
炸雞便當	1828560	1917860	1962320	2048200	7756940
糖醋豬肉便當		1459920	1409520	1578780	4448220
燒賣便當	1712280	1689860		1793600	5195740
餡蜜	615750	685000	713250	717750	2731750
蒙布朗			712580	790680	1503260
布丁	452340	480420	516240	556200	2005200
杏仁豆腐	361800	403950	405150	420900	1591800
總計	10327450	10597900	11286990	13927400	46139740

Step up 以多個表格為基礎來統計資料 2013 2016

從 Excel 2013 開始，可以將多個 Access 表格製作成樞紐分析表。在**選取表格**交談窗中，勾選**啟用選取多個表格**，選取多個表格，就能自動建立使用了資料模型的樞紐分析表，和 Unit 83 一樣，可以配置欄位，進行統計。

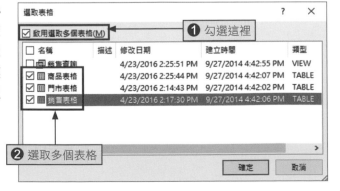